高等职业教育系列教材配套教学用书
高等职业学校课程改革实验教材

传感器应用技术项目实训教程

浙江天煌科技实业有限公司　组编
张　梅　主编
刘文富　参编

机械工业出版社

依据国家人力资源和社会保障部颁发的《传感器应用专项职业能力考核规范》，本着以就业为导向、以能力为本位、以培养学生的实际操作技能为目的，采用理论和实践一体化的方式，编写了本书。

本书主要内容包括10个实训项目：应变式电阻传感器、电容式传感器、电感式传感器、压电式传感器、霍尔传感器、温度传感器、湿度传感器、气敏传感器、光电传感器、超声波传感器，并详细地讲述了各类传感器的结构、工作原理与应用。附录给出了传感器综合实训台实训指导书，包括二十二个实验。

本书可作为高等职业教育院校检测技术及应用、工业分析与检验、精密机械技术、工程材料检测技术、机电产品检测技术应用、光电仪器制造与维修等专业的教材。

图书在版编目（CIP）数据

传感器应用技术项目实训教程/浙江天煌科技实业有限公司组编；张梅主编. —北京：机械工业出版社，2020.5（2024.7重印）

ISBN 978-7-111-65028-7

Ⅰ.①传… Ⅱ.①浙… ②张… Ⅲ.①传感器-高等职业教育-教材 Ⅳ.①TP212

中国版本图书馆CIP数据核字（2020）第040594号

机械工业出版社（北京市百万庄大街22号 邮政编码100037）
策划编辑：汪光灿 责任编辑：汪光灿
责任校对：肖 琳 封面设计：张 静
责任印制：单爱军
北京虎彩文化传播有限公司印刷
2024年7月第1版第4次印刷
184mm×260mm · 11.75印张 · 284千字
标准书号：ISBN 978-7-111-65028-7
定价：35.00元

电话服务
客服电话：010-88361066
010-88379833
010-68326294

网络服务
机 工 官 网：www.cmpbook.com
机 工 官 博：weibo.com/cmp1952
金 书 网：www.golden-book.com
机工教育服务网：www.cmpedu.com

前言

本书是高等职业教育系列教材配套教学用书。本书是根据企业对传感器应用技能的要求，以就业为导向、以能力为本位、以培养学生的实际操作技能为目的，采用理论与实践一体化的方式编写的。本书从应用的角度出发，围绕着传感器在工业领域检测、控制系统中的作用，全面介绍了传感器的工作原理、结构特征以及应用场合。

本书按照传感器类型进行编排，其内容包括应变式电阻传感器、电容式传感器、电感式传感器、压电式传感器、霍尔传感器、温度传感器、湿度传感器、气敏传感器、光电传感器、超声波传感器共10个实训项目，每个项目包括教学要求、教学内容、技能训练和复习与思考四部分内容。

本书有下列特点：

(1) 教、学、做合一，强调在实践中学；

(2) 内容丰富、取材新颖，讲解深入浅出、简练实用；

(3) 文字叙述通俗易懂，条理清楚，配有大量实物照片，直观、可读性强。

另附教学学时表，教师可根据具体情况做适当调整。

实训项目	学时数	实训项目	学时数
实训项目一　应变式电阻传感器	4	实训项目七　湿度传感器	2
实训项目二　电容式传感器	4	实训项目八　气敏传感器	2
实训项目三　电感式传感器	4	实训项目九　光电传感器	4
实训项目四　压电式传感器	2	实训项目十　超声波传感器	2
实训项目五　霍尔传感器	2	总学时数	30
实训项目六　温度传感器	4		

本书由浙江天煌科技实业有限公司组编，北京劳动保障职业学院张梅主编，浙江天煌科技实业有限公司刘文富参与编写。由于编者水平有限，书中疏漏之处在所难免，望广大专家、读者提出宝贵意见，以便修订时加以改正。

编　者

目　录

应变式电阻传感器

第一部分 教学要求

一、实训目的和要求

1）掌握应变式电阻传感器的应用场合和应用方法，理解其工作过程。

2）掌握电阻应变片的工作原理，了解其结构及分类。

3）了解应变片接入测量电路的方式及测量电路的功能。

二、实训工具和器材

应变式电阻传感器实验模块、托盘、20g 砝码（10 个）、万用表。

三、实训内容和方式

实训内容		时间安排	实训方式
1	课前准备	课余	阅读教材
2	教师讲授	2 课时	重点讲授（应变式电阻传感器的工作原理及应用，应变片特性的检测方法）
3	学生实操	2 课时	学生实操，教师指导（课堂上不能完成，可在课下完成）

四、实训成绩评定

成绩评定的等级为优良、及格和不及格，后同。

技能训练成绩		教师签名	

第二部分 教学内容

在水泥、食糖、粮食加工等行业的自动包装中，通常采用定量分装系统测定和控制物料的重量。

图 1-1 所示为定量分装系统的自动称重和装料装置。空袋子或空箱子随传送带运动，当

其运动到装有物料的电子秤下面时，挡住射向光电传感器的光，传送带停止运动，电磁线圈 2 通电，弹簧 1 带动电子秤料斗翻转，将物料全部倒入空箱子或空袋子中。物料倒完时，称重传感器检测到物料后，传送带电动机通电，传送带运动，将装满物料的箱子或袋子移出。与此同时，电子秤料斗复位，电磁线圈 1 通电，弹簧 2 拉动漏斗门打开，给料设备漏斗给电子秤自动加料，称重传感器检测物料重量，并将料重信号送入微型计算机，与微型计算机的设定值进行比较，当电子秤中的物料重量与设定值相等时，电磁线圈 1 断电，在弹簧 2 的作用下，漏斗门关闭，停止称重，装料装置开始下一个装料循环。在整个系统中，称重传感器是影响电子秤测量精度的关键部件，通常选用应变式电阻传感器，由其检测物料的重量。

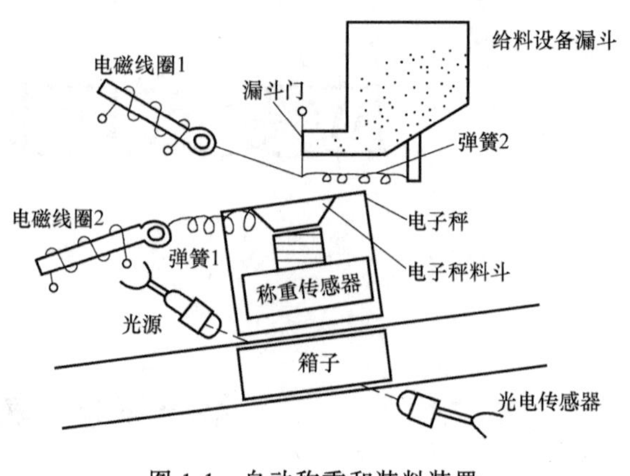

图 1-1　自动称重和装料装置

一、应变式电阻传感器的组成

应变式电阻传感器是一种以电阻应变片为转换元件的电阻式传感器，能将机械构件（弹性敏感元件）上的应变（变形）通过电阻应变片转换为电阻值的变化，由测量电路将电阻值转换成电压或电流信号输出，完成将被测的量转换为电信号的过程，其组成框图如图 1-2 所示。

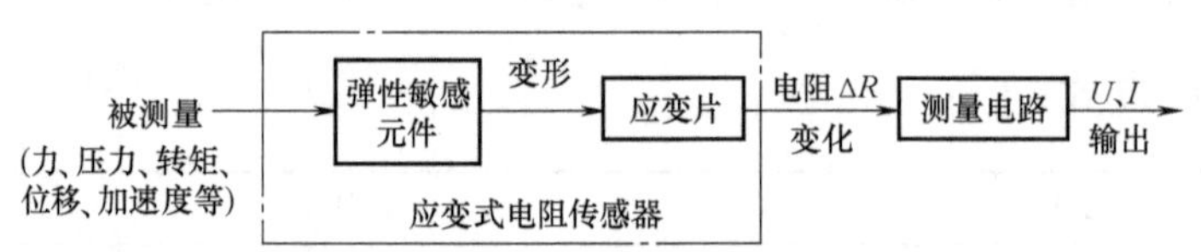

图 1-2　应变式电阻传感器的组成框图

下面通过由应变式电阻传感器组成的电子秤的结构来了解应变式电阻传感器的组成，如图 1-3 所示。图中的敏感元件为悬臂梁，转换元件是贴在悬臂梁上的应变片。

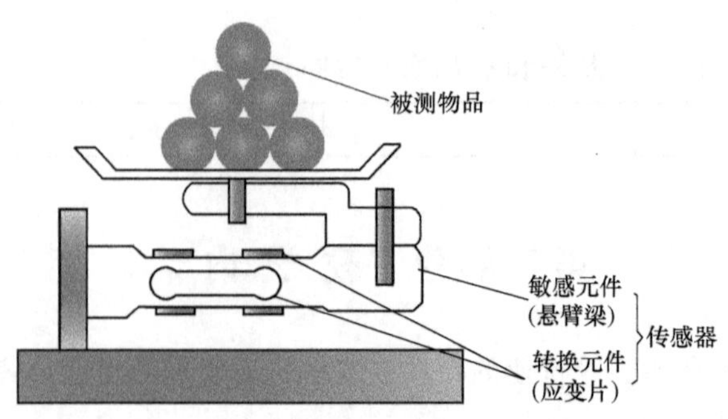

图 1-3　电子秤中的应变式电阻传感器

二、电阻应变片的结构及工作原理

1. 电阻应变片的结构

电阻应变片的结构如图 1-4 所示。其中，图 1-4a 所示为应变片的实物图，图 1-4b 所示为应变片的内部结构。

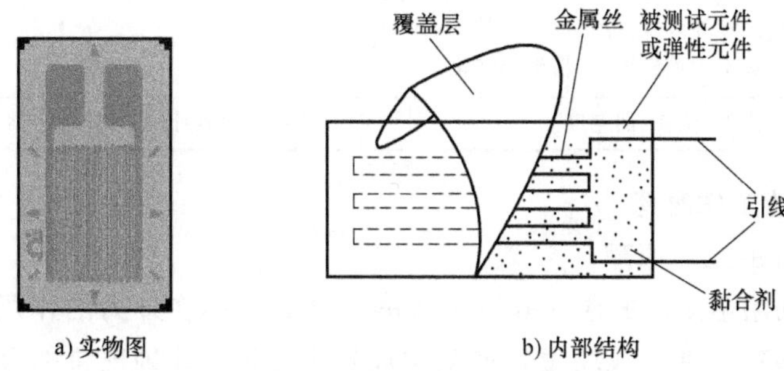

a) 实物图　　b) 内部结构

图 1-4　电阻应变片的结构

应变片根据制作材料的不同可分为金属应变片和半导体应变片，两种应变片的主要性能特点见表 1-1。

表 1-1　应变片的主要性能特点

主要性能	金属应变片	半导体应变片
结构	金属丝片 绝缘基片 丝式	内引线 半导体 敏感条 引线连接 绝缘基片 外引线 体型
	金属箔 绝缘基片 箔式	引线 绝缘层 金属箔 基底 锗膜 箔膜型 二氧化硅绝缘层 引线 铝电极 P型硅扩散层 N型硅 扩散型
工作原理	应变效应 外部的机械形变引起电阻值的变化	压阻效应 半导体内部载流子的迁移引起电阻的变化

（续）

主要性能	金属应变片		半导体应变片
性能特点	丝式	结构简单、强度高，但允许通过的电流较小，测量精度较低，适用于要求不高的场合	体积小，灵敏度高（通常比金属应变片的灵敏度高50~70倍），横向效应小，响应频率很宽，输出幅度大，受温度影响大
	箔式	面积大，易散热，允许通过较大的电流，灵敏度系数较高，抗疲劳性好，寿命长，适于大批量生产，易于小型化	
应用场合	可以测力、压力、位移、加速度		适用于力矩计、半导体传声器、压力传感器

2. 电阻应变片的工作原理

（1）金属应变片的工作原理

金属应变片是利用金属丝的应变效应工作的。金属导体在外力的作用下发生机械形变，其电阻值随着机械形变（伸长或缩短）的变化而发生变化，这种现象称为金属的应变效应。

现有一根长度为 l、横截面积为 S、电阻率为 ρ 的金属丝，如图 1-5 所示。

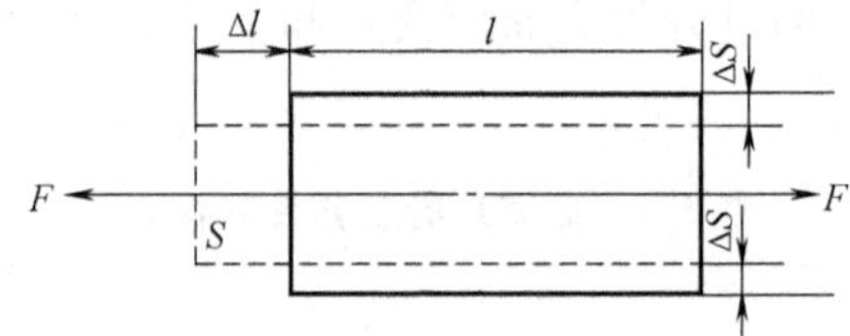

图 1-5　金属应变效应

未受力时，其原始电阻值可以表示为 R

$$R=\rho\frac{l}{S} \tag{1-1}$$

式中　R——金属丝的电阻值（Ω）；

ρ——金属丝的电阻率（$\Omega\cdot mm^2/m$）；

l——金属丝的长度（m）；

S——金属丝的横截面积（mm^2）。

当金属丝受到拉力 F 作用时，将伸长 Δl，其横截面积相应减小 ΔS，电阻率将因晶格发生形变等因素改变 $\Delta\rho$，这样引起的电阻值的相对变化量可表示为

$$\frac{\Delta R}{R}=\frac{\Delta\rho}{\rho}+\frac{\Delta l}{l}-\frac{\Delta S}{S} \tag{1-2}$$

式中　$\frac{\Delta l}{l}$——长度的相对变化量；

$\frac{\Delta S}{S}$——金属丝的横截面积的相对变化量；

$\frac{\Delta\rho}{\rho}$——电阻率的相对变化量。

电阻值的相对变化量 $\frac{\Delta R}{R}$ 与这三个变化量有关，当材料一定时，ρ 不发生变化，电阻值

的变化仅与金属丝长度和金属丝横截面积的变化有关。

（2）半导体应变片的工作原理

半导体应变片主要是利用硅半导体材料的压阻效应制成的。如果半导体材料沿某一轴向受到应力作用，半导体中的载流子迁移率便会发生变化，从而导致其电阻率发生变化。这种由外力引起半导体材料电阻率变化的现象，称为半导体的压阻效应。

三、弹性敏感元件

弹性敏感元件是一种在力的作用下产生形变，当力消失后能恢复成原来状态的元件，是电阻式传感器的敏感元件。它通过与被测物件接触，能直接感受被测量的变化，因而在传感器中占有非常重要的地位，其质量的优劣直接影响应变式电阻传感器的性能和测量精度。

1. 力敏感元件

力敏感元件大都采用等截面柱式、等截面薄板、悬臂梁及轴状等结构。图 1-6 所示为几种常见的力敏感元件。

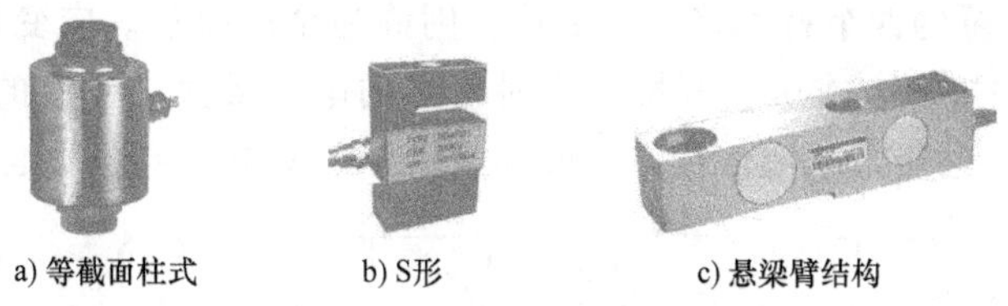

a) 等截面柱式　　b) S形　　c) 悬梁臂结构

图 1-6　几种常见的力敏感元件

2. 压力敏感元件

常见的压力敏感元件有弹簧管、波纹管、膜盒、薄壁半球和薄壁圆管等。压力敏感元件可以把液体或气体产生的压力转换为位移量输出。图 1-7 所示为几种常见的压力敏感元件。

a) 波纹管　　b) 膜盒　　c) 薄壁圆管

图 1-7　几种常见的压力敏感元件

四、应变式电阻传感器的测量电路

当外力作用到弹性敏感元件上时，弹性敏感元件被压缩或拉伸，即产生了微小的机械形变。粘贴在弹性敏感元件上的应变片的应变量一般都很小，电阻值的变化量也很小，不易被观察、记录和传输，需要通过电桥电路将该电阻值的变化量放大，并转换成电压或电流信号。在应用中最常用的是惠斯通电桥电路。

1. 电源接入方式

惠斯通电桥电路按照所提供电源的不同分为直流电桥和交流电桥两种形式，其接入方式如图 1-8 所示。

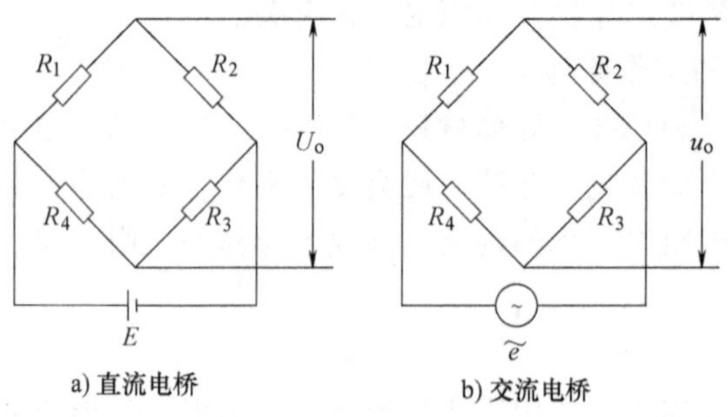

a) 直流电桥　　b) 交流电桥

图 1-8　电源接入方式

2. 应变片接入方式

电桥电路根据应变片接入的多少可分为单臂、双臂和全桥三种接入方式：如果电桥的一个臂接入应变片，其他三个臂接固定电阻，则称为惠斯通电桥（俗称单臂电桥）；如果电桥的相邻两个臂接入应变片，其他两个臂接固定电阻，则称为开尔文电桥（俗称双臂电桥、半臂电桥）；如果电桥的四个臂都接入应变片，则称为全桥电桥。应变片的三种接入方式如图 1-9 所示。在三种接入方式中，全桥工作时输出的电压最大，检测的灵敏度最高。因此，为了得到较大的输出电压或电流信号，一般都采用开尔文电桥或全桥电桥。

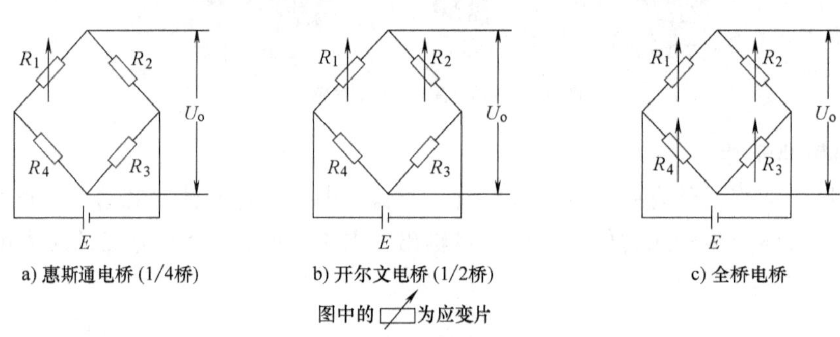

a) 惠斯通电桥 (1/4桥)　　b) 开尔文电桥 (1/2桥)　　c) 全桥电桥

图中的 为应变片

图 1-9　应变片的三种接入方式

即使是相同型号的电阻应变片，其阻值也有细小的差别，因此在无应力作用时，电桥四个桥臂的电阻值不完全相等，桥路可能不平衡（即有电压输出），这必然会造成测量误差。针对这种情况，在应变式电阻传感器的实际应用中，通常在原基本电路之上加调零电路，以减小测量误差。图 1-10 所示为应变式电阻传感器的实际电路。

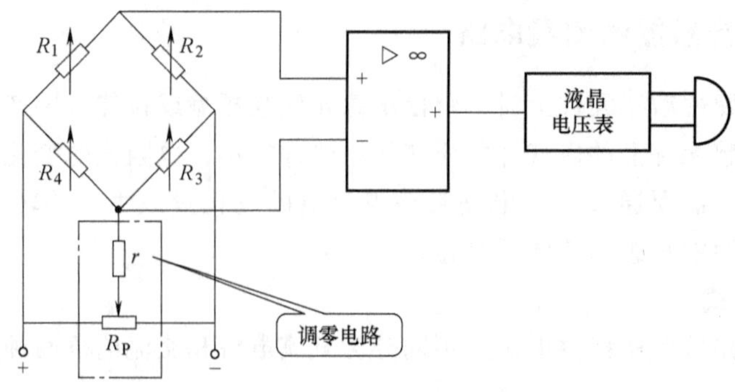

图 1-10　应变式电阻传感器的实际电路

五、应变式电阻传感器的应用

在实际应用中通常将应变片粘贴于被测构件上，直接用来测定构件在工作状态下的应力、形变情况；或者将应变片贴于弹性元件上，与弹性元件一起构成应变式电阻传感器，用来测量力、位移、加速度等物理参数。

1. 电子汽车秤

电子汽车秤称重系统如图 1-11 所示。安装在秤台下的柱形称重传感器如图 1-12 所示，图 1-12a 所示为柱形称重传感器的外形，图 1-12b 所示为柱形称重传感器中的弹性体，图 1-12c 所示为应变片在弹性圆筒上的粘贴位置。由图 1-12c 可以看出，在钢制圆筒上的纵向和横向贴有 $R_1 \sim R_4$ 四个应变片，以保证电桥灵敏度最大。四个应变片构成的电桥电路如图 1-12d 所示。

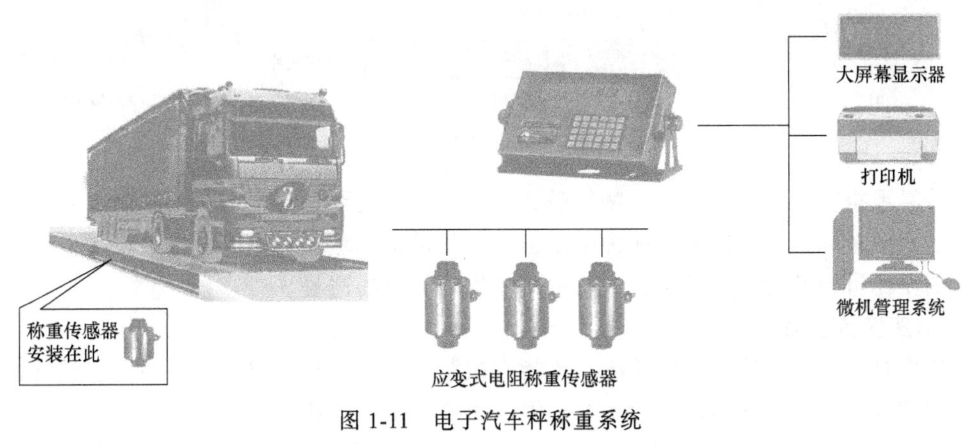

图 1-11　电子汽车秤称重系统

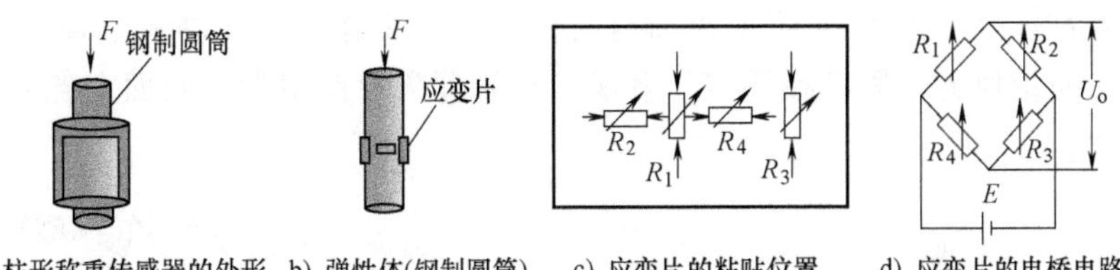

图 1-12　柱形称重传感器

图 1-13 所示为电子汽车秤的电路框图。载重汽车置于秤台上，秤台将重力传递至传力机构，使秤台下的钢制圆筒受到轴向的挤压和横向的拉伸，即 R_1 和 R_3 受拉伸应力，R_2 和

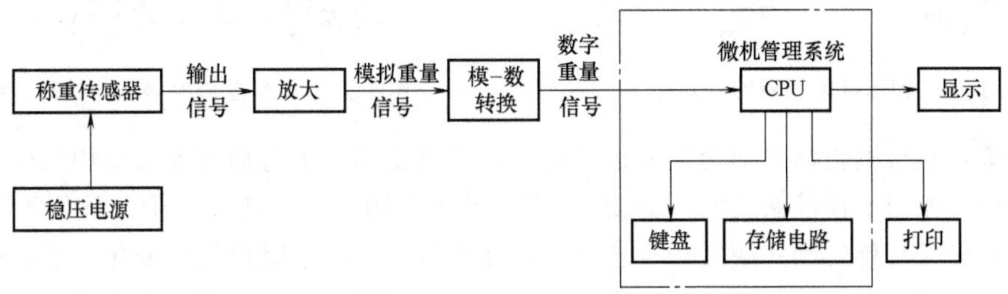

图 1-13　电子汽车秤的电路框图

R_4 受压缩应力，电桥电路失去平衡，电桥输出与应变量成比例的电信号经放大器处理后，由称重显示仪表和大屏幕显示器显示重量，同时将计量数据输入微机管理系统进行综合管理。

2. 商用电子秤

商用电子秤由秤盘、悬臂梁以及粘贴在悬臂梁上的应变片构成，如图 1-14 所示。悬臂梁一端固定一端自由，秤盘由悬臂梁自由端上平面的两个螺钉紧固，在悬臂梁的上、下两侧分别粘贴有 4 个应变片，这两侧的应变方向刚好相反，上侧拉伸、下侧收缩，且应变大小相等，构成全桥电路。

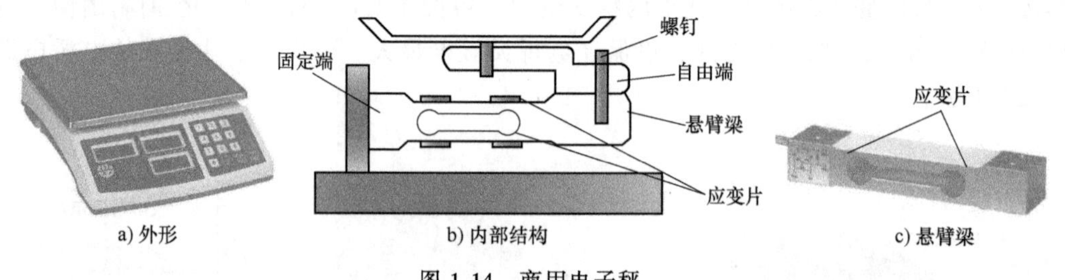

a) 外形　　b) 内部结构　　c) 悬臂梁

图 1-14　商用电子秤

悬臂梁承担物料的全部重量，物料越重，悬臂梁的变形量就越大，则粘贴在其表面上的应变片的变形量越大，变形量转换为电阻值的变化量也就越大。由电桥电路将 4 个应变片的电阻值的变化量转换为电压输出，电压的大小反映物料的重量。

3. 加速度传感器

加速度是物体运动速度的变化率，不能直接测量。为了获得较高的灵敏度，通常通过测量质量块随被测物体做加速运动时所受的惯性力来确定其加速度的大小。

图 1-15 所示为加速度传感器的外形图，可以通过粘贴或螺纹固定的方法将加速度传感器安装在被测物体上。图 1-16 所示为加速度传感器的工作原理示意图。测量时，悬臂梁的自由端固定在质量块上，固定端固定于基座，在悬臂梁根部附近的两面上各粘贴有两个性能相同的应变片。

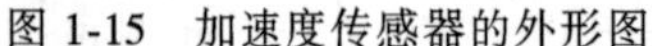

图 1-15　加速度传感器的外形图

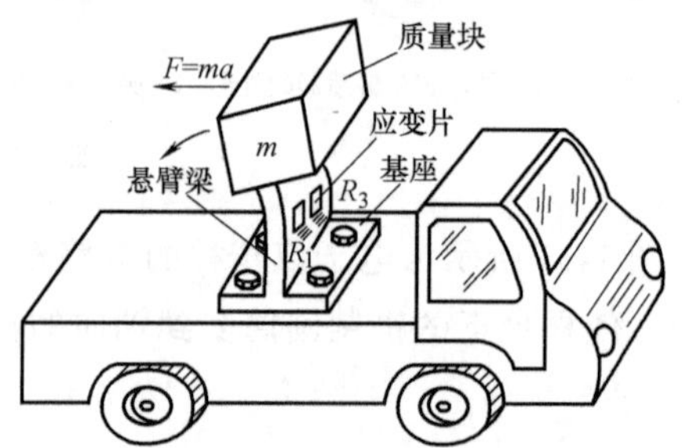

图 1-16　加速度传感器工作原理示意图

当质量块随被测物体以加速度 a 运动时，质量块受到一个与加速度方向相反的惯性力作用，悬臂梁则相当于惯性系统的“弹簧”，在惯性力作用下产生弯曲变形。该变形被粘贴在悬臂梁上的应变片感受到并随之产生应变，从而使应变片的电阻值发生变化。悬臂梁的应变在一定的频率范围内与质量块的加速度成正比，通过测量悬臂梁的应变，便可知质量块的加速度的大小。

4. 用于恒压供水系统中的液位计

在产品生产过程中，因自来水供水压力不足或暂时缺水，可能影响产品质量，严重时将导致产品报废和设备损坏；又如发生火警时，若供水压力不足或无水供应，不能迅速灭火，可能引起重大经济损失和人员伤亡。所以，采用恒压供水系统供水十分必要。图1-17所示为恒压供水系统，图1-18所示为其原理图。在图1-18中，稳流罐上安装的液位检测装置实时检测稳流罐中的水位，可编程序控制器（PLC）接收传感器信号，并对水压进行控制和报警；变频器对泵（M_1、M_2、M_3）进行压力调节；显示控制器对变频器进行起动和停止的触屏控制；报警器对水压超限、阀门故障、水位超限、水泵电动机过电流等进行报警。

图 1-17　恒压供水系统

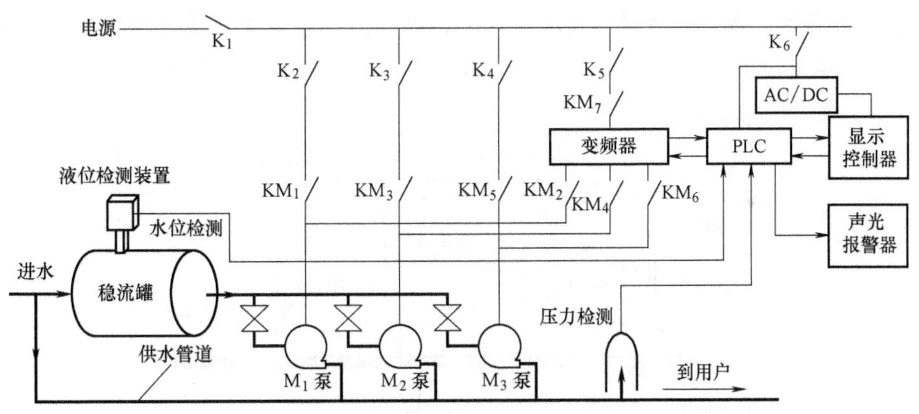

图 1-18　恒压供水系统原理图

常用的液位检测装置是投入式液位计。图1-19所示为投入式液位计外形图。B0506型投入式液位计如图1-20所示。B0506型液位计是将半导体应变片倒置安装在不锈钢壳体内制成的。使用时将液位计投入到被测液体中，半导体应变片的高压 p_2 侧进气口（由硅胶隔离）与液体相通，低压 p_1 侧进气口通过一根橡胶背压管与大气相通，传感器的信号线、电源线也通过该背压管与外界的仪器接口连接，被测液位高度可由下式计算得到

$$h=\frac{p_2-p_1}{p_g}$$

式中　h——液位高度；

p_2——液体压力；

p_1——大气压力；

p_g——每1m深的液体产生的压力。

这种投入式液位计使用方便，适用于几米至几十米深，混有大量污物、杂质的水或其他

液体的液位的测量。

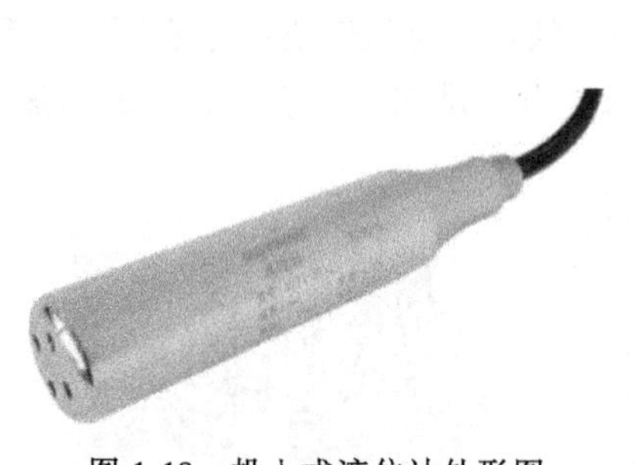

图 1-19　投入式液位计外形图

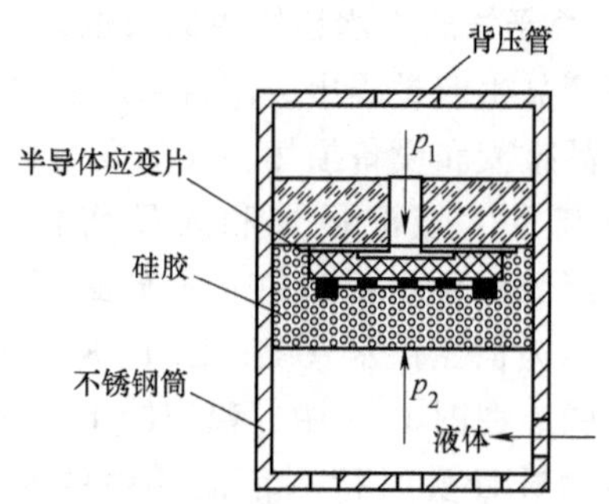

图 1-20　B0506 型投入式液位计

第三部分　技能训练

一、金属箔式应变片——惠斯通电桥性能测试

如图 1-21 所示，将 4 个金属箔式应变片分别贴在双孔悬臂梁式称重传感器弹性体的上、下两侧，弹性体受到压力产生形变，应变片随弹性体形变被拉伸或压缩。

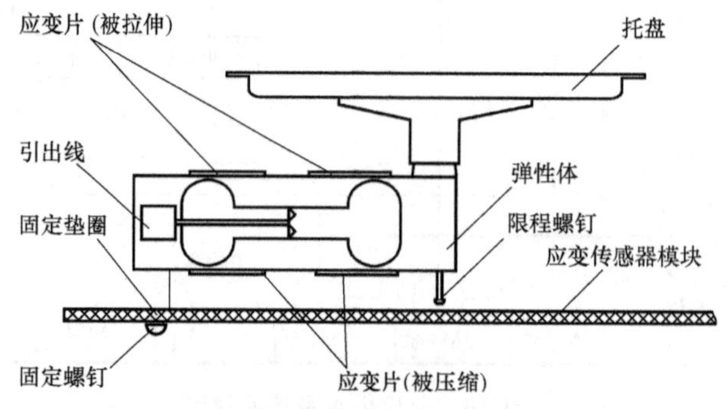

图 1-21　双孔悬臂梁式称重传感器结构图

1）将应变式电阻传感器上的各应变片分别接到应变传感器模块左上方的 R_1、R_2、R_3、R_4 上，可用万用表判别是否有 $R_1=R_2=R_3=R_4=350\Omega$。

2）将主控台的±15V 电源接入应变传感器模块，检查无误后，合上主控台电源开关，将差动放大器的输入端 U_i 短接并与地短接，输出端 U_{o2} 接直流电压表（选择 2V 档）。将电位器 R_{P4} 调到增益最大位置（顺时针方向转到底），调节电位器 R_{P3} 使电压表显示为 0V，关闭主控台电源（R_{P3} 的位置确定后不能改动）。

3）按图 1-22 所示连线，将应变式电阻传感器的其中一个应变电阻（如 R_1）接入电桥，与 R_5、R_6、R_7 构成惠斯通电桥。

4）先将托盘放在称重传感器的弹性体上，再对整个应变传感器系统进行调零。将电桥输出端接到差动放大器的输入端 U_i，检查接线无误后，合上主控台电源开关，预热 5min，调节 R_{P1} 使电压表显示为零。

5）在托盘上放置一个砝码，读取直流电压表数值，依次增加砝码，读取相应的直流电

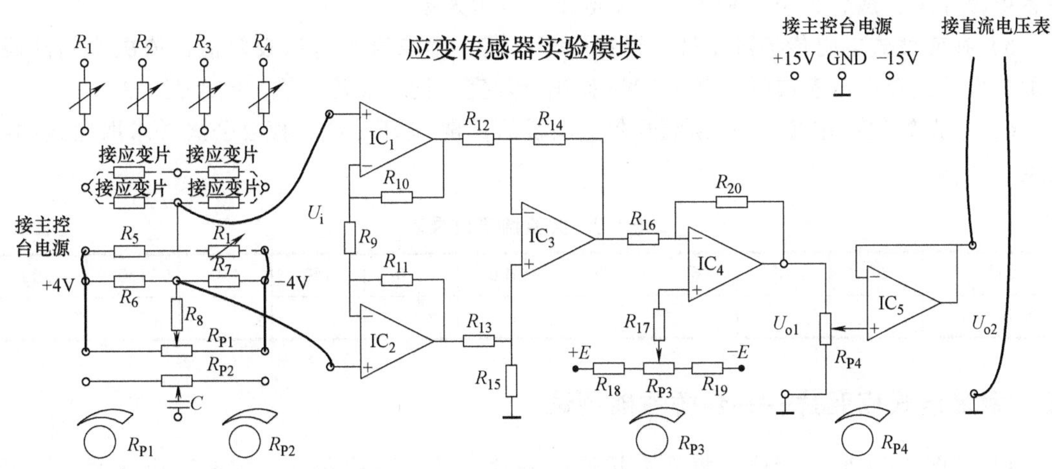

图 1-22　惠斯通电桥面板接线图

压表数值，直到200g砝码全加完，记下实验结果，填入表1-2。

6）数据处理：在Excel中绘制惠斯通电桥的重量-电压曲线，拟合公式并求取曲线的线性度。

表 1-2　实验结果记录表

重量/g	20	40	60	80	100	120	140	160	180	200
电压/mV										

二、金属箔式应变片——开尔文桥性能测试

1）将应变式电阻传感器安装在应变式电阻传感器实验模块上，可参考图1-21。

2）差动放大器调零。

3）按图1-23所示接线，将受力相反（一片受拉、一片受压）的两片应变片（如 R_1 和 R_2）接入电桥的邻边。

4）电桥调零。将电桥输出端接到差动放大器的输入端 U_i 上，检查接线无误后，合上主

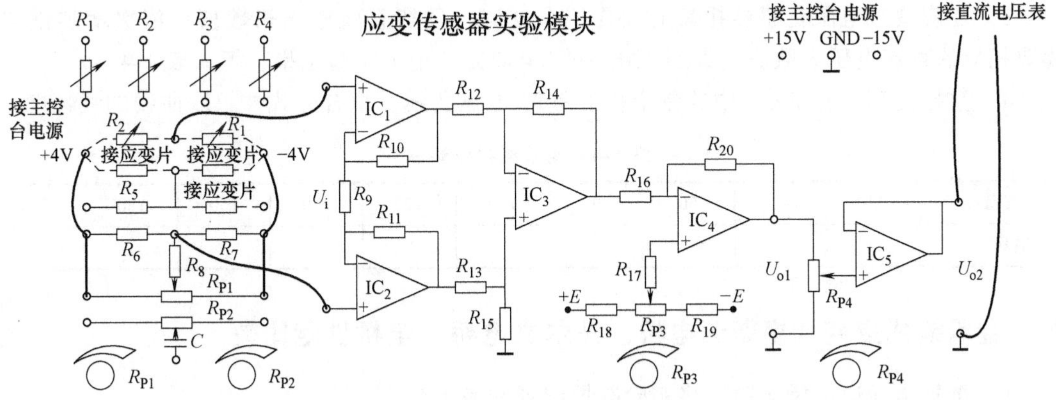

图 1-23　开尔文电桥面板接线图

控台电源开关，预热 5min，调节 R_{P1} 使电压表显示为零。

5）在应变式电阻传感器托盘上放置一个砝码，读取直流电压表数值；依次增加砝码，读取相应的直流电压表数值，直到 200g 砝码全加完，记下实验结果，填入表 1-3。

6）数据处理：在 Excel 中绘制开尔文电桥的重量-电压曲线，拟合公式并求取曲线的线性度。

表 1-3　实验结果记录表

重量/g	20	40	60	80	100	120	140	160	180	200
电压/mV										

三、金属箔式应变片——全桥性能测试

1）按图 1-24 所示接线，将受力相反（一片受拉、一片受压）的两对应变片（R_1 和 R_2，R_3 和 R_4）分别接入电桥的邻边。

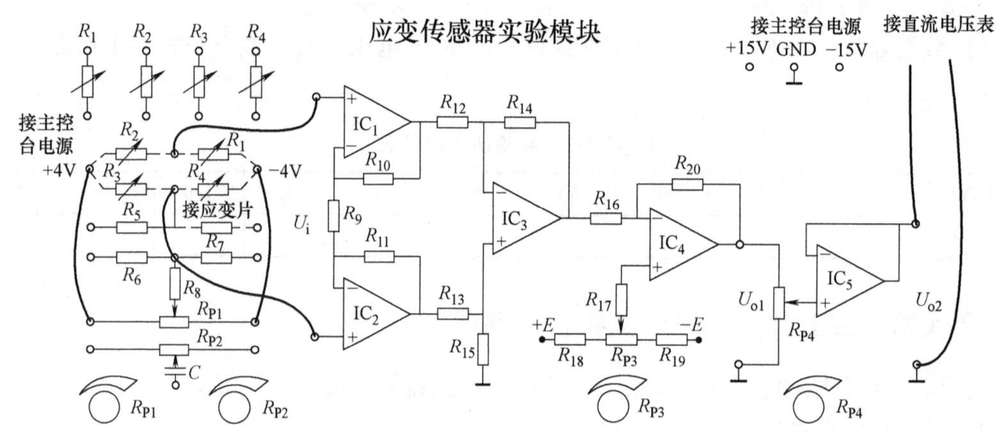

图 1-24　全桥面板接线图

2）电桥调零。将电桥输出端接到差动放大器的输入端 U_i 上，检查接线无误后，合上主控台电源开关，预热 5min，调节 R_{P1} 使电压表显示为零。

3）在应变式电阻传感器托盘上放置一个砝码，读取直流电压表数值；依次增加砝码，读取相应的直流电压表数值，直到 200g 砝码全加完，记下实验结果，填入表 1-4。

4）数据处理：在 Excel 中绘制全桥的重量-电压曲线，拟合公式并求取曲线的线性度。

表 1-4　实验结果记录表

重量/g	20	40	60	80	100	120	140	160	180	200
电压/mV										

四、金属箔式应变片惠斯通电桥、开尔文电桥、全桥性能比较

1）重复惠斯通电桥实验，将实验数据记录在表 1-5 中。

2）保持差动放大电路不变，将应变电阻连接成开尔文电桥和全桥电路，做开尔文电桥

和全桥性能实验，并将实验数据记录在表 1-5 中。

表 1-5　实验结果记录表

重量/g	20	40	60	80	100	120	140	160	180	200	
电压/mV											惠斯通电桥
											开尔文电桥
											全桥

3）实验结束后，关闭电源，整理好实验设备。

4）数据处理：有 Excel 中绘制惠斯通电桥、开尔文电桥、全桥的重量-电压曲线，拟合公式并求取曲线的线性度，并比较惠斯通电桥、开尔文电桥、全桥电路的三条曲线斜率之间的关系。

五、直流全桥电路的应用——电子秤

1）按照全桥面板接线图接线，如图 1-24 所示。

2）电桥调零。将电桥输出端接到差动放大器的输入端 U_i 上，检查接线无误后，合上主控台电源开关，预热 5min，调节 R_{P1} 使电压表显示为零。

3）将 10 个砝码均置于传感器的托盘上，调节电位器 R_{P4}（取样），使直流电压表显示为 0.200V（用 2V 档测量）。

4）取下托盘上的所有砝码，观察直流电压表是否显示为 0.000V。若不为零，再次将差动放大器调零、电桥调零。

5）重复步骤 3）、4），直到放置 10 个砝码时直流电压表显示为 0.200V 且拿掉 10 个砝码时直流电压表显示为 0.000V 为止。此时电子秤调试完毕，0.200V 对应 0.200kg。

6）将砝码依次放到托盘上进行测试，读取相应的直流电压值，直到 200g 砝码全加完，记下实验结果，填入表 1-6。

7）取下砝码，在托盘上加一个未知的重物（重量不要超过 1kg），记录电压表的读数。根据实验数据，求出重物的重量。

表 1-6　实验结果记录表

重量/g									
电压/V									

8）实验结束后，关闭电源，整理好实验设备。

第四部分　复习与思考

一、复习总结

应变式电阻传感器由________和________组成，其工作原理是基于电阻的________，它能将________的应变转换为________的变化。这种应变片在受力产生应变时引起的阻值变化通常较小，一般将应变片组成________电桥电路，通过放大器进行信号放大，再传输给处理电路。

电阻应变片根据制作材料和工艺的不同，主要有________应变片和________应变片两类。__________应变片分为丝式、箔式；__________应变片分为体型、箔膜型和扩散型。________应变片利用导体的长度和半径发生改变而引起电阻值的变化（即__________效应），而________应变片是利用载流子的迁移率发生变化而引起电阻值的变化（即__________效应）。

电阻应变片构成的电桥称为________电桥。该电桥可以采用一个桥臂为一片应变片、其他桥臂为固定电阻的结构，也可以采用两片或4片应变片组成的桥路结构，其中，________电桥的测量精度最大，可采用此方法提高传感器的测量精度。

应变式电阻传感器可广泛应用于称重、测量加速度、测量液位等。

二、测试题

1. 填空题

（1）金属导体在受到外力作用变形时，其________也将随之变化，这种现象称为“应变效应”。

（2）应变式电阻传感器由________和________组成。其中________是最核心的部件。

（3）应变片按材料的不同，可分为________、________两大类。

（4）由于________而引起________变化的现象称为应变效应。金属应变片的应变效应受________和________变化的影响，而半导体应变片的应变效应主要受________的影响。

（5）最常用的________电路作为应变式电阻传感器测量电路，用来测量微弱的电阻值的变化，并将电阻值的变化转换为电压或电流的变化。

（6）电桥电路有________、________和________三种接入方式。采用________供电的为交流电桥。

（7）金属应变片的工作原理是基于________效应，而半导体应变片是基于________效应。

（8）要使直流电桥平衡，必须使直流电桥相对臂的电阻值________。

（9）应变式电阻传感器的测量电路是把应变片的________转换为________的变化，以便显示被测量的大小。

2. 选择题

（1）弹性敏感元件是一种利用（　　）把感受到的非电量转换为电量的（　　）元件。

A. 变形　　B. 发热　　C. 敏感　　D. 转换

（2）将被测试件的变形转换成（　　）变化量的（　　）元件，称为电阻应变片。

A. 电阻　　B. 力　　C. 位移　　D. 敏感　　E. 转换

（3）应变式电阻传感器属于（　　）测量。

A. 接触　　B. 非接触

（4）应变式电阻传感器的测量电路中，（　　）电路的灵敏度最高。

A. 惠斯通电桥　　B. 开尔文电桥　　C. 全桥

（5）将应变片贴在（　　）上，就可以分别制作成力、位移、加速度等传感器。

A. 绝缘体　　　　B. 导体　　　　　C. 弹性元件

(6) 半导体应变片具有（　　）等优点。

A. 灵敏度高　　　B. 温度稳定性好　C. 可靠性强　　　D. 接口电路复杂

(7) 通常用应变式电阻传感器测量（　　）。

A. 温度　　　　　B. 密度　　　　　C. 加速度　　　　D. 电阻

(8) 金属应变片的应变效应是基于（　　）的变化而产生的。

A. 几何形状　　　B. 材料的电阻率

(9) 半导体应变片的应变效应是基于（　　）的变化而产生的。

A. 几何形状　　　B. 材料的电阻率

3. 简答题

(1) 什么是电阻的应变效应？利用应变效应解释金属应变式电阻传感器的工作原理。

(2) 弹性敏感元件在应变式电阻传感器中起什么作用？

(3) 简述应变式电阻传感器测量电路的功能。

(4) 应变式电阻称重传感器的工作原理是什么？

(5) 应变式电阻传感器测量加速度的原理是什么？

(6) 试比较金属应变片和半导体应变片的异同。

(7) 图 1-25 所示为________式________传感器的结构示意图。图中①是________，②是________，③是________，④是________。试分析该传感器的工作原理。

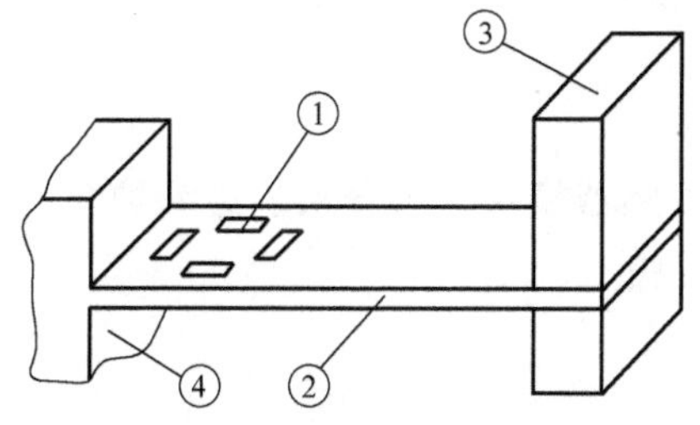

图 1-25　传感器的结构示意图

(8) 用于测量起吊重量的拉力传感器如图 1-26a 所示。应变片 R_1、R_2、R_3、R_4 贴在等截面轴上，它们组合的电桥电路如图 1-26b 所示。试由图简述拉力传感器的工作原理。

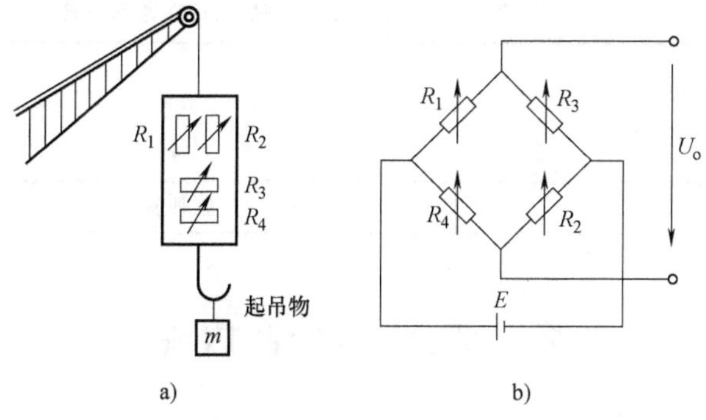

图 1-26　测量起吊重量的拉力传感器的示意图

电容式传感器

第一部分 教学要求

一、实训目的和要求

1）掌握电容式传感器的应用场合和应用方法，理解它们的工作过程。

2）掌握电容式传感器的工作原理，了解其结构及分类。

3）了解常用的电容式传感器测量电路的种类及功能。

二、实训工具和器材

电容式传感器、电容式传感器模块、千分尺、绝缘护套、振动源、20g 砝码（10 个）、移相器/相敏检波/低通滤波模块。

三、实训内容和方式

实训内容		时间安排	实训方式
1	课前准备	课余	阅读教材
2	教师讲授	2 课时	重点讲授(电容式传感器的工作原理及应用,位移特性的检测方法)
3	学生实操	2 课时	学生实操,教师指导(课堂上不能完成,可在课下完成)

四、实训成绩评定

技能训练成绩		教师签名	

第二部分 教学内容

在网络安全、犯罪鉴定、门禁系统、ATM 的身份认证和法庭取证等方面，指纹识别系统发挥着非常重要的作用。

指纹识别系统的结构如图 2-1 所示，由指纹采集设备、指纹图像处理系统、指纹库存储系统、指纹匹配系统等组成。指纹采集设备负责采集指纹图像，随后送入指纹图像处理系统对指纹进行识别，完成图像的预处理，提取指纹特征码，与指纹库存储系统中的指纹特征进行匹配，给出判别结果。

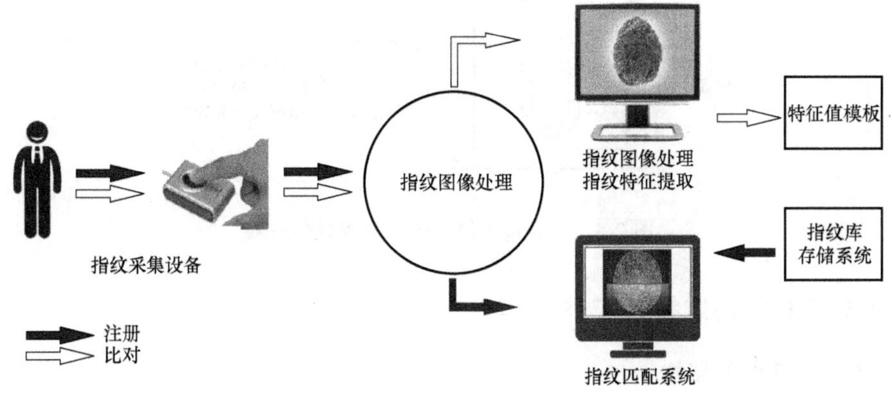

图 2-1　指纹识别系统

在整个系统中，指纹采集设备中的传感器起着关键作用。指纹传感器采用半导体电容式传感器，它根据指纹的嵴和峪与半导体电容感应颗粒形成的电容值大小的不同来判断什么位置是嵴、什么位置是峪，从而形成指纹图像数据。半导体电容式传感器的原理示意图如图 2-2 所示。

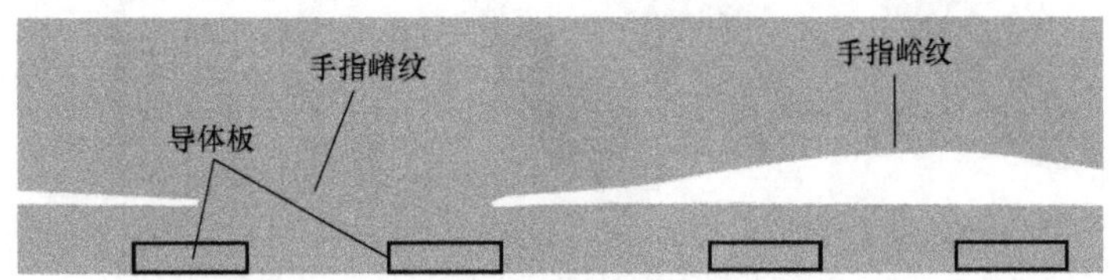

图 2-2　半导体电容式传感器的原理示意图

一、电容式传感器的组成

电容式传感器以各种类型的电容器作为传感元件，通过传感元件将被测物理量转换为电容量的变化，随后由测量电路将电容的变化量转换为电压、电流或频率信号输出，完成对被测物理量的测量。电容式传感器的组成框图如图 2-3 所示。

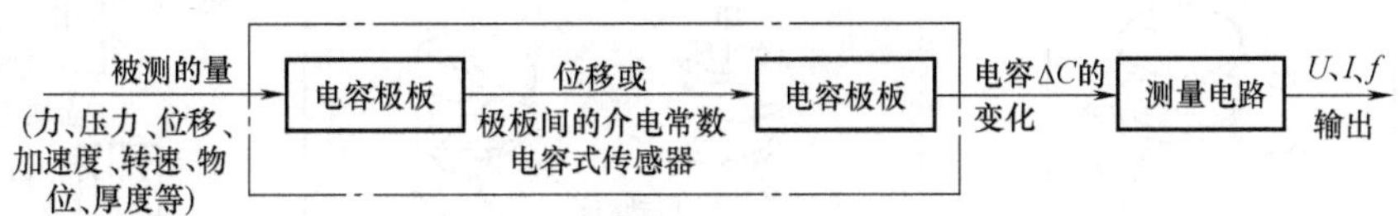

图 2-3　电容式传感器的组成框图

下面通过电容式液位计来了解电容式传感器的组成，如图 2-4 所示。棒状金属电极与导电液体构成电容式传感器的两个极板，极板既是敏感元件，又是转换元件。

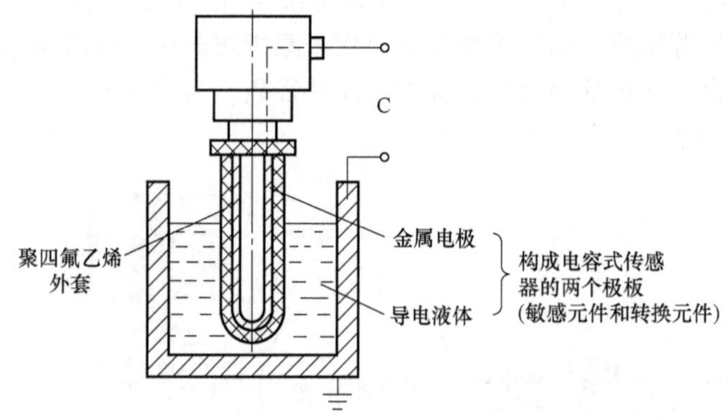

图 2-4　电容式液位计中的电容式传感器

二、电容式传感器的结构及工作原理

1. 电容式传感器的结构

根据结构形式的不同，电容式传感器可分为三种类型：变极距式、变面积式、变介电常数式。图 2-5 所示为电容式传感器的实物图，各种电容式传感器的性能比较见表 2-1。

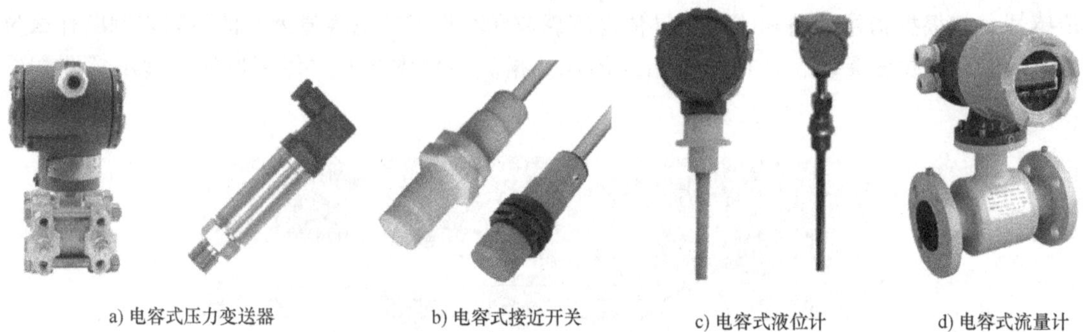

a) 电容式压力变送器　b) 电容式接近开关　c) 电容式液位计　d) 电容式流量计

图 2-5　电容式传感器的实物图

表 2-1　各种电容式传感器的性能比较

类型	变极距式	变面积式	变介电常数式
结构	固定极板 d 可动极板 a) 普通结构	固定极板 可动极板 a) 角位移型	电极 ε_{r1} 非导电介质 ε_{r2} h 金属电极 绝缘套管 导电介质 h a) 圆柱型

（续）

类型	变极距式	变面积式	变介电常数式
结构	b) 差动结构	b) 圆柱线位移型　c) 平面线位移型	b) 平面型
工作原理	通过改变两极板间的距离改变电容	通过改变两极板的覆盖面积改变电容	通过改变两极板间的介电常数改变电容
性能特点	测量精度较低	测量精度较低	测量精度高，不受周围环境的影响
应用场合	可测量微米级的线位移。用于测量由于力、压力、压差、振动等引起的极距变化，测量振动振幅	测量角位移及厘米级的线位移	测量固体或液体的料位(液位)；测量粮食、木材等非导电固体介质的温度、密度、湿度等；测量片状材料的厚度和介电常数

2. 电容式传感器的工作原理

两平行极板可组成一个电容式传感器，其工作原理如图 2-6 所示。

如果不考虑边缘效应，其电容量 C 为

$$C=\frac{\varepsilon A}{d} \tag{2-1}$$

式中　ε——极板间介质的介电常数；

A——两电极互相覆盖的有效面积；

d——两电极之间的距离。

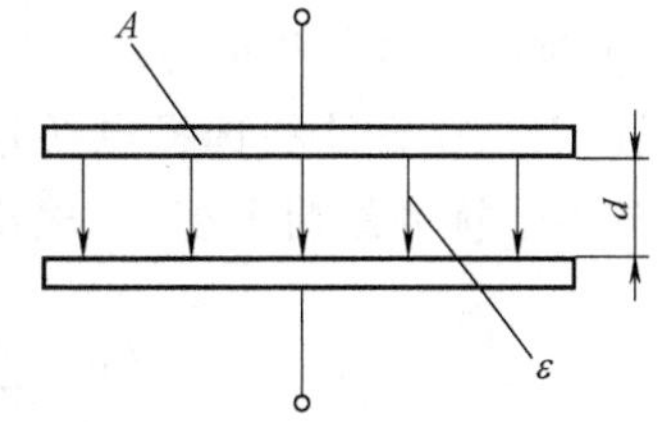

图 2-6　两平行板组成的电容式传感器的工作原理图

在 A、d、ε 三个参量中，改变任意一个量，均可改变电容量 C。也就是说，电容量 C 是 A、d、ε 的函数。固定三个参量中的两个，可以做成三种类型的电容式传感器：变极距式传感器、变面积式传感器、变介电常数式传感器。

（1）变极距式传感器

若因外界因素导致传感器出现线位移，使两极板间的距离 Δd 发生变化，而两电极间的覆盖面积 A、极板间介电常数 ε 不发生变化，则引起电容值的相对变化量可表示为

$$\frac{\Delta C}{C}=\frac{\Delta d}{d} \tag{2-2}$$

式中　$\frac{\Delta d}{d}$——两极板间距离的相对变化量。

(2) 变面积式传感器

若因外界因素导致传感器出现线位移或角位移，使电极间的覆盖面积 ΔA 发生变化，而两电极间的距离 d、极板间介电常数 ε 不发生变化，则引起电容值的相对变化量可表示为

$$\frac{\Delta C}{C}=\frac{\Delta A}{A} \tag{2-3}$$

式中 $\frac{\Delta A}{A}$——电极间覆盖面积的相对变化量。

(3) 变介电常数式传感器

若因外界因素导致传感器两极板间的介电常数 ε 发生变化，而两电极间的距离 d、覆盖面积 A 不发生变化，则引起电容值的相对变化量可表示为

$$\frac{\Delta C}{C}=\frac{\Delta \varepsilon}{\varepsilon} \tag{2-4}$$

式中 $\frac{\Delta \varepsilon}{\varepsilon}$——极板间介电常数的相对变化量。

三、电容式传感器的测量电路

电容式传感器可将被测的物理量转换为电容的变化，但由于电容变化量很小，不易被观察、记录和传输，因此必须通过测量电路将电容变化量转换成电压、电流或频率信号输出。电容式传感器测量电路的种类很多，下面介绍一些常用的电路。

1. 桥式电路

桥式电路是将电容式传感器接入交流电桥作为电桥的一个臂或两个相邻臂，电桥另外的两臂可以是电阻、电容或电感，也可以是变压器的两个二次绕组，如图 2-7 所示。

从电桥灵敏度的角度考虑，在图 2-7a～f 中，图 2-7f 所示形式的灵敏度最高，图 2-7d 所示形式次之。在设计和选择电桥形式时，除了考虑灵敏度外，还应考虑输出电压是否稳定（即受外界干扰的影响大小）、输出电压与电源电压间的相移大小、电源与元件所允许的功

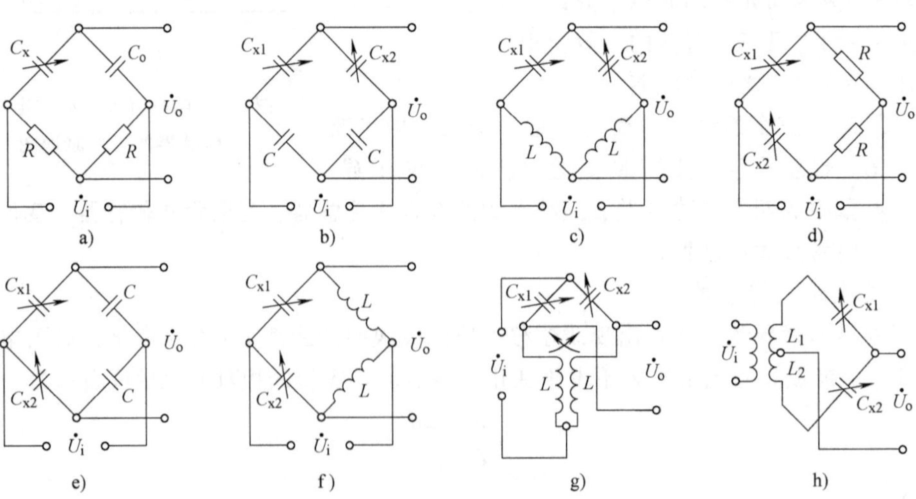

图 2-7 各种桥式电路

率以及结构上是否容易实现等。在实际的电桥电路中，还附加有零点平衡调节、灵敏度调节等环节。图 2-7g 所示的电桥（紧耦合电感臂电桥）具有较高的灵敏度和稳定性，且寄生电容的影响极小，这大大简化了电桥的屏蔽和接地，非常适合于高频工作，目前已开始广泛应用。

在图 2-7h 所示的电桥（变压器式电桥）中，使用元件少，桥路内阻值最小，目前应用较多。在该形式的电桥中，变压器的二次绕组由两个具有中心抽头并相互紧密耦合的电感线圈 L_1、L_2 组成，它们构成电桥的两臂；电桥的另外两臂由差动式电容传感器 C_{x1}、C_{x2} 组成。电桥平衡时，输出电压 $U_o=0V$。此交流电桥平衡的条件为

$$\frac{X_{L1}}{X_{L2}}=\frac{X_{CX1}}{X_{CX2}} \tag{2-5}$$

式中　X_{L1}、X_{L2} 分别为 L_1、L_2 的感抗；X_{CX1}、X_{CX2} 分别为 C_{x1}、C_{x2} 的容抗。当 C_{X1}、C_{X2} 变化时，电桥的平衡被破坏，电桥上产生一定的输出电压，输出电压与桥臂上电容值的变化量成正比。其空载输出电压为

$$U_o=\pm\frac{\Delta CU}{2C_o} \tag{2-6}$$

式中　C_o——传感器的初始电容值；

ΔC——传感器电容的变化值；

U——变压器二次电压的有效值。

"±"表明电容式传感器移动的方向，移动的方向不同，符号则不同。因此，该电路的输出还应经过相敏检波电路才能分辨 U_o 的相位，即分辨电容式传感器的位移方向。相敏检波电路如图 2-8 所示。

2. 调频电路

调频电路将电容式传感器作为 LC 振荡器谐振回路的一部分。当被测量发生变化时，电容 C_x 随之变化，使得振荡器频率 f 相应地变化，计算机测得频率 f 的变化就可算得 C_x 的数值。由于振荡器频率 f 受电容 C_x 调制，故该电路称为调频电路。图 2-9 所示为 LC 振荡器调频电路原理框图。

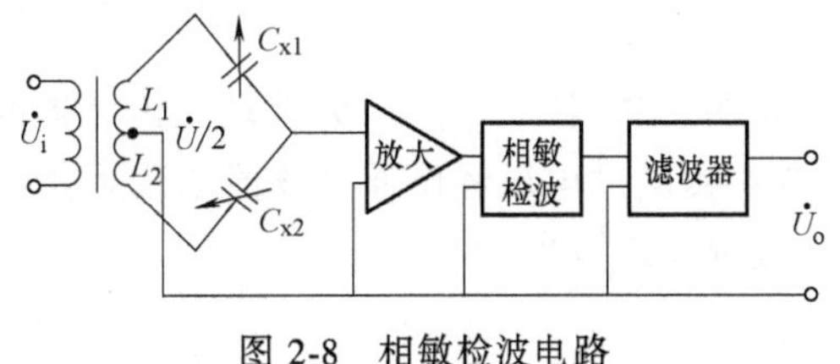

图 2-8　相敏检波电路

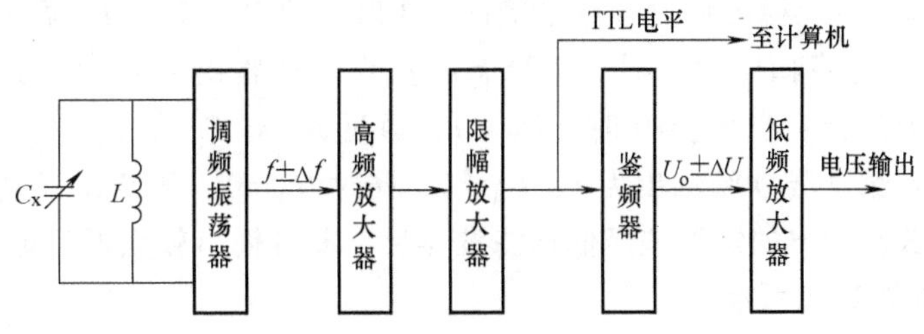

图 2-9　调频电路原理框图

在图 2-9 中，LC 振荡器的频率可由下式确定

$$f=\frac{1}{2\pi\sqrt{LC}} \tag{2-7}$$

式中 L——振荡器的电感；

C——振荡回路的总电容，包括传感器电容 C_x、谐振回路中的微调电容 C_1 以及传感器的电缆分布电容 C_c，即 $C=C_x+C_1+C_c$。

振荡器输出的高频电压是一个受电容控制的调频波，调频波经限幅放大器放大后在鉴频器中转换为电压的变化输出，由仪表指示出来。

调频电路的抗干扰能力强，可远距离传输不受干扰；具有较高的灵敏度，可以测量小至0.01μm 级的位移变化量。其缺点是非线性较差，可通过鉴频器（F/V 转换）转化为电压信号后进行补偿。

3. 脉冲宽度调制电路

脉冲宽度调制电路利用对传感器电容的充放电，使电路输出脉冲的宽度随传感器电容值的变化而变化，通过低通滤波器得到对应被测量变化的直流信号。脉冲宽度调制电路如图2-10 所示，由比较器（IC_1、IC_2）、双稳态触发器 IC_3 以及电容充放电回路组成。

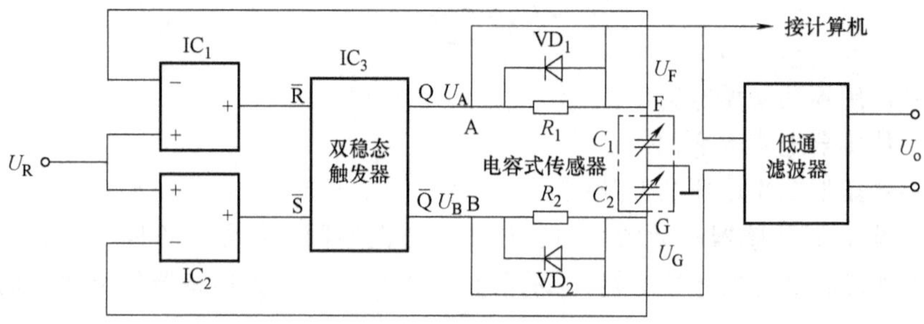

图 2-10　脉冲宽度调制电路

在图 2-10 中，C_1、C_2 为差动式传感器的两个电容；U_R 为其参考电压。输出电压 U_o 由A、B 两点间的电压经低通滤波器滤波后获得。

设 $R_1=R_2=R$，则

$$U_o=\frac{C_1-C_2}{C_1+C_2}U_1=\frac{\Delta C}{C_1+C_2}U_1 \tag{2-8}$$

由式（2-8）可以看出，电路输出的直流电压（U_o）与传感器两电容差值（ΔC）成正比。由图 2-10 可知，当双稳态触发器 Q 端输出为 1 时，即 $U_A=1$，VD_1 截止，通过 R_1 对 C_1 充电，U_F 逐渐增大，直到 $U_F=U_R$ 时，双稳态触发器 Q 端输出为 0，此时 $U_A=0$，C_1 通过 VD_1 放电，U_F 逐渐降低；当 $U_A=0$ 时，$U_B=1$，通过 R_2 对 C_2 充电，U_G 逐渐增加，直到 $U_G=U_R$ 时，双稳态触发器 Q 端输出为 1，$U_A=1$，同时 $U_B=0$，电容 C_1 充电而 C_2 放电。如此循环往复，A、B 端输出的矩形波经低通滤波器后，即可输出较大的直流电压。电路中各点的电压波形图如图 2-11 所示。

脉冲宽度调制电路适用于所有的差动式电容传感器，不论是变面积式还是变极距式，均能获得线性输出；该电路采用直流电源，电压稳定度高，不存在稳频、波形纯度的要求；不需要相敏检波与解调等，对输出矩形波的纯度要求也不高。

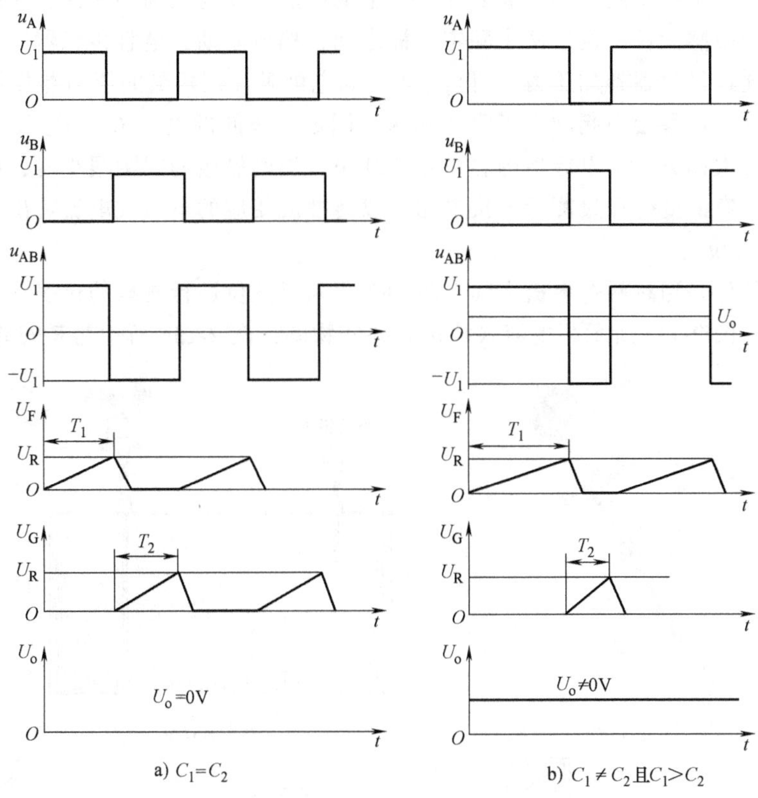

a) $C_1=C_2$　　b) $C_1 \neq C_2$且$C_1>C_2$

图 2-11　脉冲宽度调制电路中各点的电压波形图

四、电容式传感器的应用

电容式传感器不仅用于位移、振动、角度、加速度等机械量的精密测量，还广泛用于压力、差压、液位、物位或成分含量等的测量。

1. 电容式差压变送器

电容式差压变送器如图 2-12 所示，其核心部分是一个差动变极距式电容传感器。图 2-12a 所示为其实物图，图 2-12b 所示为其内部结构图。

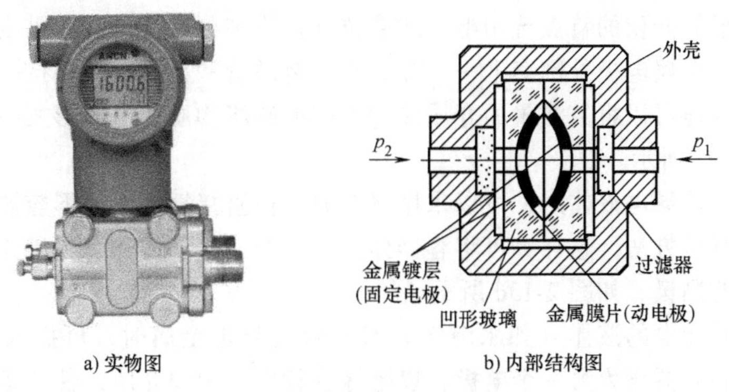

a) 实物图　　b) 内部结构图

图 2-12　电容式差压变送器

固定电极为传感器中间凹形玻璃表面上的金属镀层，动电极为圆形薄金属膜片。动电极膜片作为压力的敏感元件，位于两个固定电极之间，构成差动式电容传感器。当由两侧的内螺纹压力接头通过过滤器施加压力 p_1 和 p_2 时，动电极膜片在两侧的压力差作用下而凸向压力小的一侧，这一位移会引起动电极膜片和两个固定电极间的电容 C_1、C_2 发生变化，一个电容器的容量增大而另一个电容器的容量相应减小。当两极板的间距很小时，压力与电容的变化成正比，电容的变化经过测量转换电路可以转换成相应的电压或电流输出。

2. 电容式液位计

电容式液位计是通过两个电极之间电容的变化来对液位进行测量的仪表，在化工等工业领域应用较广。图 2-13a 所示为电容式液位计的实物图，图 2-13b 所示为其安装示意图。

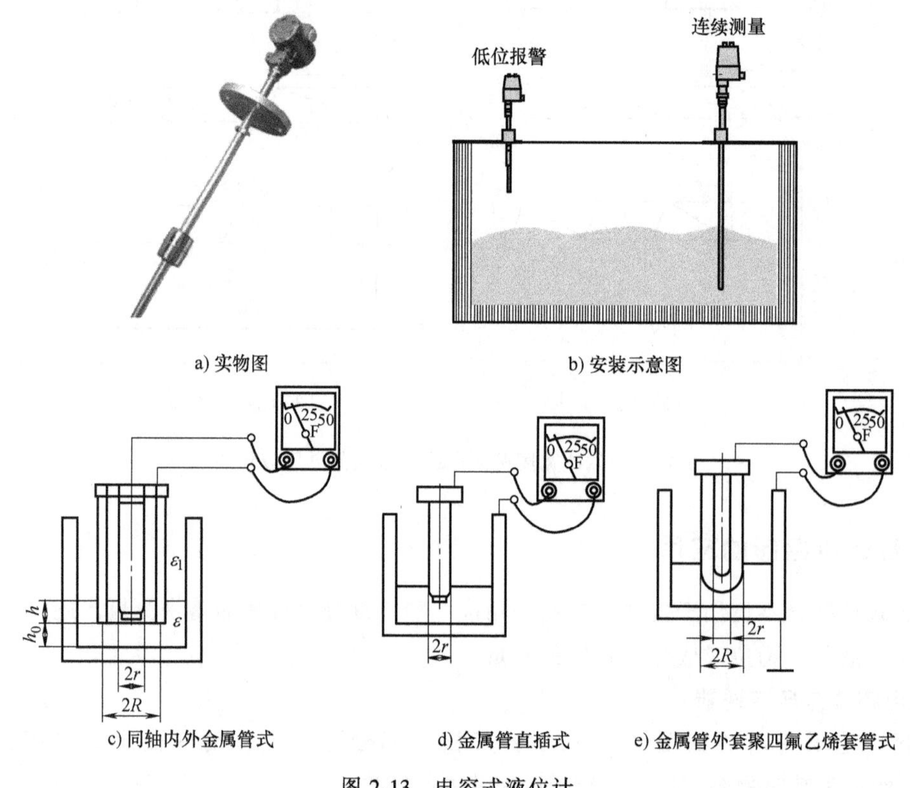

图 2-13　电容式液位计

在使用时要根据介质的特点选用电容式液位计。当被测液体是一些黏度较小的非导电液体时，可以将一个金属电极外部套上一个金属管，金属管和金属电极保持同轴状态，相互绝缘并进行固定，这样可以将被测量的介质作为中间的绝缘物质，由此形成一个同轴套筒形的电容器，如图 2-13c 所示。

测量黏度大的非导电液体时，可以采用将金属电极直接插入圆筒形容器的中央，使仪表线与容器相连的测量方法。这样，可将容器作为外电极、将液体作为绝缘介质而形成圆筒形电容，实现液位的测量，如图 2-13d 所示。

当被测介质是导电的液体（如水溶液）且液罐是导电金属时，可插入金属棒作为一个电极，而将液体和容器作为另一个电极，以绝缘套管作为中间介质，使三者形成圆筒形电容器，如图 2-13e 所示，这时，内、外电极的极距是套管的壁厚。

3. 电容式接近开关

在数控机床或自动化生产线上常常需要对某一可动部件的动作位置进行精确定位，此时只需用开关型传感器判断其位置或状态即可，具有这类检测功能的传感器称为接近开关。接近开关又称为无触点行程开关，当某个物体靠近接近开关并达到一定距离时，接近开关就会“感知”并发出“动作”信号，告知该物体所处的位置。接近开关的种类很多，电容式接近开关属于一种具有开关量输出的位置传感器。图 2-14a 所示为接近开关的实物图，图 2-14b 所示为接近开关的内部结构图，图 2-14c 所示为其原理框图。

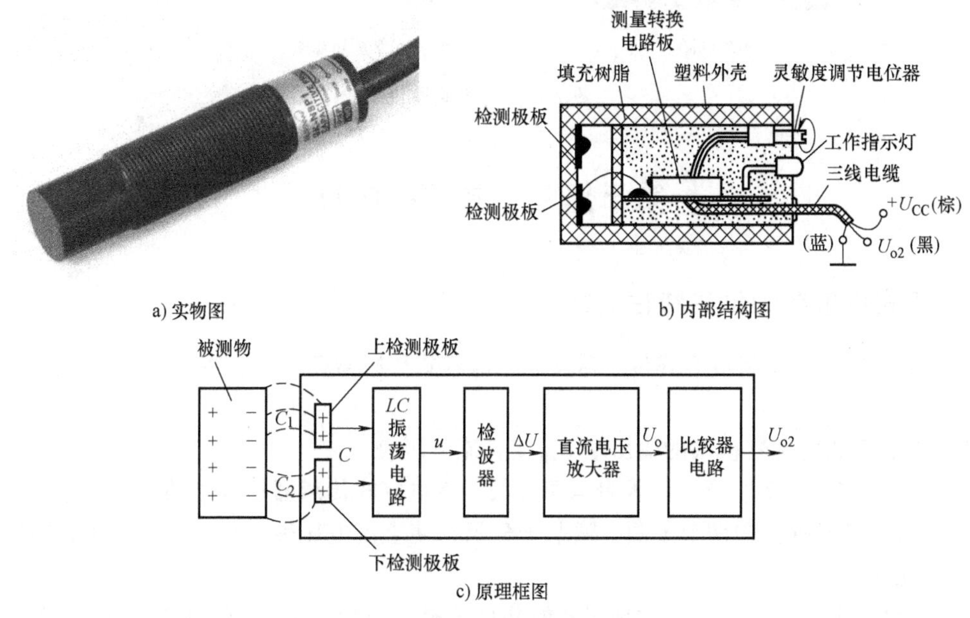

图 2-14 圆柱形电容式接近开关

电容式接近开关的核心部分是以电容极板作为检测端的 *LC* 振荡器。两块检测极板设置在接近开关的最前端，测量转换电路板安装在接近开关壳体内。没有物体靠近检测极板时，上、下检测极板之间的电容 C 非常小，它与电感 L（位于测量转换电路板中）构成高品质因数的 *LC* 振荡电路。

当被检测物体为导体时，上、下检测极板经过与导体之间的耦合作用，形成变极距式电容 C_1、C_2。电容值比未靠近导体时增大了许多，引起 *LC* 回路的 Q（谐振回路的品质因数）值下降，输出电压 U_o 随之下降，Q 值下降到一定程度时振荡器停振。

电容式接近开关既能检测金属物体也能检测非金属物体，对金属物体可以获得最大的动作距离，对非金属物体动作距离取决于材料的介电常数，介电常数越大，可获得的动作距离越大。

4. 电容测厚仪

电容测厚仪可以用来测量金属带材在轧制过程中的厚度，如图 2-15 所示。其中，图 2-15a 所示为电容测厚仪实物图，图 2-15b 所示为装置示意图。在被测金属带材的上、下两侧各放置一个面积相等且与带材距离相等的极板（C_1、C_2），这样，极板 C_1、C_2 与带材之间就形成了两个电容器。把两个极板用导线连接起来成为一个极板，金属带材就是电容器的另一个极板，其总电容 $C=C_1+C_2$。当带材厚度发生变化时，就会引起电容值的变化，用交流电桥将电容的变化量检测出来并放大，即可显示带材厚度的变化。

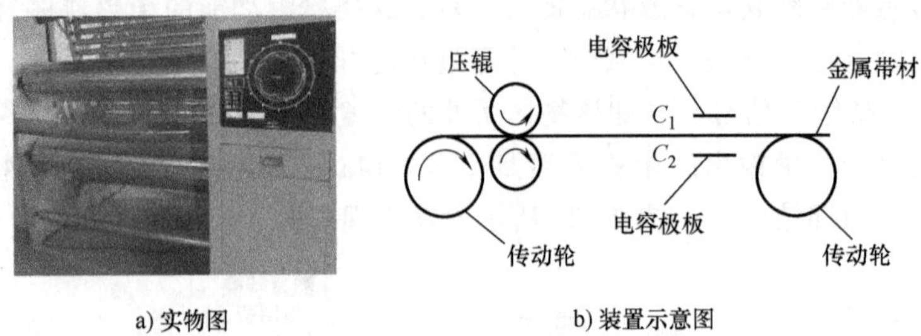

a) 实物图　　b) 装置示意图

图 2-15　电容测厚仪

第三部分　技 能 训 练

一、电容式传感器的位移特性测试

1）按图 2-16 所示将电容式传感器安装在电容式传感器模块上，将传感器引线插入模块插座中。

2）将电容式传感器模块的输出端 U_O 接直流电压表。

3）接入±15V 电源，合上主控台电源开关，将电容式传感器模块上的 R_P 沿逆时针方向调到底，再沿顺时针方向调节 5 圈，调节千分尺，使直流电压表显示为 0（选择 2V 档，R_P 确定后不能改动）。

4）旋动千分尺，推进电容式传感器的共享极板（下极板），每隔 0.2mm 记下位移量 X 与输出电压值 U 的变化，填入表 2-2。

5）数据处理：在 Excel 中绘制位移-电压曲线，拟合公式并求取曲线的线性度。

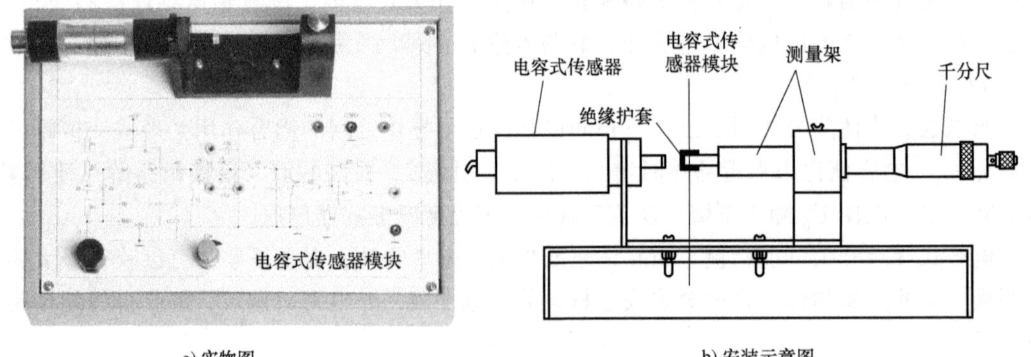

a) 实物图　　b) 安装示意图

图 2-16　电容式传感器

表 2-2　实验结果记录表

X/mm										
U/mV										

二、电容式传感器的应用——电子秤

1）将差动式电容传感器安装在振动源的传感器支架上（见图 2-17），将传感器引出线接入电容式传感器模块。

2）打开主控台电源，将直流电源接入传感器模块，将 R_P 沿顺时针方向调到底，在振动梁处于自由状态时，调节安装电容式传感器的支架高度，使得直流电压表显示为 0（选择 2V 档）。将砝码逐个放到振动梁上，为避免电磁铁的影响，应尽量使砝码靠近振动梁的边缘，且下一个砝码加在前一个砝码的上面。

3）将所称重量与输出电压值记入表 2-3。

4）数据处理：在 Excel 中绘制重量-电压曲线，拟合公式并求取曲线的线性度。

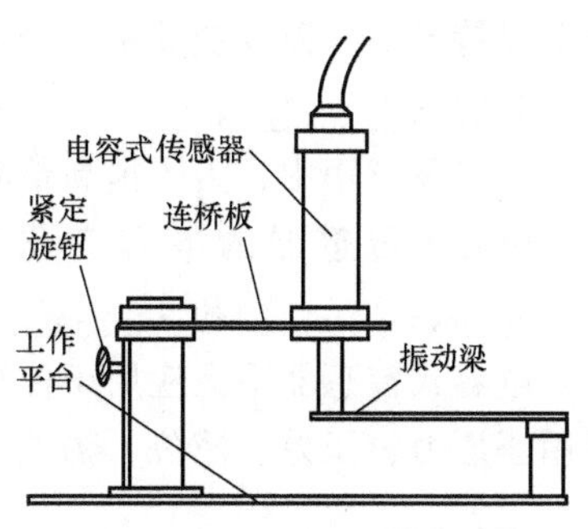

图 2-17　振动源安装示意图

表 2-3　实验结果记录表

W/g										
U_o/V										

三、电容式传感器动态特性测试

1）将电容式传感器安装到振动源传感器支架上（见图 2-17），将传感器引线接入传感器模块，输出端 U_o 接相敏检波模块低通滤波器的输入端 U_i，低通滤波器输出端 U_o 接示波器。调节 R_P 到最大位置（沿顺时针方向旋到底），通过“紧定旋钮”使电容传感器的动极板处于中间位置，使得 U_o 输出为 0。

2）将主控台信号源的输出端 U_{S2} 接到振动源的低频信号输入端，振动频率选 5～15Hz，初始振动幅度调为零。

3）将主控台±15V 的电源接入电容式传感器模块，检查接线无误后，打开主控台电源，调节振动源激励信号的幅度，用示波器观察电容式传感器模块的输出波形。

4）保持信号源 U_{S2} 输出的幅度旋钮不变，改变振动频率（用主控台上的频率计监测），用示波器测量 U_o 端输出的峰-峰值，填入表 2-4。

5）数据处理：在 Excel 中绘制频率-电压曲线，计算电压最大时对应的频率值。

表 2-4　测量结果

f/Hz	5	6	7	8	9	10	11	12	13	14	15	18	20	22	24	26	30
U_{p-p}/V																	

第四部分　复习与思考

一、复习总结

电容式传感器以各种类型的________作为传感元件，通过传感元件将被测量的变化转换为________的变化，再经测量电路转换为________、________或频率信号输出。

电容式传感器的工作原理可用平行板电容器来说明。平行板电容器的电容为 $C=\varepsilon\frac{A}{d}$，ε、A、d 三个参数中任一个变化都将引起电容的变化。在实际应用中，常常使三个参数中的两个保持不变，而改变其中一个参数来使电容发生改变。因此，电容式传感器可分为三种类型，分别是________、________和________。

在实际应用中，为了提高传感器的灵敏度，减小非线性，常采用差动式结构。

电容式传感器的电容变化范围很小，故通常采用测量电路。常用的测量电路有________、________和________。

电容式传感器不但应用于位移、角度、振动、加速度、转速等机械量的精密测量，还广泛用于压力、压差、液位、物位、成分含量等参数的测量。

二、测试题

1. 填空题

(1) 电容式传感器是通过一定的方式引起________发生变化，经测量电路将其转变为________的一种测量装置。

(2) 决定电容量变化的三个参数为________、________和________。电容式传感器根据改变参数的不同，可分为________、________、________ 三种类型。第一种常用于测量________，第二种常用于测量________，第三种常用于测量________。

(3) 测量绝缘材料的厚度可使用________类型的传感器。

(4) 测量金属材料的厚度可使用________类型的传感器。

(5) 电容式压力计中使用了________类型的传感器。

(6) 电容式料位计是利用介质料位变化对电容________的影响这一原理制成的。

(7) 投入式电容液位计利用改变________参数来测量被测物重量的改变。

(8) 在实际应用中，为了提高电容式传感器的灵敏度，减小非线性误差，常常将传感器做成________结构。

(9) 将非电量的位移转换为________的变化称为位移式电容传感器，一般采用________传感器。

(10) 变面积式电容传感器常用于测量较大的________。

2. 选择题

(1) 电容式接近开关主要用于检测（　　）的位置。

A. 导电物体　　B. 磁性物体　　C. 塑料物体　　D. 木材

(2) 有一个直流三线制的电容式接近开关，输出类型为 PNP，三根芯线的颜色分别为棕、蓝、黑，接线时电源正极接（　　）线，电源负极接（　　）线。

A. 棕色　　B. 黑色　　C. 蓝色

(3) 电容式传感器是将被测物理量的变化转化为（　　）量变化的一种传感器。

A. 电阻　　B. 电容　　C. 电感

(4) 使用（　　）可测量液体中的成分含量。

A. 电阻式传感器　　B. 电容式传感器

(5) 采用（　　）电容式传感器可测量物体的振动量。

A. 变极距式　　　B. 变面积式　　　C. 变介电常数式

(6) 采用（　　）测量角位移。

A. 电容式传感器　　B. 电阻式传感器

(7) 电容直线位移传感器是把（　　）转变为（　　）来进行测量的。

A. 位移　　　B. 电容　　　C. 面积　　　D. 电压

(8) 采用（　　）电容式传感器可测量物体的加速度。

A. 变极距式　　　B. 变面积式　　　C. 变介电常数式

(9) 采用（　　）电容式传感器可测量压力参量。

A. 变极距式　　　B. 变面积式　　　C. 变介电常数式

(10) 电桥测量电路的作用是将电容式传感器参数的变化转换为（　　）。

A. 电阻　　　B. 电容　　　C. 电压　　　D. 电量

3. 简答题

(1) 简述电容式传感器的工作原理。

(2) 根据电容式传感器的工作原理说明它的分类，说明电容式传感器能够测量哪些物理参量。

(3) 电容式传感器测量电路的功能是什么？有哪些类型？

(4) 为什么液位检测可以转化为压力检测？

(5) 如果盛放液体的容器为金属圆筒，则只需用一根裸导线即可完成液位的检测。用示意图说明这种情况，并标出电容式传感器的位置。

(6) 简述测量绝缘材料厚度的工作原理，如图 2-18 所示。

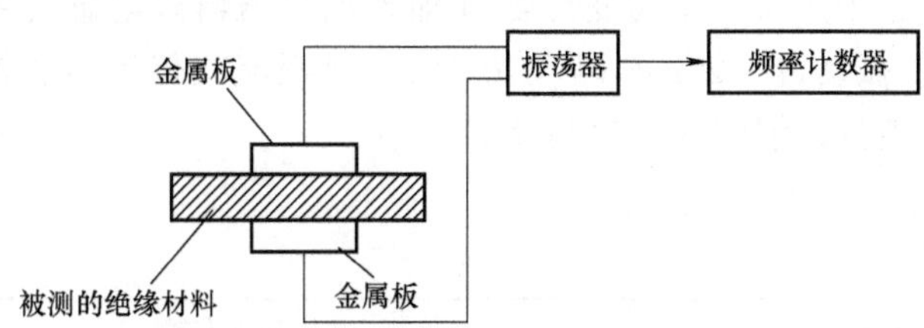

图 2-18　测量绝缘材料厚度的原理图

(7) 简述投入式液位计的工作原理，如图 2-19 所示。

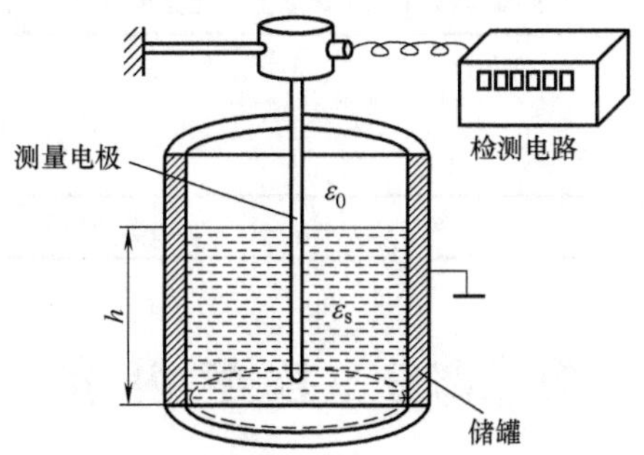

图 2-19　投入式液位计的原理图

实训项目三

电感式传感器

第一部分　教学要求

一、实训目的和要求

1）掌握电感式传感器的应用场合和应用方法，理解其工作过程。
2）掌握电感式传感器的工作原理，了解其结构及分类。
3）了解常用的电感式传感器测量电路的功能。

二、实训工具和器材

差动变压器模块、千分尺、差动变压器（即差动变压器式电感传感器）、移相器/相敏检波/低通滤波模块、振动源、20g 砝码（10 个）；电涡流式传感器、铁圆盘、电涡流式传感器模块、小直径铝圆盘、铜圆盘、铝圆盘。

三、实训内容和方式

实训内容		时间安排	实训方式
1	课前准备	课余	阅读教材
2	教师讲授	2 课时	重点讲授(电感式传感器的工作原理及应用,电感式传感器的性能检测方法)
3	学生实操	2 课时	学生实操,教师指导(课堂上不能完成,可在课下完成)

四、实训成绩评定

技能训练成绩		教师签名	

第二部分　教学内容

在机械产品、塑料物件的加工过程中，常采用自动分选系统来测量和分选工件，图 3-1 所示为滚柱直径分选装置。其中，图 3-1a 所示为其实物图，图 3-1b 所示为原理示意图。在

图 3-1b 中，电磁挡板左板落下、右板升起，由机械送料装置送来的滚柱按照顺序进入分选装置中。测微仪的测杆在电磁铁的控制下提升到一定高度时，电磁挡板（右板升起）落下，使被测滚柱进入测杆正下方，然后电磁铁释放，衔铁向下移动，使测杆压住滚柱，与此同时滚柱两侧的电磁挡板升起，对滚柱进行定位。此时，滚柱的直径决定了衔铁上、下位移的大小，电感式传感器将测量到的衔铁位移（即滚柱直径）输出到计算机中，由计算机算出直径的偏差值，随后电磁执行机构打开相应的电磁翻板，使滚柱落入与其直径偏差相对应的容器中，这样便完成了工件的分选。

在此系统中，测微仪是影响工件分选的关键部件，通常选用电感式传感器，其作用是检测衔铁的位移，即滚柱直径，然后输出到计算机中。

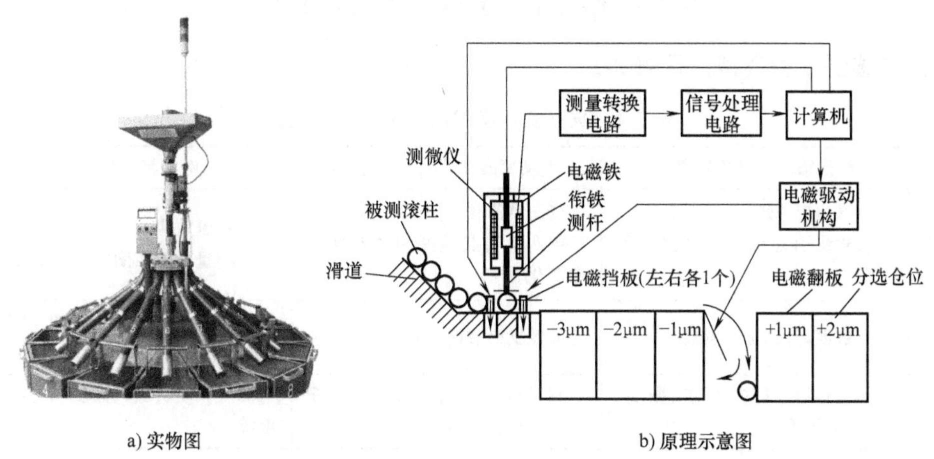

a) 实物图　　b) 原理示意图

图 3-1　滚柱直径分选装置

一、电感式传感器的组成

电感式传感器利用电磁感应原理通过衔铁位移将被测非电量（如位移、压力、流量、振动等参数）转换成线圈自感系数或互感系数的变化，进而通过测量电路转换为电压、电流或频率信号输出。电感式传感器的组成如图 3-2 所示。

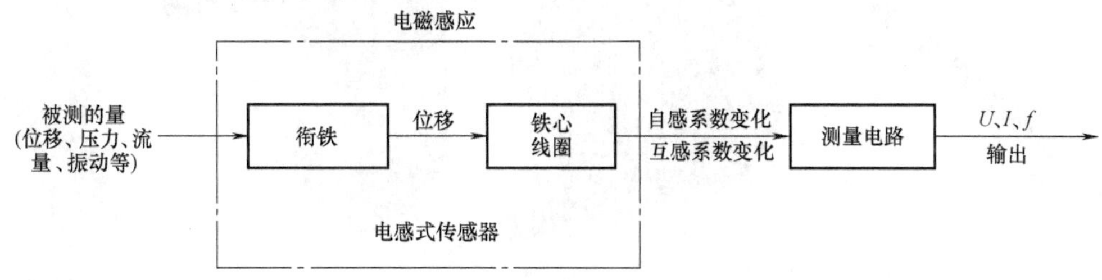

图 3-2　电感式传感器的组成

下面通过图 3-3 所示的滚柱直径分选装置中的电感式传感器来了解其组成。在图 3-3 中，衔铁为敏感元件，铁心和线圈为转换元件。

根据转换原理，电感式传感器分为自感式电感传感器、差动变压器式电感传感器和电涡

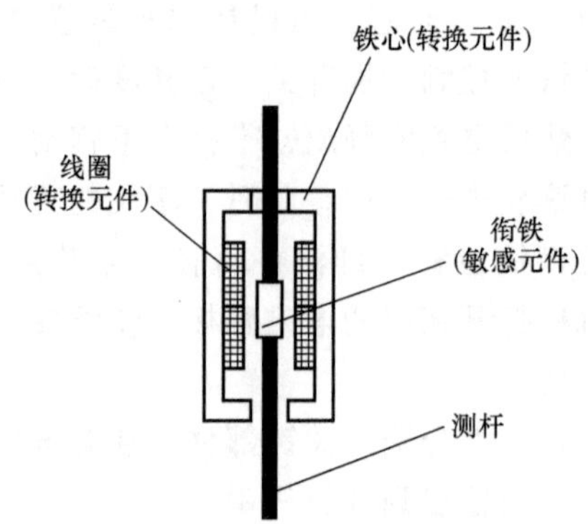

图 3-3　滚柱直径分选装置中的电感式传感器

流式电感传感器三种类型，见表 3-1。

表 3-1　电感式传感器的分类及性能比较

类型	自感式电感传感器	差动变压器式电感传感器	电涡流式电感传感器
工作原理	电磁感应原理 被测量引起线圈的自感系数变化	变压器原理 被测量引起线圈间的互感系数变化	电涡流效应 被测量引起线圈的阻抗变化
性能特点	灵敏度高，测量范围较小	灵敏度高，线性范围大	结构简单，体积小，灵敏度高，抗干扰能力强，可非接触测量
应用场合	测量位移、压力、压差、振动、应变、流量等	测量位移、力、压力、压差、振动、加速度、应变等	测量振动、位移、厚度、转速、表面温度等

二、自感式电感传感器

1. 自感式电感传感器的结构

自感式电感传感器的实物图如图 3-4 所示。

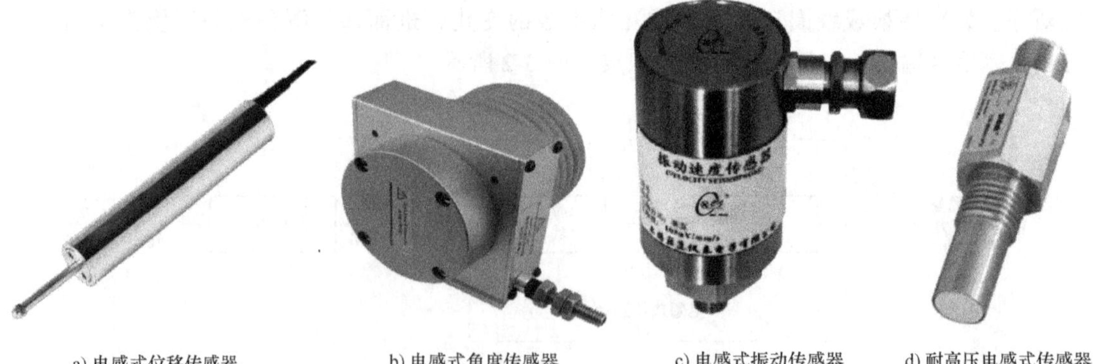

a) 电感式位移传感器　b) 电感式角度传感器　c) 电感式振动传感器　d) 耐高压电感式传感器

图 3-4　自感式电感传感器的实物图

自感式电感传感器主要由铁心、线圈和衔铁组成。根据结构的不同，自感式电感传感器分为变隙式和变面积式两种，螺管式传感器也属于变面积式自感式电感传感器，只是在结构上比较特殊，所以将其单独归为一类。表 3-2 对几种类型的自感式电感传感器进行比较。

表 3-2　自感式电感传感器的比较

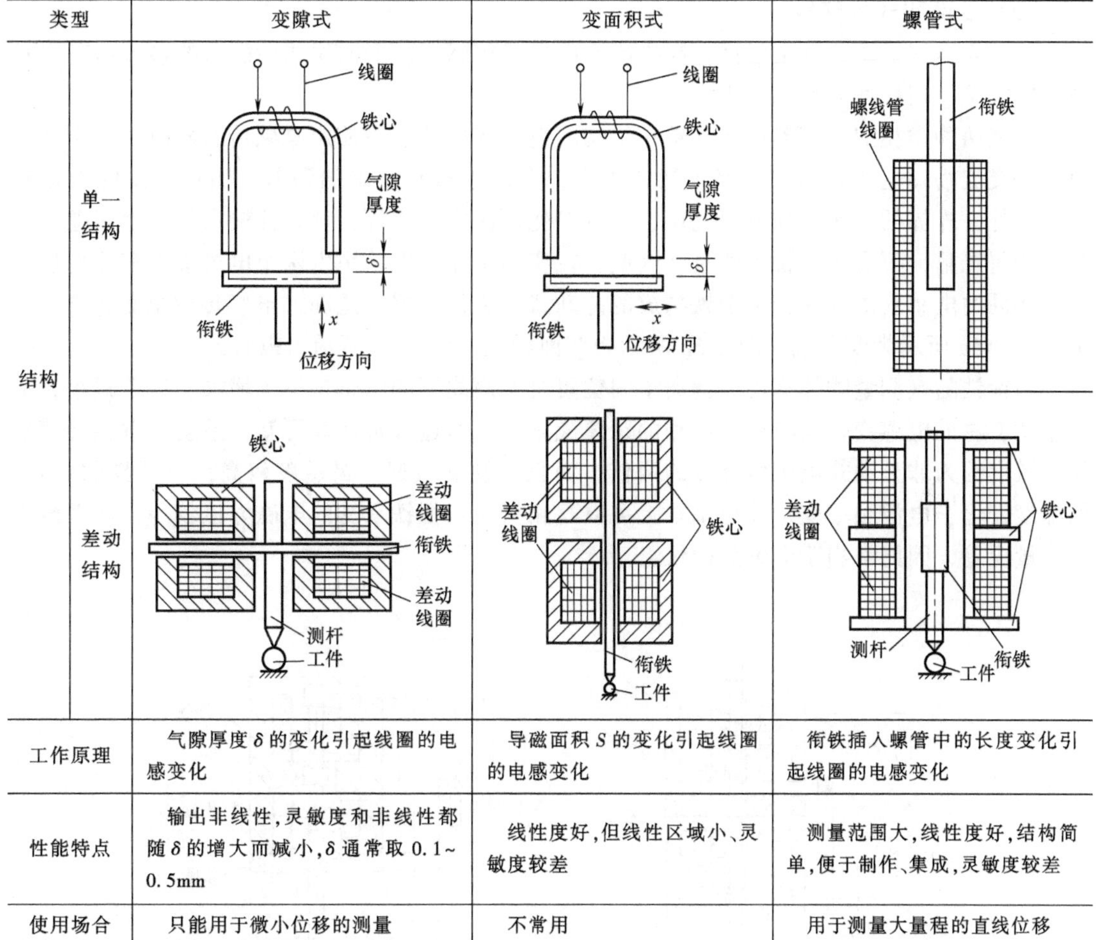

类型		变隙式	变面积式	螺管式
结构	单一结构			
	差动结构			
工作原理		气隙厚度 δ 的变化引起线圈的电感变化	导磁面积 S 的变化引起线圈的电感变化	衔铁插入螺管中的长度变化引起线圈的电感变化
性能特点		输出非线性，灵敏度和非线性都随 δ 的增大而减小，δ 通常取 0.1～0.5mm	线性度好，但线性区域小、灵敏度较差	测量范围大，线性度好，结构简单，便于制作、集成，灵敏度较差
使用场合		只能用于微小位移的测量	不常用	用于测量大量程的直线位移

2. 自感式电感传感器的工作原理

传感器工作时，衔铁与被测物体相连。当被测物体移动时，带动衔铁移动，气隙厚度 δ 和导磁面积 S 随之发生改变，从而引起磁路中磁阻的改变，进而导致线圈电感量发生变化。只要测出电感量的变化，就能确定衔铁（被测物体）位移量的大小和方向。

线圈电感量 L 的计算式为

$$L=\frac{N^2\mu_0 S}{2\delta^2} \tag{3-1}$$

式中　N——线圈匝数；

μ_0——真空磁导率；

S——导磁面积；

δ——气隙厚度。

当 N、μ_0 一定时，L 由 δ 与 S 决定，两个参数中任意一个变化都将引起电感量的变化。

（1）变隙式传感器

保持 S 不变，而 δ 发生变化，即构成变隙式传感器。变隙式传感器的输入与输出量呈非线性关系，为保证线性度，这种传感器只能用于微小位移的测量。

(2) 变面积式传感器

保持 δ 不变，而 S 发生变化，即构成变面积式传感器。变面积式传感器的输入与输出量呈线性关系，但线性区域比较小。

上述两种类型的传感器均属于单一结构的电感传感器。在使用电感传感器时，由于线圈内通有交流励磁电流，衔铁始终承受电磁力，会产生振动及附加误差，而且非线性误差较大。另外，外界的干扰，如电源电压、频率变化、温度变化等，都将使输出量产生误差，非线性变得严重，不适用于精密测量。因此，在实际工作中常采用由两个电气参数和几何尺寸完全相同的电感线圈共用一个衔铁构成的差动式电感传感器。差动式电感传感器如图 3-5 所示，图 3-5a 所示为变隙式，图 3-5b 所示为变面积式，图 3-5c 所示为螺管式。

当衔铁随被测量物体移动而偏离中间位置时，两线圈的电感量一个增加、一个减小，形成差动，总的电感变化量与衔铁移动的距离成正比。通过分析计算可知，差动式电感传感器的灵敏度约为非差动式电感传感器的两倍，而且线性度较好，灵敏度较高；对外界的影响，如温度变化、电源频率变化等也基本上可以互相抵消；衔铁承受的电磁力也较小，从而减小了测量误差，因此常用于电感测微仪上。

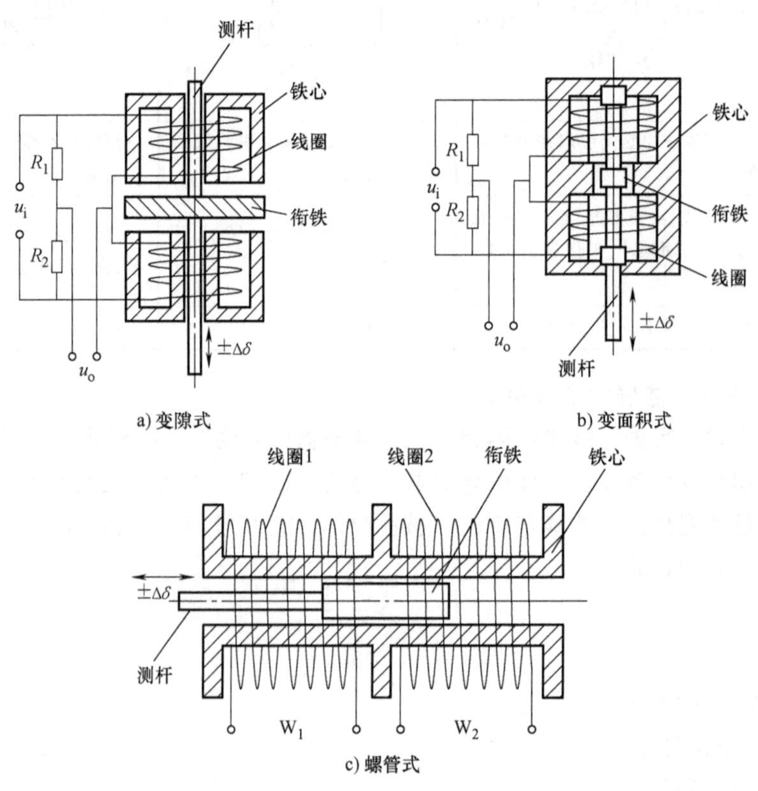

图 3-5　差动式电感传感器

3. 自感式电感传感器的测量电路

(1) 等效电路

在实际的传感器中，线圈不可能是纯电感，而应包括线圈的铜损电阻 R_c 和铁心的涡流

损耗电阻 R_e。由于线圈和测量设备电缆的接入，传感器电路中存在线圈固有电容和电缆的分布电容，如图 3-6a 所示。现用集中参数 C 表示各种分布参数，可得到自感式电感传感器的等效电路，如图 3-6b 所示。

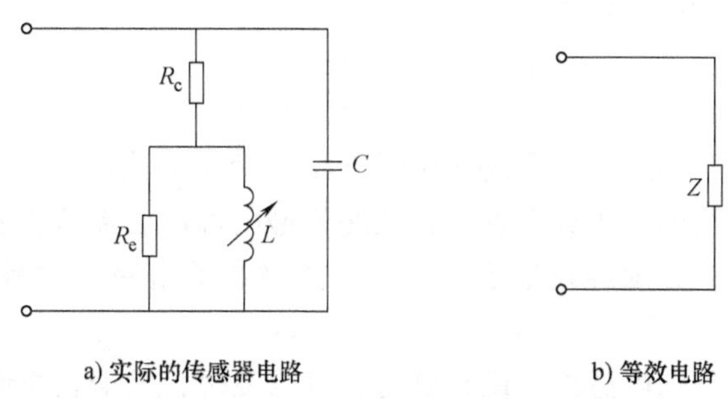

a) 实际的传感器电路　　b) 等效电路

图 3-6　自感式电感传感器的等效电路

（2）测量电路

前面已提到差动式结构可以提高灵敏度，改善输入输出的线性关系，所以交流电桥多采用双臂工作形式。通常将传感器作为电桥的两个工作臂，电桥的平衡臂可以是纯电阻，也可以是变压器的二次绕组或紧耦合电感线圈，因此，电感式传感器的测量电路有交流电桥电路、变压器电桥电路、紧耦合电桥电路等几种形式。

1）交流电桥电路。交流电桥电路是电感式传感器的主要测量电路，其作用是将线圈电感的变化转换成电桥电路的电压或电流信号输出。

在图 3-7 中，差动的两个传感器线圈接成电桥的两个工作臂（Z_1、Z_2 为两个差动传感器线圈的复阻抗），另外的两个桥臂分别用平衡电阻代替。

2）变压器电桥电路。变压器电桥电路使用的元件少，输出阻抗小，如图 3-8 所示，电桥开路时电路呈线性，因此应用较广。

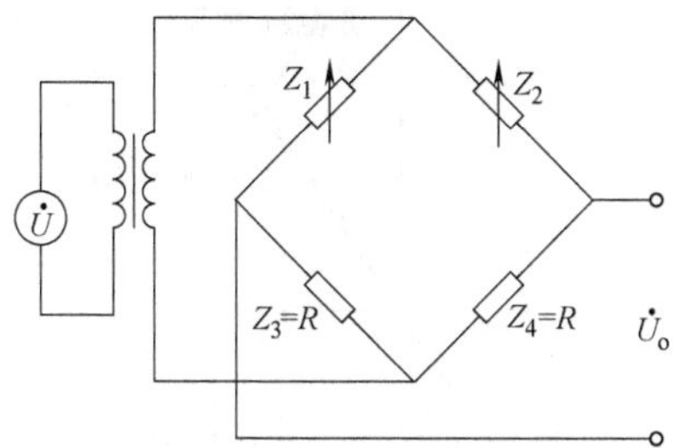

图 3-7　交流电桥测量电路

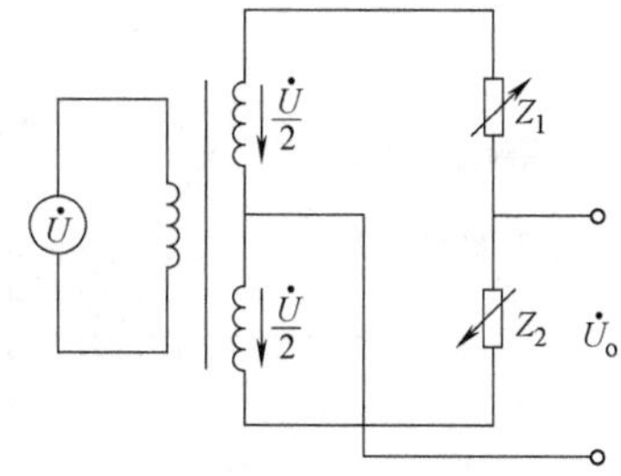

图 3-8　变压器电桥电路

变压器的二次绕组构成电桥的两臂，电桥的另外两臂由差动式电感传感器的两个线圈组成，Z_1、Z_2 分别为传感器的线圈阻抗。若衔铁处于线圈的中间位置，由于线圈完全对称，$Z_1=Z_2=Z$，此时桥路平衡，输出电压 $U_o=0\text{V}$。当衔铁向下移动时，下线圈的阻抗增加，$Z_2=Z+\Delta Z$；上线圈的阻抗减少，$Z_1=Z-\Delta Z_o$；因为 Q 值很高，在忽略了线圈的直流电阻的情况下，输出电压为

$$\dot{U}_o=\pm\frac{\Delta L}{2L}\dot{U} \tag{3-2}$$

同理，当衔铁向上移动时，输出电压为

$$\dot{U}_{o}=\frac{\Delta L}{2L}\dot{U} \tag{3-3}$$

由式（3-2）和式（3-3）可得

$$\dot{U}_{o}=\pm\frac{\Delta L}{2L}\dot{U} \tag{3-4}$$

式（3-4）中的“±”反映了衔铁移动的方向，移动的方向不同，输出电压的符号不同。由于电桥电路电源是交流电，因此若在转换电路的输出端接上普通仪表，无法判别输出端的极性和衔铁位移的方向，必须经过适当的电路（相敏检波电路）才能判别衔铁位移的大小及方向。

此外，当衔铁处于差动电感的中间位置时，可以发现，无论怎样调节衔铁的位置，均无法使测量电路的输出为零，总会有一个很小的输出电压（零点几毫伏，有时甚至可达数十毫伏）存在，这种衔铁处于零点附近时存在的微小误差电压称为零点残余电压。

产生零点残余电压的具体原因有：差动电感两个线圈的电气参数、几何尺寸或磁路参数不完全对称；存在寄生参数，如线圈间的寄生电容及线圈、引线与外壳间的分布电容；电源电压含有高次谐波；磁路的磁化曲线存在非线性。

减小零点残余电压的方法通常有：提高框架和线圈的对称性；减小电源中的谐波成分；正确选择磁路材料，同时适当减小线圈的励磁电流，使衔铁工作在磁化曲线的线性区；在线圈上并联阻容移相电路，补偿相位误差；采用相敏检波电路。

图 3-9a 所示为不采用相敏检波电路的差动式电感传感器的输出特性曲线，图中的 U_r 就是零点残余电压，衔铁左右移动，输出电压始终为正电压；图 3-9b 所示为采用了相敏检波电路，输出电压的正负与衔铁的移动方向有关，输出电压既反映位移的大小，又反映位移的方向。

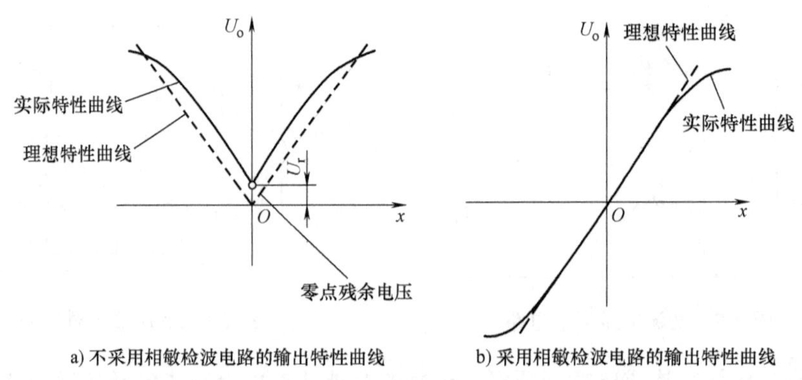

a) 不采用相敏检波电路的输出特性曲线　　b) 采用相敏检波电路的输出特性曲线

图 3-9　差动式电感传感器的输出特性曲线

图 3-10 所示为带相敏检波整流的交流电桥。差动式电感传感器的两个线圈（L_1、L_2）作为交流电桥相邻的两个工作臂，C_1、C_2 作为电桥的另外两个臂，电桥供电电压由变压器 T_r 的二次侧提供。R_1、R_2、R_3、R_4 用于减小温度误差，C_3 为滤波电容，R_{P1} 为调零电位器，R_{P2} 为调节灵敏度电位器，输出电压信号由中心为零刻度的直流电压表或数字电压表指示。

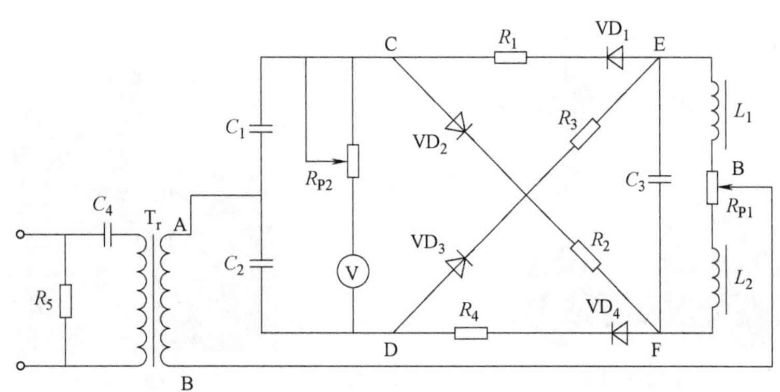

图 3-10　带相敏检波整流的交流电桥

设差动式电感传感器的线圈阻抗分别为 Z_1 和 Z_2。当衔铁处于中间位置时，$Z_1=Z_2=Z$，电桥处于平衡状态，C 点电位等于 D 点电位，电压表指示为零。

当衔铁上移时，上部线圈的阻抗增大，$Z_1=Z+\Delta Z$，下部线圈的阻抗减少，$Z_2=Z-\Delta Z$。如果供桥电压为正半周，即 A 点电位为正、B 点电位为负，二极管 VD_2、VD_3 导通，VD_1、VD_4 截止，在 A-C-F-B 支路中，C 点电位由于上线圈的阻抗增大而比平衡时的 C 点电位低；在 A-D-E-B 支路中，D 点电位由于下线圈的阻抗降低而比平衡时 D 点的电位高，所以 D 点电位高于 C 点电位，直流电压表正向偏转。如果输入的交流电压为负半周，A 点电位为负，B 点电位为正，二极管 VD_1、VD_4 导通，VD_2、VD_3 截止。在 B-E-C-A 支路中，C 点电位由于 Z_2 减少而比平衡时低（平衡时，输入电压若为负半周，即 B 点电位为正，A 点电位为负，C 点相对于 B 点为负电位，Z_2 减少时，C 点电位更低）；在 B-F-D-A 支路中，D 点电位由于 Z_1 的增加而比平衡时高，所以 D 点电位仍然高于 C 点电位，电压表仍然正向偏转。同理可以证明，衔铁下移时电压表一直反向偏转。由此可见，电压表偏转的方向代表了衔铁的位移方向。

3）紧耦合电桥电路。紧耦合电桥电路如图 3-11 所示。它以差动式电感传感器的两个线圈（Z_1、Z_2）作为电桥工作臂，而以紧耦合的两个电感（L_1、L_2）作为固定臂组成电桥电路。这种测量电路可以消除与电感臂并联的分布电容对输出电压的影响，使电桥平衡稳定，另外它还简化了接地和屏蔽的问题。

4. 自感式电感传感器的应用

自感式电感传感器测量的基本量是位移，一般用于接触测量，也可用于振动、压力、荷重、流量、液位等参数的测量。

（1）电感式圆度仪

电感式圆度仪测量零件的圆度、波纹度、同心度、同轴度、平面度、平行度、垂直度、偏心、轴向圆跳动和径向圆跳动，并能进行谐波分析、波高波宽分析，现已广泛应用于汽车、摩托车、机床等的生产车间和计量部门。电感式圆度仪如图 3-12 所示，图 3-12a 所示为圆度仪检测系统，图 3-12b 所示为该系统中的旁向式电感传感器，图 3-12c 所示为圆度仪的工作原理示意图。

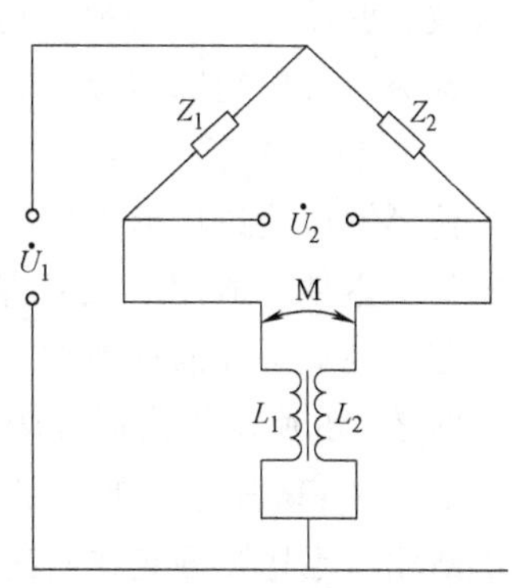

图 3-11　紧耦合电桥电路

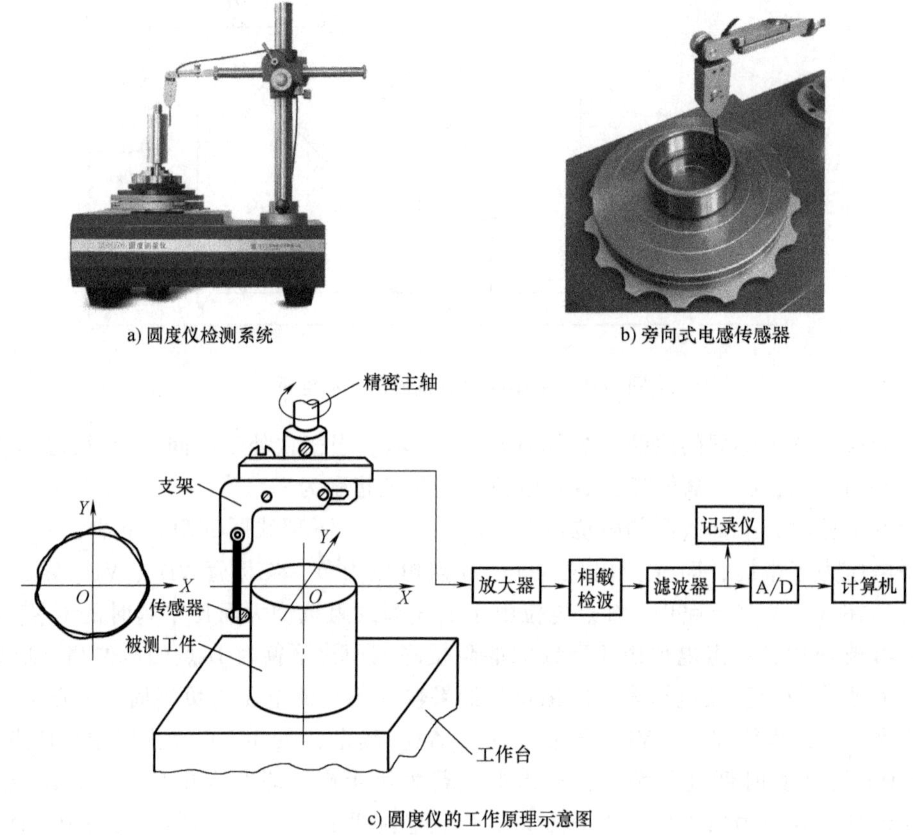

a) 圆度仪检测系统　　b) 旁向式电感传感器

c) 圆度仪的工作原理示意图

图 3-12　电感式圆度仪

如图 3-12 所示，传感器与精密主轴一起转动，由于主轴的精度很高，因此在理想情况下可认为其回转运动的轨迹是“真圆”。在传感器测杆的一端装有金刚石触针，测量时将触针搭在工件上，使其与被测工件的表面垂直接触。当被测工件有圆度误差时，必定相对于“真圆”产生径向偏差，触针在被测工件的表面上滑行时，将产生径向移动，此径向移动经支点使传感器的衔铁做同步运动，从而使包围在衔铁外面的两个差动电感线圈的电感量发生变化，电感量的变化经传感器转换成反映被测工件半径偏差信息的电信号，然后经放大、相敏检波、滤波、A/D 转换后送入计算机处理，最后显示被测工件的圆度误差，或用记录仪记录被测工件的轮廓图形（径向偏差）。

（2）仿形铣床

仿形铣床通过仿形刀架按样件表面做纵向和横向随动运动，使铣刀自动复制出相应形状的被加工零件，适用于大批量生产的圆柱形、圆锥形、阶梯形及其他成形旋转曲面的轴、盘、套、环类工件的铣削加工。仿形铣床如图 3-13 所示，图 3-13a 所示为仿形铣床的实物图，图 3-13b 所示为仿形铣床的工作原理示意图。

如图 3-13b 所示，假设被加工的工件为凸轮，则机床的左边转轴上固定一个已加工好的标准凸轮，毛坯则固定在右边的转轴上，左、右两轴同步旋转。铣刀与自感式电感传感器安装在由伺服电动机驱动的、可以顺着立柱的导轨上下移动的龙门架上。自感式电感传感器的

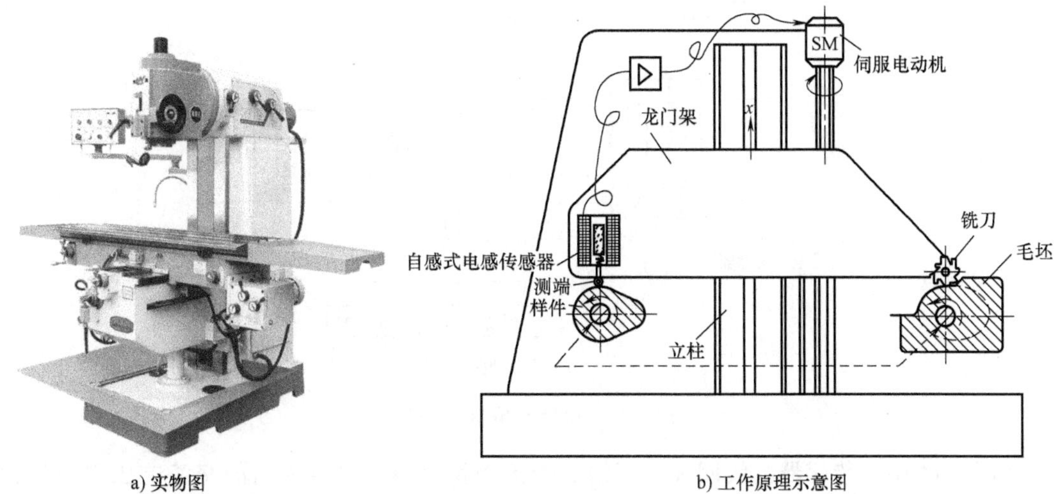

a) 实物图　　b) 工作原理示意图

图 3-13　仿形铣床

硬质合金测端与标准凸轮的外轮廓接触。当衔铁不在差动电感线圈的中心位置时，传感器有输出电压。输出电压经伺服放大器放大后，驱动伺服电动机正转（或反转），带动龙门架上移（或下移），直至传感器的衔铁恢复到差动电感线圈的中间位置为止。龙门架的上下位置决定了铣刀的切削深度。当标准凸轮转过一个微小的角度时，衔铁可能被顶高（或下降），传感器必然有输出电压，伺服电动机随之转动，使铣刀架上升（或下降），从而减小（或增加）切削深度。这个过程一直持续到加工出与标准凸轮完全一样的工件为止。由上述分析可知，该加工检测装置采用了零位式测量方法。

（3）电感测微仪

电感测微仪是一种由差动式电感传感器构成的测量精密微小位移的装置，除螺管式电感传感器外，电感测微仪还包括测量电桥、交流放大器、相敏检波器、振荡器、稳压电源及显示器等，如图 3-14 所示。图 3-14a 所示为电感测微仪的实物图，图 3-14b 所示为电感测微仪的内部结构图，图 3-14c 所示为其工作原理图。

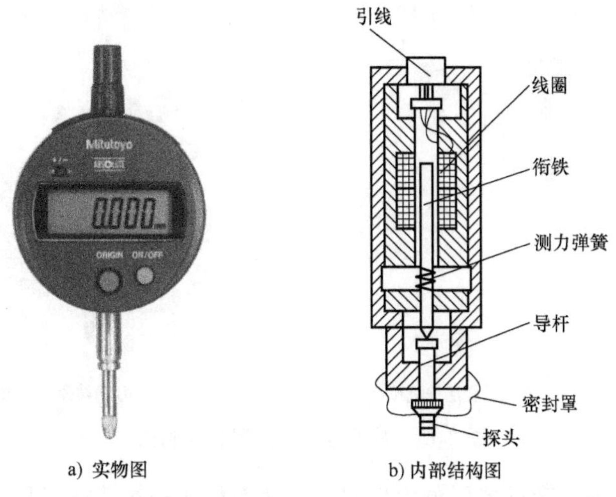

a) 实物图　　b) 内部结构图

图 3-14　电感测微仪

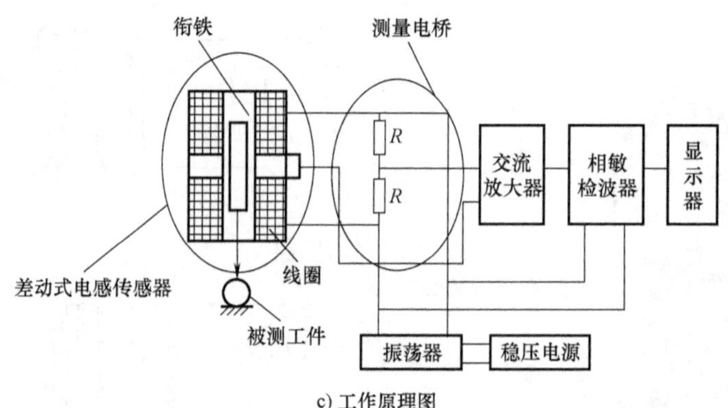

c) 工作原理图

图 3-14 电感测微仪（续）

在图 3-14 中，传感器的线圈和电阻组成交流测量电桥，电桥输出的交流电压先经放大器放大，然后送相敏检波器，检波器输出直流电压，最后由直流电压表或显示器输出。

三、差动变压器

差动变压器是根据变压器的基本原理制成的，主要由衔铁、一次绕组和二次绕组组成，一次绕组和二次绕组间的互感量会随着衔铁的移动而发生变化。由于差动变压器的两个二次绕组在使用时反向串联，以差动方式输出，因此称其为差动变压器式电感传感器，简称差动变压器。

1. 差动变压器的结构

常见差动变压器的实物图如图 3-15 所示。

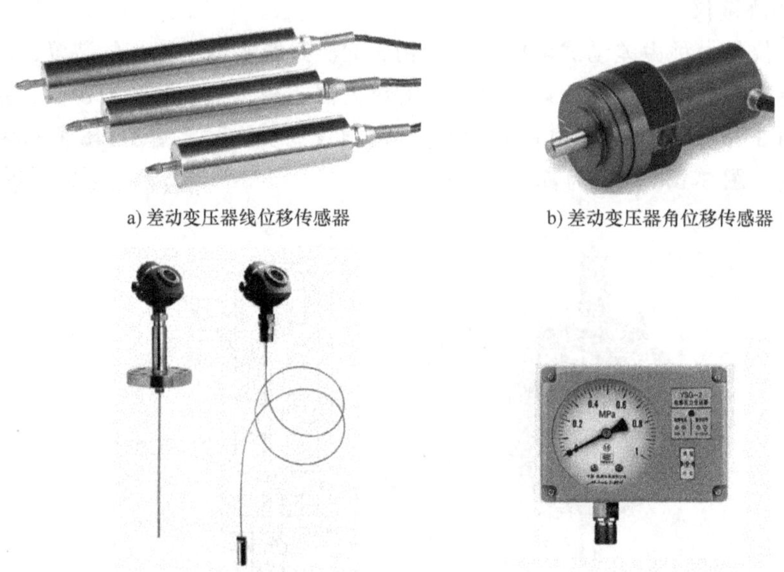
a) 差动变压器线位移传感器　b) 差动变压器角位移传感器

c) 差动变压器液位计　d) 差动变压器压力表

图 3-15 常见差动变压器的实物图

按照结构不同，差动变压器可分为变隙式、变面积式和螺管式三种类型，见表 3-3。

表 3-3 差动变压器的结构类型及性能比较

类型	变隙式	变面积式	螺管式
结构	一次绕组 衔铁 二次绕组	一次绕组 二次绕组 衔铁	一次绕组 二次绕组 衔铁
性能特点	气隙厚度 δ 的变化引起线圈的互感变化	导磁面积 S 的变化引起线圈的互感变化	衔铁插入螺线管中的长度变化引起线圈的互感变化
工作特点	灵敏度高，测量范围小	衔铁是旋转的，可测量角位移	灵敏度较高，线性范围较大
应用场合	测量几到几百微米的位移	常做成微动同步器来测量角位移	测量大量程直线位移

2. 差动变压器的工作原理

差动变压器的等效电路如图 3-16 所示，给一次绕组 N_1 施加励磁电压 u_i，根据变压器的工作原理，在两个二次绕组 N_{21} 和 N_{22} 中产生感应电动势 E_{21} 和 E_{22}，由于两个二次绕组反向串联，因此差动输出电压 $u_o=E_{21}-E_{22}$。

如果在工艺上保证两个二次绕组完全对称，那么，当衔铁处于线圈中心位置时，两个二次绕组与一次绕组间的互感相同，产生的感应电动势也相同，即 $E_{21}=E_{22}$，则 $u_o=0\text{V}$。当衔铁随着被测物体移动时，一个二次绕组产生的感应电动势增大，而另一个二次绕组产生的感应电动势减小，则 $E_{21}\neq E_{22}$，$u_o\neq 0\text{V}$，u_o 与衔铁的位移 X 成正比，即

$$u_o=KX \tag{3-5}$$

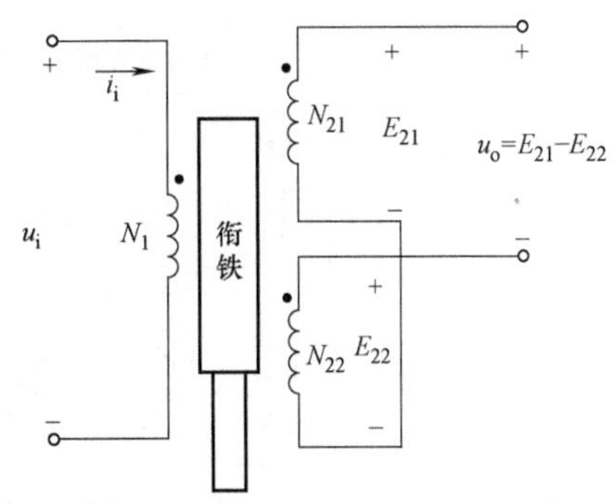

图 3-16 差动变压器的等效电路

由式 (3-5) 可知，根据 u_o 的值即可确定被测物体的位移量，根据 u_o 的正负即可确定被测物体的移动方向。

式 (3-5) 中的 K 是差动变压器的灵敏度，该灵敏度与差动变压器的结构及材料有关，在线性范围内可看作常量，线性范围约为线圈骨架长度的 1/10。由于差动变压器中间部分的磁场均匀且较强，因此只有中间部分线性较好。为了提高灵敏度，应尽量提高励磁电压，取测量范围为线圈骨架长度的 1/10~1/4；电源频率采用中频，以 400Hz~10kHz 为佳。

在实际应用中，由于差动变压器两个二次绕组的等效参数不对称，一次绕组的纵向排列不均匀，铁心的 B-H 特性为非线性等，因此铁心处于差动线圈中心位置时的输出电压并不为零，该电压称为零点残余电压。零点残余电压是差动变压器在零位移时的输出电压，是衡量差动变压器性能的主要指标之一。零点残余电压会造成传感器在零位附近的灵敏度降低，分辨率变差，测量误差增大。消除零点残余电压的方法如下：

1) 在工艺上保证两个二次绕组对称（几何尺寸、电气参数、磁路）；在结构上可采用

可调端盖结构。另外，衔铁和导磁外壳等磁性材料必须经过热处理以消除内部残余应力，使其磁性具有较好的均匀性和稳定性。

2）采用导磁性能良好、磁损小的导磁材料制作传感器壳体，并兼顾屏蔽作用以抵抗外界干扰，同时设置静电屏蔽层。

3）将工作区域设定在铁心磁化曲线的线性段，减小三次谐波。

4）选用相敏检波器电路作为测量电路。

3. 差动变压器的测量电路

差动变压器的测量电路常采用差分相敏检波电路和差分整流电路，几种典型的差分整流电路如图 3-17 所示。将差动变压器的两个二次电流分别整流后，以它们的差值作为输出。图 3-17a、b 用于连接低阻抗负载，是电流输出型；图 3-17c、d 用于连接高阻抗负载，是电压输出型。其中可调电阻用于调整零点输出电压。

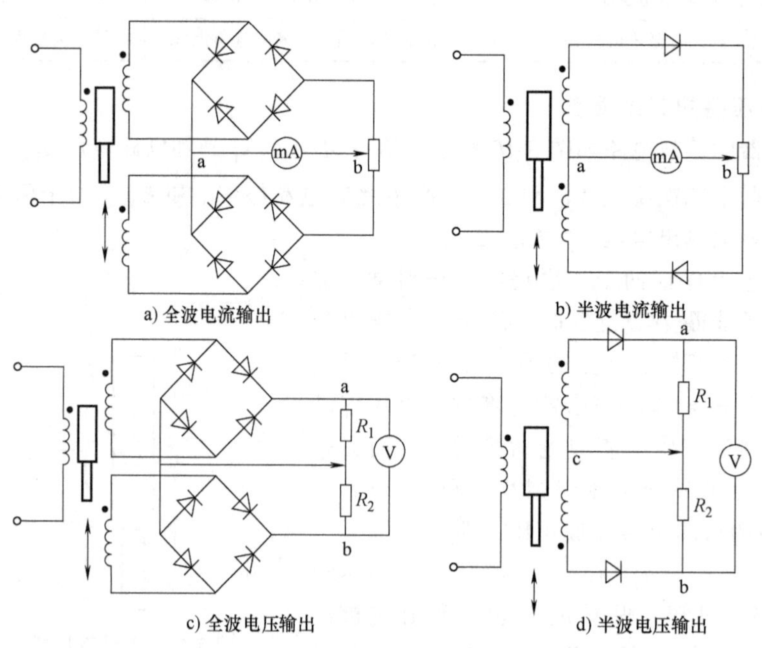

图 3-17　差分整流电路

一般经相敏检波和差分整流输出的信号还必须通过低通滤波器，把调制的高频信号滤掉，让衔铁运动产生的有效信号通过。

4. 差动变压器的应用

(1) 振动计

将差动变压器安装在悬臂梁上可构成振动计，如图 3-18 所示。其中，图 3-18a 所示为其结构图，图 3-18b 所示为其测量电路框图。

仪器内部安装的铁心上绕有电磁线圈，电磁线圈中通以高频交流电，由软弹簧支撑的大惯性质量的物体与铁心间有间隙 δ。振动时，差动变压器的衔铁随着物体的振动而发生位移，从而导致其线圈的电感量发生变化，输出电压随之改变。经过整流、滤波后，输出与振动成正比的电信号。

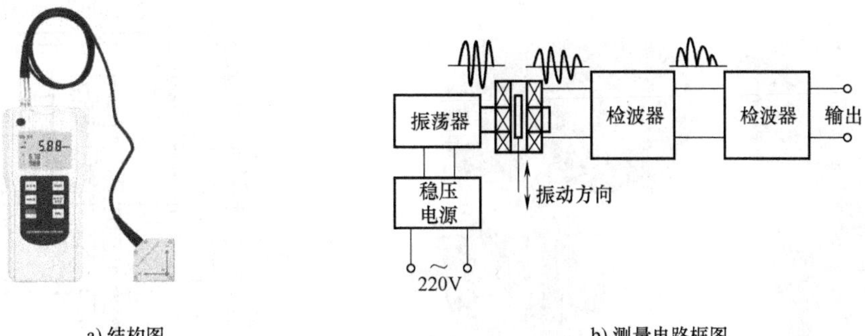

a) 结构图　　b) 测量电路框图

图 3-18 振动计的结构及其测量电路框图

（2）液位计

图 3-19 所示为差动变压器液位计，图 3-19a 为其实物图，图 3-19b 所示为工作原理示意图。差动变压器的衔铁与浮子刚性连接，当设定某一液位使衔铁处于中心位置时，差动变压器输出信号 $u_o = 0V$；当液位上升或下降时，浮子随之上升或下降，导致衔铁发生位移，输出电压 $u_o \neq 0V$，其大小与衔铁的位移（即液位的变化）成正比。通过相应的测量电路便能测定该液位的高低，并以一定的方式显示出来。

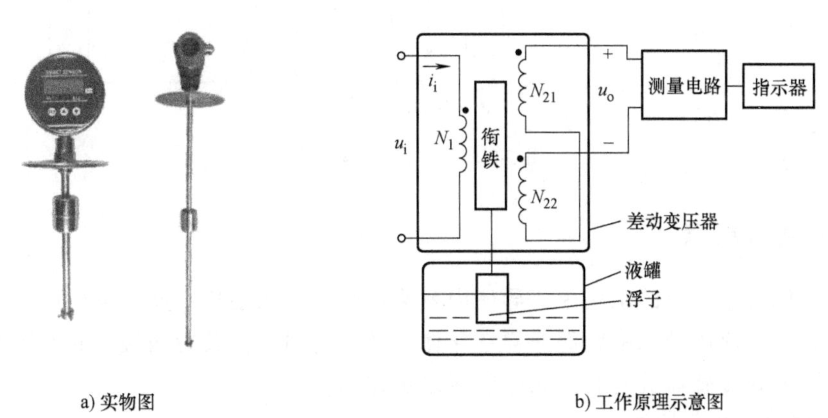

a) 实物图　　b) 工作原理示意图

图 3-19 差动变压器液位计

（3）差动压力变送器

差动压力变送器适用于测量各种液体、水蒸气及气体的压力，主要由膜盒、随膜盒膨胀与收缩的铁心、感应线圈以及电子线路等组成，如图 3-20 所示。图 3-20a 所示为差动压力变送器的实物图，图 3-20b 所示为差动压力变送器的内部结构图，图 3-20c 所示为其工作原理示意图。当无压力（即压力为零）时，固接在膜盒中心的衔铁处于差动压力变送器的初始平衡位置上，两个二次绕组输出的电压相等。由于两个二次绕组差动连接，极性相反，因此输出电压相互抵消，实际上使得传感器输出电压为零。当被测压力 p_1 作用在膜盒中心时，膜盒的自由端面（图 3-20a 中上端面）便产生一个与 p_1 成正比的位移，并带动衔铁沿垂直方向向上移动，导致两个二次绕组输出的电压不再相等，二者的电压差即为差动压力变送器的输出电压。该电压正比于被测压力，经过安装在电路板上的电子线路检波、整形和放大后，在仪表上显示。

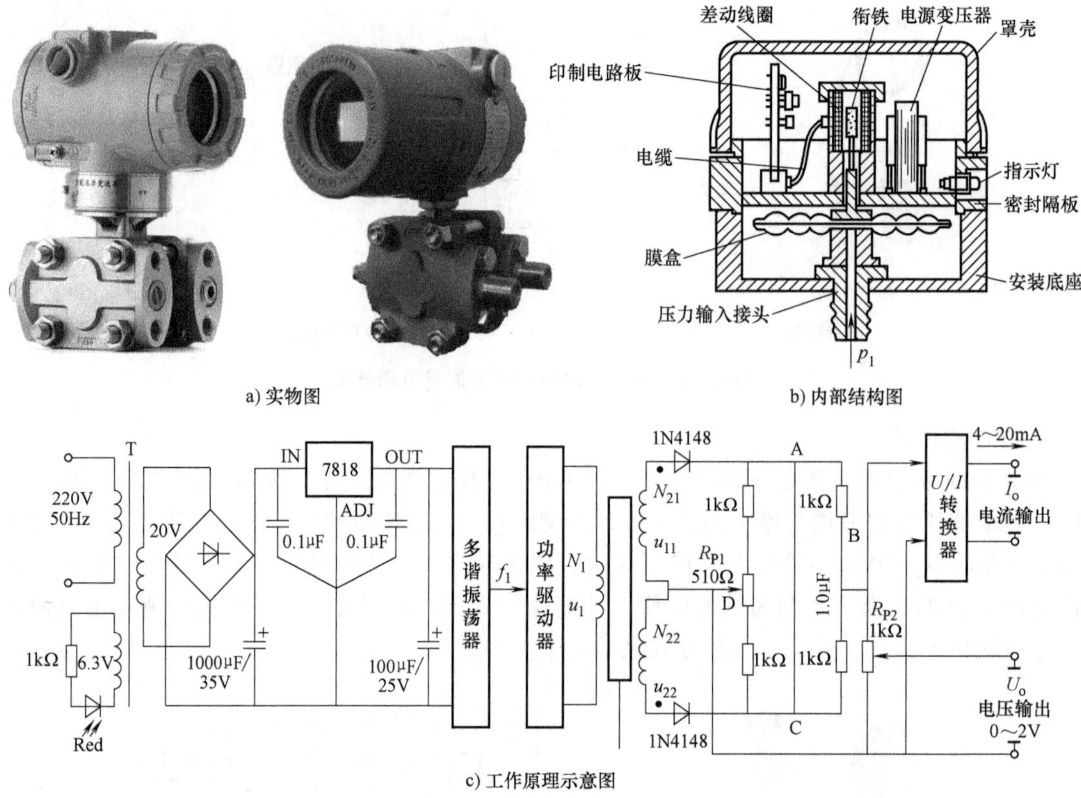

a) 实物图　　b) 内部结构图

c) 工作原理示意图

图 3-20　差动压力变送器

四、电涡流式传感器

将金属导体置于变化的磁场中，导体内就会产生感应电动势，并自发形成闭合回路，产生感应电流。该电流就像水中旋涡一样在导体中转圈，因此称其为涡流。涡流现象也称为涡流效应，电涡流式传感器就是利用涡流效应来工作的。

1. 电涡流式传感器的结构

电涡流式传感器的实物图如图 3-21 所示。

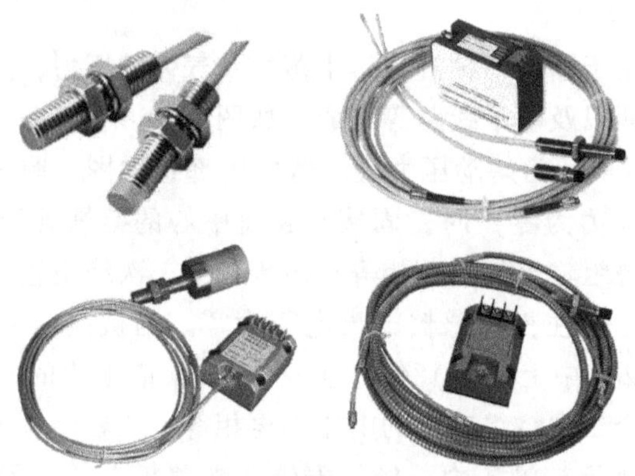

图 3-21　电涡流式传感器的实物图

2. 电涡流式传感器的工作原理

电涡流式传感器主要由安置于框架上的扁平线圈构成，图 3-22 所示为其工作原理图。

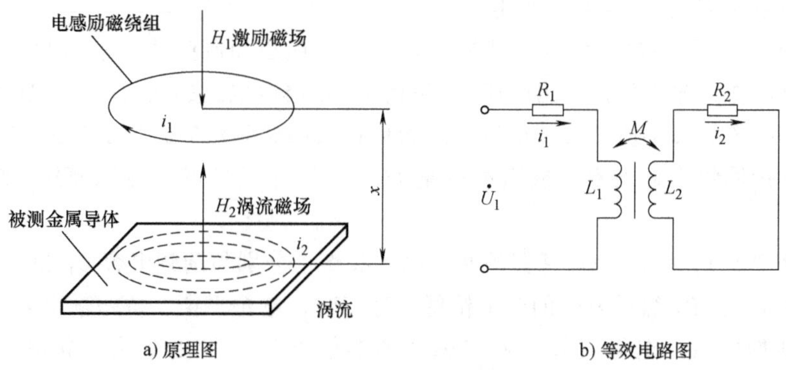

图 3-22　电涡流式传感器的工作原理

给励磁绕组中通以正弦交流电 i_1 时，线圈（L）周围将产生正弦交变磁场 H_1，位于此磁场中的金属导体感应出电涡流 i_2，i_2 又产生新的交变磁场 H_2，H_2 将阻碍原磁场的变化，从而导致线圈内的阻抗发生变化。线圈阻抗的变化既与涡流效应有关，又与静磁学效应有关，即与金属导体的电导率、磁导率、几何形状、线圈的几何参数、励磁电流频率以及线圈到金属导体的距离等参数有关。电涡流式传感器正是利用这个原理将传感器与被测金属导体之间距离的变化转换成线圈的品质因数、等效阻抗和等效电感三个参数的变化，再通过测量、检波、校正等电路转变为线性电压（电流）的变化。

3. 电涡流式传感器的测量电路

电涡流式传感器常采用谐振电路和桥式电路作为测量电路，如图 3-23 所示。其中，图 3-23a 所示为谐振电路，图 3-23b 所示为桥式电路。

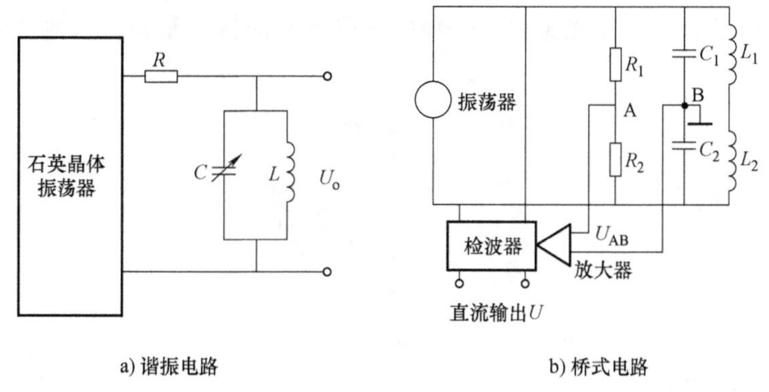

图 3-23　电涡流式传感器的测量电路

谐振电路以传感器线圈（L）与调谐电容（C）组成并联谐振回路，由石英晶体振荡器提供高频励磁电流。初始状态时，传感器远离被测物体，调整 LC 谐振回路的谐振频率，使其等于石英晶体振荡器的频率，即

$$f=\frac{1}{2\pi\sqrt{LC}} \tag{3-6}$$

此时，LC 谐振回路的等效阻抗 Z 最大。当传感器线圈与被测物体之间的距离变化时，电涡流线圈的等效电感 L 也随之变化，LC 谐振回路的频率偏离谐振频率，回路等效阻抗显著减小，输出电压 U_o 也跟着发生变化。

根据 LC 谐振回路的幅频特性，谐振电路分为调幅法和调频法。采用调幅法时，以 LC 谐振回路的电压作为输出量，输出电压 U_o 正比于 LC 谐振电路的阻抗 Z，Z 越大，U_o 越高，通过测量输出电压的大小便可实现位移量的测量；采用调频法时，以 LC 谐振回路的频率作为输出量，直接用频率计测量，或通过测量 LC 谐振回路的等效电感 L 间接测量频率的变化量。

桥式电路中的 L_1 和 L_2 为传感器的两个电感线圈，分别与选频电容 C_1 和 C_2 并联组成两个桥臂，电阻 R_1 和 R_2 组成另外的两个桥臂。静态时，电桥平衡，桥路输出 $U_{AB}=0V$。当传感器接近被测物体时，电涡流效应使传感器的等效电感 L 发生变化，电桥失去平衡，即 $U_{AB}\neq 0V$。U_{AB} 经线性放大后送检波器检波，然后输出直流电压 U，U 的大小正比于传感器线圈的移动量，从而实现了对位移量的测量。

4. 电涡流式传感器的应用

电涡流式传感器是一种基于电涡流效应的传感器，用于机械中的振动与位移、转子与机壳的热膨胀量的长期监测，生产线的在线自动监测与自动控制，科学研究中的多种微小距离与微小运动的测量等。总之，电涡流式传感器目前已广泛应用于能源、化工、医学、汽车、冶金、机器制造、军工、科研教学等领域，并且还在不断地扩展。

（1）电涡流位移计

电涡流位移计用来测量各种形状金属导体的位移量，测量位移的范围为 0~1mm 到 0~30mm，国外一些产品已达 80mm，一般的分辨率为 0.0005μm。电涡流位移计如图 3-24 所示。图 3-24a 所示为电涡流位移计的实物图；用电涡流位移计直接检测汽轮机传动轮的轴向位移量，如图 3-24b 所示；用电涡流位移计测量磨床换向阀、先导阀的位移量，如图 3-24c 所示；用电涡流位移计通过检测金属试件轴向膨胀量来间接测量金属线胀系数，如图 3-24d 所示。

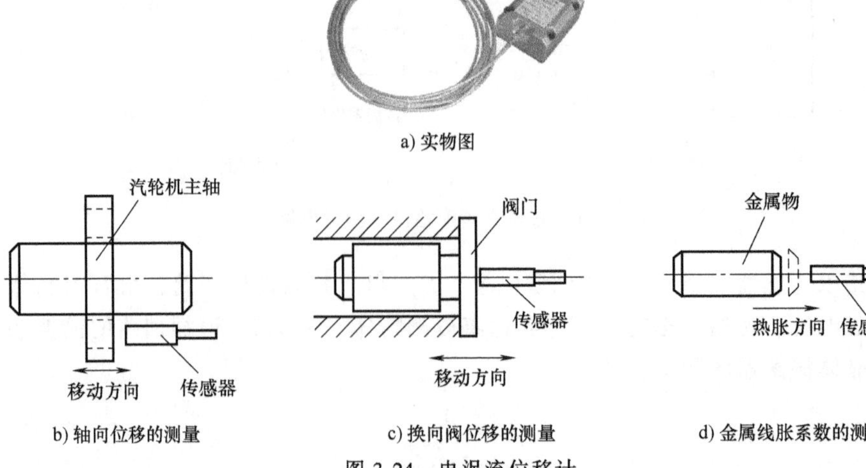

a) 实物图

b) 轴向位移的测量　c) 换向阀位移的测量　d) 金属线胀系数的测量

图 3-24　电涡流位移计

（2）电涡流振幅计

电涡流振幅计可以对各种振动的幅值进行非接触测量。电涡流振幅计如图 3-25 所示，图 3-25a 所示为实物图；汽轮机、空气压缩机常用电涡流式传感器来监控主轴的径向振动，如图 3-25b 所示；电涡流振幅计也可测量汽轮机涡轮叶片的振幅，如图 3-25c 所示；在研究轴的振动时，有时为了了解轴的振动形状，常将多个电涡流式传感器并排安装在轴的附近，用多通道指示仪输出并记录，或用计算机进行多通道数据采集，从而获得主轴上各个位置的瞬时振幅图及轴振动形状图，如图 3-25d 所示。

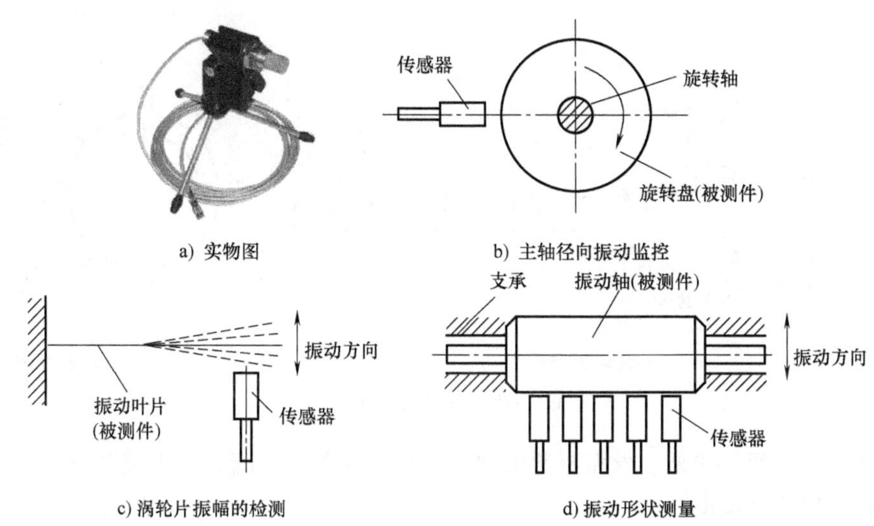

a) 实物图　b) 主轴径向振动监控

c) 涡轮片振幅的检测　d) 振动形状测量

图 3-25　电涡流振幅计

（3）电涡流转速计

电涡流转速计如图 3-26 所示，图 3-26a 所示为实物图，图 3-26b 所示为转轴带凹槽的电涡流转速计的工作原理示意图，图 3-26c 所示为转轴带凸槽的电涡流转速计的工作原理示意图。

在旋转体上开一条或数条槽（凹槽或凸槽），旁边安装一个电涡流传感器。当轴转动时，传感器与转轴之间的距离发生改变，使输出信号也随之变化。该输出信号经放大、整形后，由频率计测出变化的频率，从而测出转轴的转速。若转轴上开有 m 个槽，频率计读数为 f（单位为 Hz），则转轴的转速 n（单位为 r/min）为

$$n=\frac{60f}{m} \tag{3-7}$$

同样，可以将电涡流式传感器安装在金属产品输送线上，对产品进行计数，如图 3-27 所示。

（4）涡流探伤仪

涡流探伤仪是一种无损检测装置，如图 3-28 所示，可用于探测金属导体表面或近表面裂纹、热处理裂纹以及焊缝裂纹等缺陷。在探伤时，传感器与被测导体保持距离不变。遇有裂纹时，金属的电阻率、磁导率发生变化，传感器的输出信号也发生变化，从而达到探伤的目的。

涡流探伤仪广泛应用于各类金属管及棒型、线型、丝型材料的在线、离线探伤。涡流探

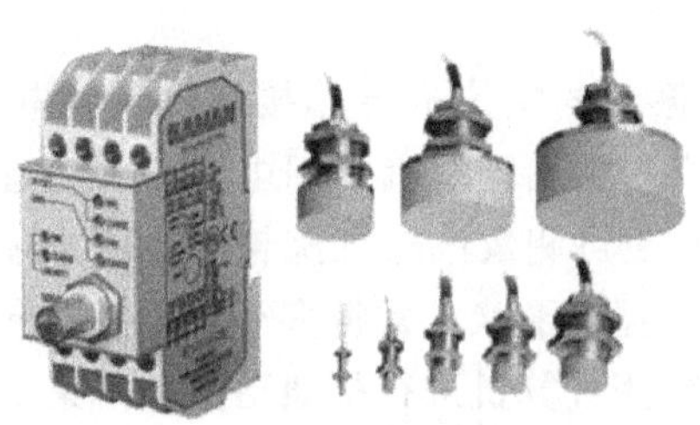
a) 电涡流转速计实物图

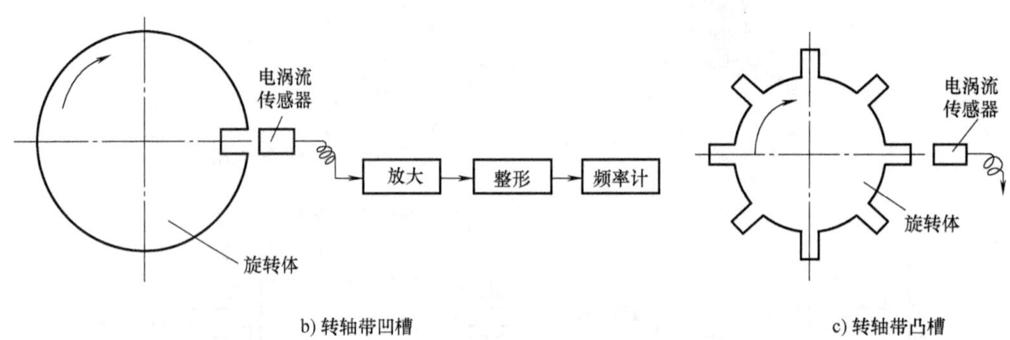

b) 转轴带凹槽　　c) 转轴带凸槽

图 3-26　电涡流转速计

伤仪对金属管及棒型、线型、丝型材料的缺陷，如表面裂纹、暗缝、夹渣和开口裂纹等缺陷均具有较高的检测灵敏度。

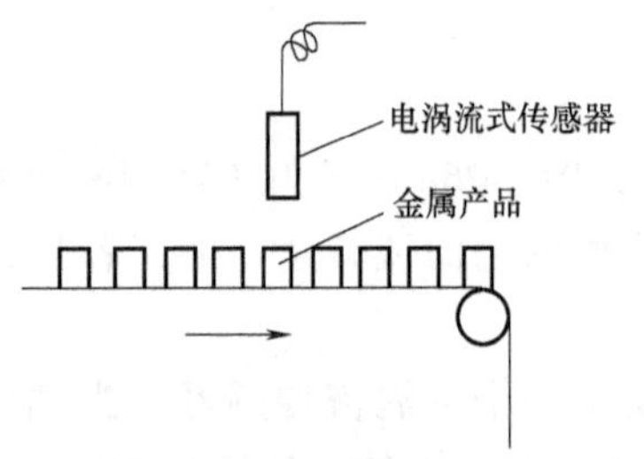

图 3-27　电涡流零件计数器

图 3-28　涡流探伤仪

（5）涂层测厚仪

涂层或覆层测量已成为加工、表面工程质量检测的重要一环，是产品达到优等质量标准的必备检测手段。涂层测厚仪又称覆层测厚仪，它利用涡流技术既可测量导磁材料，如钢铁材料上的铜、锌、镉、铬镀层和油漆层表面上非导磁覆盖层的厚度，又能测量镀在铁磁性金属物质表面的非导磁材料（如铝的阳极氧化层以及铝、铜、锌等材料表面上的油漆、喷塑和橡胶的非铁磁性金属镀层）的厚度。涂层测厚仪如图 3-29 所示，图

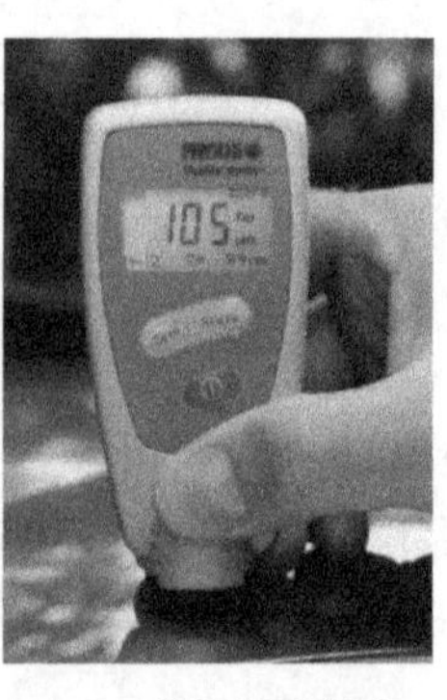

a) 一体化涂层测厚仪

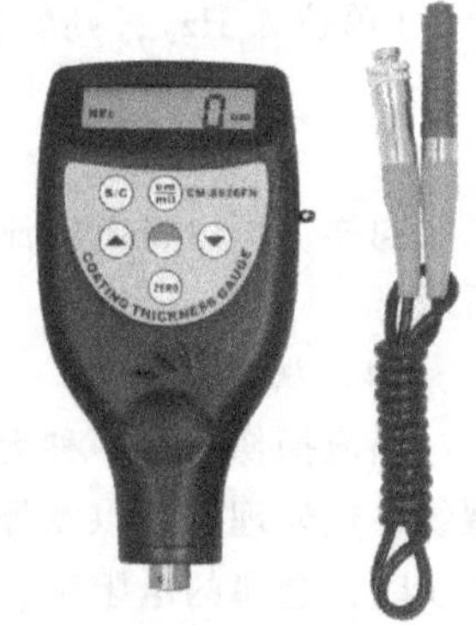

b) 分离式涂层测厚仪

图 3-29　涂层测厚仪

3-29a 所示为一体化涂层测厚仪，图 3-29b 所示为分离式涂层测厚仪。

当探头与被测件相接触时，探头产生的高频电磁场在基体金属中感应出涡电流，此涡电流产生的附加电磁场会改变探头的参数，而探头参数的改变量取决于与涂层厚度相关的探头到基体之间的距离，经过计算机分析处理后就可得到涂层的厚度值。

第三部分 技能训练

一、差动式电感传感器位移特性测试

1）按图 3-30 所示将差动式电感传感器安装在差动变压器实验模块上，将传感器引线插入实验模块插座中。

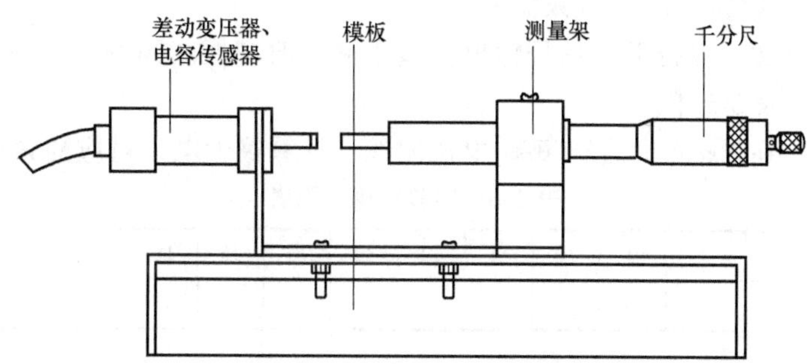

图 3-30 差动变压器安装图

2）连接主控台与实验模块电源线，按图 3-31 所示连线，组成测试系统，两个二次绕组必须接成差动状态。

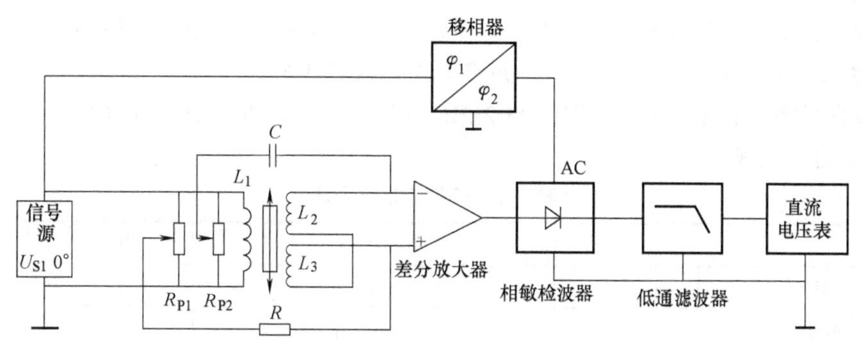

图 3-31 差动式电感传感器位移特性实验接线图

3）使差动式电感传感器的铁心偏在一边，使差分放大器有一个较大的输出，调节移相器使输入输出同相或者反相，然后调节传感器铁心到中间位置，使差分放大器输出波形最小。

4）调节 P_{P1} 和 P_{P2} 使电压表显示为零，当衔铁在线圈中左、右移动时，$L_2 \neq L_3$，电桥失衡，输出电压信号的大小与衔铁位移量成比例。

5）以衔铁位置居中为起点，分别向左、向右各移动 5mm，记录输出电压 U 与位移 X 值并填入表 3-4 中（每位移 0.5mm 记录一个数值）。

6）数据处理：在 Excel 中绘制位移-电压曲线，拟合公式并求取曲线的线性度。

表 3-4　实验结果记录表

X/mm											0										
U/V											0										

二、用差动式电感传感器测量振动

1）按差动变压器振动测量实验将差动式电感传感器安装在振动源模块上（见图 3-30），将传感器引线插入实验模块插座中。

2）按差动式电感传感器位移特性实验调整好系统各元器件及电路后（见图 3-31），调整传感器的高度，使铁心位于差动变压器的中心（此时，差分放大器输出波形最小），信号源低频信号输出 U_{S2} 接振动源“低频输入”。

3）开主控台电源，保持低频信号输出幅值不变，改变振荡频率，将动态测试结果信号的峰-峰值 V_{p-p} 记入表 3-5 中。

4）数据处理：在 Excel 中绘制频率-电压曲线，计算最大电压对应的频率值。

表 3-5　实验结果记录表

f/Hz	5	6	7	8	9	10	11	12	13	14	15	18	20	22	24	26	30
V_{P-P}/V																	

三、振荡频率对差动式电感传感器的影响

1）按图 3-30 将差动式电感传感器安装在差动变压器实验模块上，将传感器引线插入实验模块插座中。

2）调节差动电感的激励信号（U_{S1} 0°音频信号）频率，从 2kHz 起每隔 2kHz 进行一次差动式电感传感器位移特性测试操作，并将结果记入表 3-6 中。

3）数据处理：在 Excel 中分别绘制 2kHz、4kHz、6kHz 的位移-电压曲线，并分析频率增大时曲线的变化规律。

表 3-6　实验结果记录表

X/mm							0						
U/mV	2kHz						0						
	4kHz						0						
	6kHz						0						

四、差动变压器性能测试

1）根据图 3-30 所示将差动变压器安装在差动变压器实验模块上。

2）将传感器引线插头插入实验模块的插座中，音频信号由信号源的 U_{S1}0°处输出，打开主控台电源，调节音频信号的频率和幅度（用示波器监测），使输出信号频率为 4~5kHz，幅值为 $V_{p-p}=2V$，按图 3-32 所示接线（1、2 接音频信号，3、4 为差动变压器输出，接放大器输入端）。

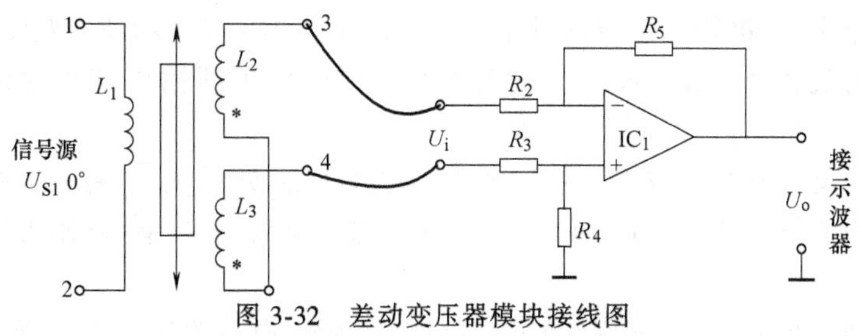

图 3-32　差动变压器模块接线图

3）用示波器观测 U_o 的输出，旋动千分尺，使示波器观测到的波形峰-峰值 V_{p-p} 为最小，这时传感器可以左右移动，向左移动为正位移，向右移动为负位移，从 V_{p-p} 最小开始旋动千分尺，每隔 0.2mm 从示波器上读出输出电压 V_{p-p} 值，填入表 3-7 中，再从 V_{p-p} 最小处反向移动传感器做实验。在实验过程中，注意传感器左、右移动时，一次、二次绕组波形的相位关系。

4）数据处理：在 Excel 中绘制位移-电压曲线，计算电压最大时对应的频率值。

表 3-7　实验结果记录表

X/mm										
V_{p-p}/mV										

五、差动变压器零点残余电压补偿

1）安装好差动变压器，打开主控台电源，利用示波器观测并调整信号源 U_{S1}0°，使输出信号频率为 4kHz，幅值为 $V_{p-p}=2V$，按图 3-33 所示接线。

2）实验模块 R_1、C、R_{P1}、R_{P2} 为电桥单元中的调平衡网络。

3）用示波器监测放大器输出。

4）调整千分尺，使放大器输出信号最小。

5）依次调整 R_{P1}、R_{P2}，将示波器显示的电压输出波形幅值降至最小。

6）此时示波器显示即为零点残余电压的波形。

7）记下差动变压器的零点残余电压峰-峰值（V_{p-p}）（注：此时记录的电压是放大 K 倍的残余电压，即 $V_{零点p-p}K$，K 为放大倍数）。

8）可以看出，经过补偿后的零点残余电压的波形是一个不规则波形，这说明波形中有高频成分存在。

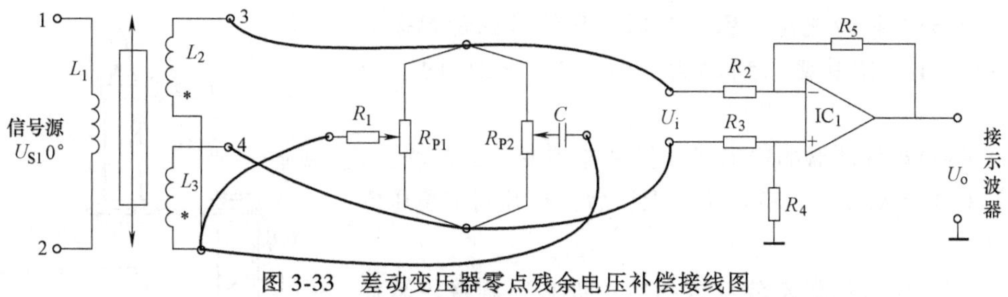

图 3-33　差动变压器零点残余电压补偿接线图

六、激励信号的频率对差动变压器特性的影响

1）按照差动变压器性能测试实验安装传感器和接线，开启主控台电源。

2）选择信号源 U_{S1}0°输出信号的频率为 1kHz，V_{p-p}=2V（用示波器监测）。

3）用示波器观察 U_o 输出波形，移动铁心至中间位置即输出信号为最小值，固定千分尺。

4）旋动千分尺，向左（或右）旋到离中心位置 1mm 处，使 U_o 有较大的输出。

5）改变激励信号的频率（1~9kHz），幅值不变，频率由频率/转速表监测，将测试结果记入表 3-8 中。

6）数据处理：在 Excel 中分别绘制不同频率时频率-电压曲线，并分析频率增大时曲线的变化规律。

表 3-8　实验结果记录表

f/kHz	1	2	3	4	5	6	7	8	9
U_o/V									

七、差动变压器测试系统的标定

1）将差动变压器安装在差动变压器实验模块上，并按图 3-31 所示连线。

2）检查连线无误后，打开主控台电源，调节音频信号源输出频率，使二次绕组波形不失真，用手将中间铁心移至最左端，然后调节移相器，使移相器的输入输出波形正好同相或反相，将铁心置于线圈中部，用示波器观察，使差分放大器输出为最小，调节电桥电位器 R_{P1}、R_{P2} 使系统输出电压为零。

3）用千分尺分别使铁心向左和右移动 5mm，每移动 0.5mm，记录一个电压值，并填入表 3-9 中。

4）数据处理：在 Excel 中绘制位移-电压曲线，拟合公式并求取曲线的线性度。

表 3-9　实验结果记录表

位移/mm											
电压/V											

八、差动变压器的应用——测量振动

1）将差动变压器按图 3-34 所示安装在振动源单元上。

2）打开主控台电源，用示波器观察信号源音频振荡器 U_{S1}0°输出，使其输出频率为 4kHz、V_{p-p} = 2V 的正弦信号。

3）将差动变压器的输出线连接到差动变压器模块上，并按图 3-31 所示接线。检查接线无误后，打开固定稳压电源开关。

4）用示波器观察差分放大器输出波形，调整传感器连接支架的高度，使示波器显示的波形幅值最小。仔细调节差动变压器，使差动变压器铁心能在差动变压器内自由滑动，并用紧定旋钮固定。

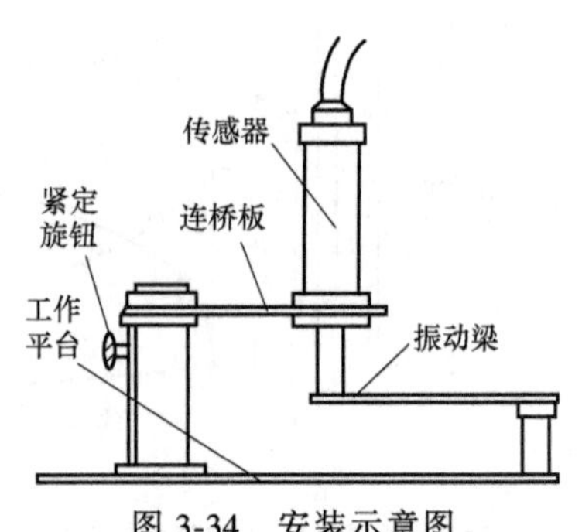

图 3-34　安装示意图

5）用手按压振动梁，使差动变压器产生一个较大的位移，调节移相器使移相器输入输出波形同相或者反相，仔细调节 R_{P1} 和 R_{P2}，使低通滤波器输出波形幅值更小，可视为零点。

6）将振动源低频输入接振荡器低频输出 U_{S2}，调节低频输出幅度旋钮和频率旋钮，使振动梁振荡较为明显。用示波器观察低通滤波器的输出波形。

7）保持低频振荡器的幅值不变，改变振荡频率，用示波器测量输出波形的幅值 V_{p-p}，记下实验数据，填入表 3-10 中。

表 3-10　实验结果记录表

f/Hz										
V_{p-p}/mV										

九、差动变压器传感器的应用——电子秤

1）按图 3-34 所示安装传感器，并按其接线方式接线（见图 3-31），在振动梁处于自由状态时，参照“差动变压器的应用——测量振动”的步骤 4）和步骤 5），将系统输出电压调节为零，低通滤波器输出接电压表 20V 档。

2）将砝码逐个放在振动梁上（叠放在振动梁的左端边缘，以免振动梁和传感器上的磁钢影响实验）。

3）将砝码重量与对应的输出电压值记入表 3-11 中。

4）数据处理：在 Excel 中绘制重量-电压曲线，拟合公式并求取曲线的线性度。

表 3-11　实验结果记录表

W/g	20	40	60	80	100	120	140	160	180	200
U_0/V										

十、电涡流式传感器的位移特性测试

1）将电涡流式传感器安装在位移台架上，如图 3-35 所示，并与转换电路板相连。

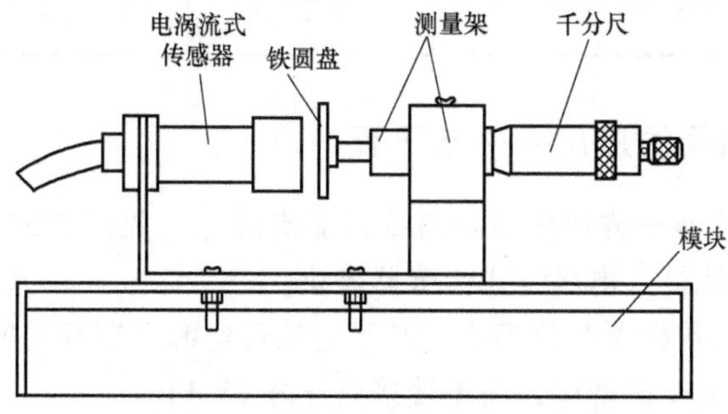

图 3-35　电涡流式传感器安装示意图

2）将千分尺测杆与铁圆盘连接在一起。

3）接通电源，适当调节千分尺的高度，使铁圆盘与传感器感应头刚刚接触，记下此时千分尺读数和输出电压，并从此点开始向上移动铁圆盘，将位移量 X 与输出电压 U_0 记入

表 3-12 中。建议每隔 0.2mm 读一组数据，共读取 20 组数据。

4）数据处理：在 Excel 中绘制位移-电压曲线，拟合公式并求取曲线的线性度。

表 3-12　实验结果记录表

X/mm										
U_0/V										
X/mm										
U_0/V										

十一、被测物体材质、面积大小对电涡流式传感器特性的影响

1）将电涡流式传感器安装到电涡流式传感器实验模块上（见图 3-35）。

2）重复电涡流式传感器的位移特性测试的步骤，将铁圆盘分别换成铜圆盘和铝圆盘，将实验结果分别记入表 3-13、表 3-14 中。

表 3-13　铜圆盘实验结果

X/mm										
U/V										

表 3-14　铝圆盘实验结果

X/mm										
U/V										

3）重复上述实验步骤，将被测物体换成比上述金属圆盘表面积更小的被测物体，将实验结果记入表 3-15 中。

4）数据处理：在 Excel 中分别绘制铜圆盘和大小铝圆盘的位移-电压曲线，拟合公式并求取曲线的线性度，分析大小铝圆盘的曲线规律。

表 3-15　小直径的铝圆盘实验结果

X/mm										
U/V										

十二、电涡流式传感器的应用——电子秤

1）将电涡流式传感器安装到振动源的传感器支架上（见图 3-34），传感器探头避开振动梁的中心孔，将引出线接入电涡流式传感器模块。

2）将直流电源接入传感器实验模块，打开主控台电源，在双平衡振动梁处于自由状态时，使电涡流式传感器紧贴振动梁，输出端接电压表 2V 档。

3）依次将砝码放到振动梁的一端，将重量与对应的输出电压值记入表 3-16 中。

表 3-16　实验结果记录表

W/g										
U_o/V										

4）数据处理：在 Excel 中绘制质量-电压曲线，拟合公式并求取曲线的线性度。

十三、用电涡流式传感器测量转速

1）将电涡流式传感器安装到转动源传感器支架上（参考图 3-36），引出线接电涡流式传感器实验模块。

2）合上主控台电源，分别选择 8V、10V、12V、16V、20V、24V 的电源驱动转动源，可以观察到转动源转速的变化，待转速稳定后，记录驱动电压对应的转速，也可用示波器观测电涡流式传感器的输出波形。

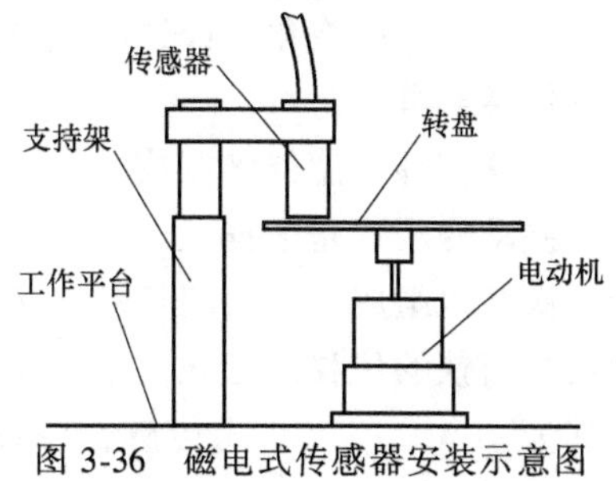

图 3-36　磁电式传感器安装示意图

3）数据处理：在 Excel 中绘制驱动电压-转速曲线，拟合公式并求取曲线的线性度。

表 3-17　实验结果记录表

驱动电压/V	8	10	12	16	20	24
转速 n/(r/min)						

十四、用电涡流式传感器测量振动

1）将铁圆盘平放到振动梁最左端的位置，根据图 3-34 所示安装电涡流式传感器，注意传感器端面与被测物体（铁圆盘）之间的安装距离即为线性区域（可利用电涡流式传感器的位移特性曲线找出）。

2）将电涡流式传感器的连接线接到模块上标有“[电感符号]”的两端，用连接导线从主控台接入 15V 电源，实验模板输出端接示波器。将信号源的低频输出 U_{S2} 接到振动源的低频输入端，低频调频调到最小位置、U_{S2} 幅值调节调到中间位置，打开主控台电源。

3）调节低频调频旋钮，使振动梁有微小振动，通过示波器观察输出波形，记录不同振动频率下电涡流式传感器模块输出电压的峰-峰（V_{p-p}）值，填写表 3-18。

4）数据处理：在 Excel 中绘制频率-电压曲线，计算电压最大时对应的频率值。

表 3-18　实验结果记录表

f/Hz	5	6	7	8	9	10	11	12	13	14	15	18	20	22	24	26	30
V_{p-p}/V																	

第四部分　复习与思考

一、复习总结

电感式传感器是利用__________原理把被测物理量，如位移、压力、流量、振动等的变化转换成线圈的电感或阻抗的变化，再由测量转换电路转换为电压或电流的变化量输出，从而实现测量的。电感式传感器种类很多，常见的有__________式、__________式和__________式三种。

自感式电感传感器由铁心、线圈和衔铁组成，可以将衔铁位移的变化转换为线圈__________的变化，经过测量电路转换为正比于位移量的电压或电流输出。常用的自感式电感传感器可分为__________式、__________式和__________式三种类型。在实际应用中，这三种传感器多制成__________式，以便提高线性度，减小测量误差。

差动变压器是根据__________的基本原理制成的，这类传感器主要由衔铁、一次绕组和二次绕组组成。一次绕组和二次绕组间的互感量随着衔铁的移动而变化，一次绕组的输出电压与衔铁的位移成正比。由于在使用时两个二次绕组反向串联，并以差动方式输出，因此称其为__________式传感器，简称__________，目前应用最广泛的是螺管式差动变压器。

将金属导体置于变化的磁场中，导体内就会产生感应电动势，并自发形成闭合回路，产生感应电流。该电流就像水中的旋涡一样在导体中转圈，因此称其为__________，这种现象被称为__________效应，电涡流式传感器就是利用涡流效应来工作的。

电感式传感器主要用于测量__________，凡是能转换成位移变化的参数，如压力、压差、加速度、振动、工件尺寸等，均可用电感式传感器来测量。

二、测试题

1. 填空题

（1）单线圈螺管式电感传感器主要由_____________和可沿线圈轴向移动的__________组成。

（2）电感式传感器一般用于测量__________，也可用于振动、压力、荷重、流量、液位等参数的测量。

（3）对于差动变压器，当衔铁处于__________位置时，两个二次绕组与一次绕组间的互感相同。一次绕组加入励磁电流后，两个二次绕组产生的感应电动势相同，输出电压为零。但在实际应用中，铁心处于差动线圈中心位置时的输出电压并不为零，该电压被称为__________电压。

（4）电涡流式传感器的整个测量系统由__________和__________两部分组成。

（5）电感式接近开关是一种有开关量输出的位置传感器，利用__________原理制成，主要用于__________物体的位置检测及判断。

（6）单线圈螺管式电感传感器相比于变隙式电感传感器优点很多，缺点是__________低，广泛用于测量__________。

（7）电涡流式传感器常采用__________电路和__________电路作为测量电路。

（8）自感式电感传感器实质上是一个带__________的铁心线圈，主要由__________、__________和__________组成。

（9）单一结构的电感式传感器不适用于精密的测量，在实际工作中常采用两个电气参数和几何尺寸完全相同的电感线圈共用一个衔铁构成的__________式电感传感器。

（10）差动变压器主要由__________、__________和__________组成。由于在使用时两个二次绕组反向串联，以__________方式输出，因此称其为差动变压器式传感器。

2. 选择题

（1）通常用电感式传感器测量（　　）。

A. 电压　　B. 磁场强度　　C. 位移　　D. 压力

(2) 单线圈螺管式电感传感器广泛用于测量（　　）。

A. 大量程角位移　　B. 小量程角位移

C. 大量程直线位移　　D. 小量程直线位移

(3) 差动变压器的测量电路常采用（　　）。

A. 直流电桥　　B. 交流电桥

C. 差分相敏检波电路和差分整流电路　　D. 运算放大器电路

(4) 为了使螺管式差动变压器式传感器具有较好的线性度，通常（　　）。

A. 取测量范围为线圈骨架的 1/10～1/4

B. 取测量范围为线圈骨架的 1/2～2/3

C. 励磁电流频率采用中频

D. 励磁电流频率采用高频

(5) 欲测量极微小位移，应选择（　　）电感传感器；希望线性好、测量范围大，应选择（　　）自感传感器。

A. 变隙式　　B. 变面积式　　C. 螺管式

(6) 自感式传感器采用差动结构是为了（　　）。

A. 加长线圈长度，从而增加线性范围

B. 提高灵敏度，减小测量误差

C. 降低成本

D. 增加线圈对衔铁的吸引力

(7) 与自感式传感器配用的测量电路主要有（　　）。

A. 差动相敏检波电路　　B. 差动整流电路

C. 直流电桥　　D. 变压器交流电桥

(8) 电感式接近开关能够检测（　　）的位置。

A. 金属物体　　B. 塑料　　C. 磁性物体

(9) 由于电涡流式传感器结构简单，又可实现（　　）测量，因此得到了广泛应用。

A. 接触　　B. 非接触

(10) 螺管式传感器属于（　　）式，仅仅是结构不同而已。

A. 变隙　　B. 变面积

(11) 电涡流接近开关可以利用电涡流原理检测出（　　）的接近程度。

A. 人体　　B. 水　　C. 钢铁零件　　D. 塑料零件

3. 简答题

(1) 说明单线圈电感式传感器和差动式电感传感器的主要组成和工作原理。

(2) 电感式传感器测量电路的主要任务是什么？

(3) 概述差动变压器式传感器的组成和工作原理，用差动变压器测量较高频率（10kHz）的振幅，可以吗？为什么？

(4) 什么是电涡流效应？简述电涡流式传感器的基本结构与工作原理。

(5) 简述电感式传感器的应用。

(6) 简述电涡流式传感器的应用。

实训项目四

压电式传感器

第一部分 教学要求

一、实训目的和要求

1）理解压电效应的基本概念。
2）了解压电元件的等效电路。
3）熟悉压电式传感器的应用。

二、实训工具和器材

振动源、压电式传感器模块、压电式传感器、移相器/相敏检波/低通滤波模块。

三、实训内容和方式

实训内容		时间安排	实训方式
1	课前准备	课余	阅读教材
2	教师讲授	1课时	重点讲授(压电式传感器的工作原理及应用)
3	学生实操	1课时	学生实操,教师指导(课堂上不能完成,可在课下完成)

四、实训成绩评定

技能训练成绩		教师签名	

第二部分 教学内容

汽车爆燃是由于汽车燃烧室内的混合气体异常燃烧而产生的一种振动现象，这种现象若反复出现，会使汽车燃烧室内壁的温度剧烈升高而损坏发动机零件，因此，为防止爆燃现象给汽车发动机带来的损害，通常将爆燃传感器安装在发动机缸体上以检测振动情况。

汽车防爆燃系统如图 4-1 所示，系统中起关键作用的是爆燃传感器。图 4-1a 所示为爆燃传感器的实物图，图 4-1b 所示为爆燃传感器的安装位置，压电式爆燃传感器的结构如图 4-1c 所示，其控制电路如图 4-1d 所示。爆燃传感器利用结晶或陶瓷多晶体的压电效应工作，也有利用掺杂硅的压电电阻效应工作的。该传感器的外壳内装有压电元件、配重块及引线等。当发动机的气缸体出现振动并传递到传感器外壳上时，外壳与配重块之间产生相对运动，夹在这两者之间的压电元件所受的压力发生变化，在压电元件的两个极面上产生与发动机缸体内的压力成比例的电压信号，爆燃传感器将这一电压信号发送至发动机控制单元(1320)，发动机控制单元根据电压值的大小判断爆燃强度，以控制电风扇和空调压缩机起动。

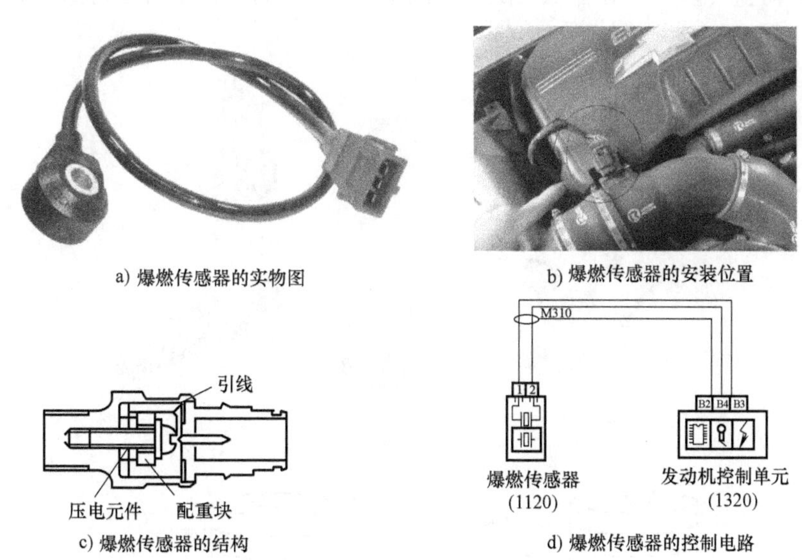

图 4-1　汽车防爆燃系统

一、压电式传感器的组成

压电式传感器是一种力敏传感器，能够测量力或可转换为力的物理量，如应力、压力、加速度、位移等。利用压电效应，传感器将压电材料所受的外力转换为电压信号。压电式传感器的组成如图 4-2 所示。

下面通过爆燃传感器探头结构来了解压电式传感器的组成，如图 4-3 所示。这里的压电式传感器集敏感元件和转换元件于一体。

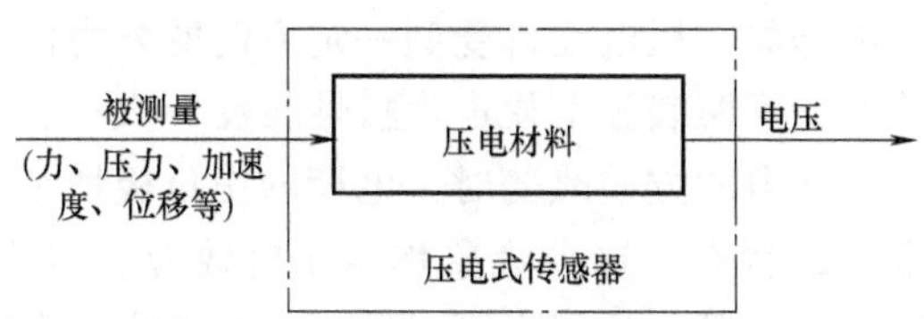

图 4-2　压电式传感器的组成

图 4-3　爆燃传感器的压电元件

二、压电式传感器的结构及工作原理

1. 压电式传感器的结构

压电式传感器的结构及电气符号如图 4-4 所示。其中，图 4-4a 所示为压电式传感器的实物图，图 4-4b 所示为压电式传感器中压电元件的内部结构。压电元件一般采用并联和串联的连接方式：采用并联方式连接时输出电容大、输出电荷多，适合于测量缓变信号且以电荷作为输出的场合；采用串联方式连接则输出电压大、本身电容小，适合于以电压作为输出信号且测量电路输出阻抗很高的场合。图 4-4c 所示为压电式传感器的电气符号。

压电式传感器中的压电材料一般有三类：一类是压电晶体（单晶体）；另一类是经过极化处理的压电陶瓷（多晶半导瓷）；第三类是高分子压电材料。表 4-1 对这三种材料的性能进行了比较。

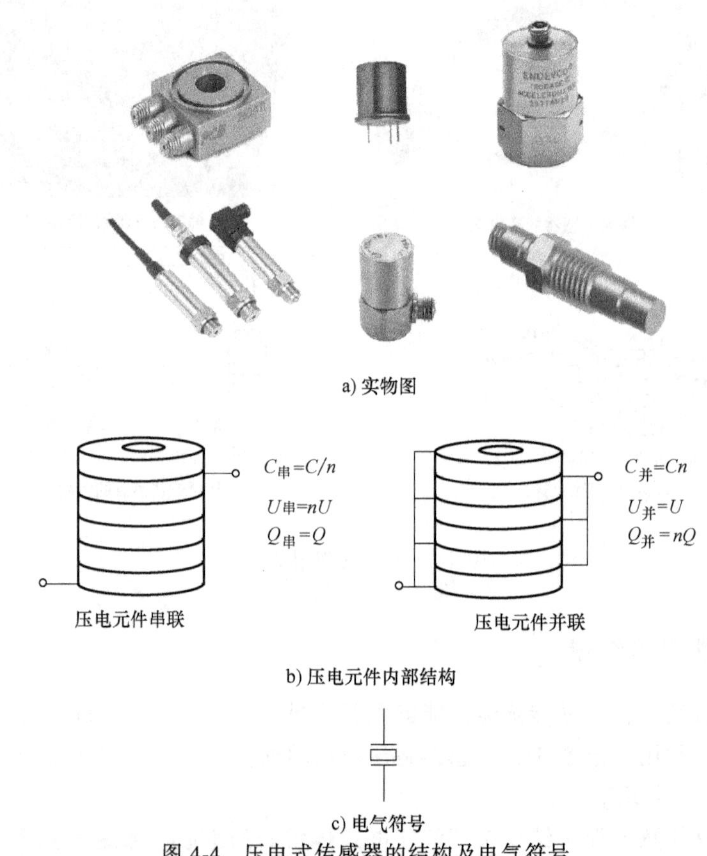

a) 实物图

b) 压电元件内部结构

c) 电气符号

图 4-4　压电式传感器的结构及电气符号

2. 压电式传感器的工作原理

压电式传感器是由压电元件组成的自发电式传感器。压电元件受到一定方向的外力而产生变形，内部会产生电荷极化的现象，在元件的上、下两表面上便产生极性相反、大小相等的电荷，且电荷量和所受到压力的大小成正比。当外力的方向改变时，电荷的正负极性也随之发生变化，去掉外力后，元件又恢复原来不带电的状态，这种现象称为压电效应。图 4-5 给出了某种压电元件在各种受力条件下所产生的电荷情况。从图中可以看出，元件表面电荷的极性与受力的方向有关。压电效应把机械能转换为电能。

表 4-1　三种压电材料的性能比较

压电材料类型	压电晶体	压电陶瓷	高分子压电材料
结构	z, O, x, y	极化前 极化后	PVDF膜　PVDF膜 硬质衬底　硬质衬底 PVDF膜 中空 硬质衬底 PVDF: 聚偏二氟乙烯
工作机理	压电效应 x—x:纵向电压效应 y—y:横向压电效应	电极化	压电效应
性能特点	压电系数和介电系数的温度稳定性好,常温下几乎不变;居里点高(可达575℃);机械强度高,绝缘性能好;线性范围宽,自振频率高,动态响应快,退滞小,重复性好,压电常数较小,灵敏度较低,价格较贵	制作工艺简单,耐湿、耐高温;压电系数比石英晶体高得多;制造成本较低。居里点较石英晶体低,且性能没有石英晶体稳定	压电系数比石英高十多倍;柔韧性和可加工性好;可制成5μm～1mm的不同厚度、形状各异的大面积有挠性的膜;频率响应范围宽;化学稳定性和耐疲劳性高;吸湿性差,有良好的热稳定性;价格便宜
使用场合	标准传感器、高精度传感器或高温环境	一般的测量、水声换能器、汽车、蜂鸣器、医疗	压力、加速度、温度、超声波无损检测、生物医学等领域

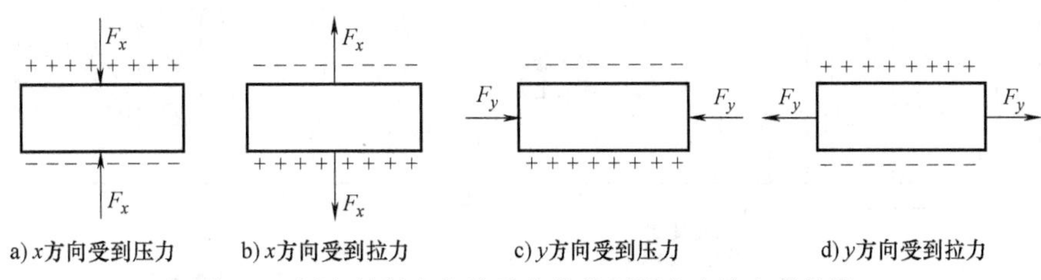

a) x方向受到压力　b) x方向受到拉力　c) y方向受到压力　d) y方向受到拉力

图 4-5　压电材料在各种受力条件下所产生的电荷极性

反之，若在压电元件的极化方向上施加交变电场或电压，压电元件就会产生机械变形；去掉电场时，压电元件的变形随之消失，这种现象称为电致伸缩效应。电致伸缩效应把电能转换为机械能，如图 4-6 所示。

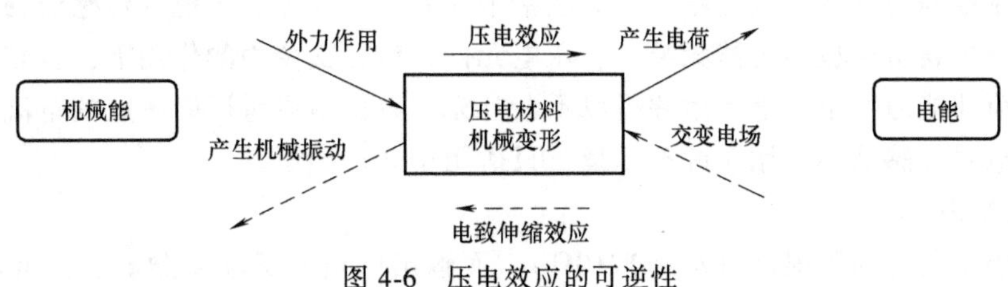

图 4-6　压电效应的可逆性

三、压电式传感器的测量电路

1. 等效电路

可以将压电式传感器看作一个电荷发生器，它同时也是一个电容器，如图 4-7a、b 所示。因此，当需要压电元件输出电荷时，则可把它等效成一个与电容并联的电荷源，如图 4-7c 所示；当需要压电元件输出电压信号时，可把它等效成一个与电容串联的电压源，如图 4-7d 所示。其两极板间的开路电压为

$$U_a = \frac{Q_a}{C_a} \tag{4-1}$$

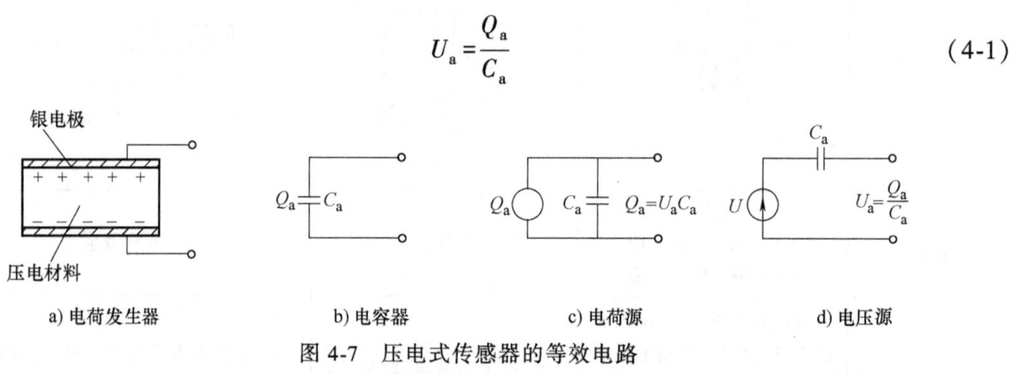

图 4-7　压电式传感器的等效电路

压电式传感器在实际测量时还需连接测量电路或仪器，因此实际的等效电路还须考虑连接电缆电容 C_c、放大器的输入电阻 R_i 和输入电容 C_i 等形成的负载阻抗对电路的影响；加之考虑空气有一定的湿度，压电元件也并非理想元件，其内部存在泄漏电阻 R_a，因此压电式传感器实际的等效电路如图 4-8 所示。图 4-8a 所示为电荷源，图 4-8b 所示为电压源。

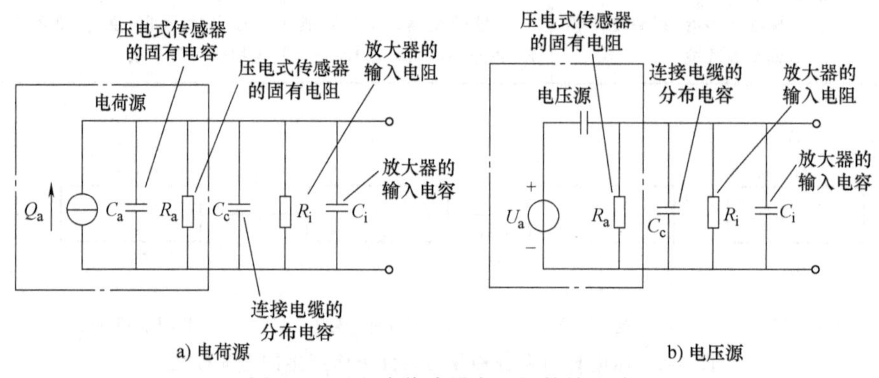

图 4-8　压电式传感器实际的等效电路

由压电式传感器实际的等效电路可以看出，只有在外电路负载无穷大，且内部无漏电时，电压源才能保持长期不变；如果负载不是无穷大，电路就会按指数规律放电。这对于静态标定及低频准静态的测量极为不利，必然带来误差。事实上，压电式传感器的内部不可能没有泄漏，外电路负载也不可能无穷大，压电元件只有在交变力的作用下，以较高频率不断地作用，电荷才能源源不断地产生并得以不断补充，以供给测量回路一定的电流。从这个意义上讲，压电式传感器不适用于静态测量，只适用于动态测量。

2. 测量电路

压电式传感器的内阻很高（$R_a \geqslant 1010\Omega$），而输出的信号又非常微弱，因此输出信号一

般不能直接传输、显示和记录。其输出端要求与高输入阻抗的前置放大器相配合，然后再接放大电路、检波电路、显示电路、记录电路，这样才能防止电荷迅速泄漏，减小测量误差。

压电式传感器的前置放大器有两个作用：一是起放大作用，放大压电式传感器输出的微弱信号；二是起阻抗转换作用，将压电式传感器的高阻抗转换为低阻抗输出。

根据压电式传感器的工作原理及等效电路，它的输出可以是电荷信号，也可以是电压信号。因此，与之对应的前置放大器也有电荷放大器和电压放大器两种。

(1) 电压放大器电路

电压放大器电路如图 4-9 所示，图 4-9a 所示为原理图，图 4-9b 所示为等效电路。

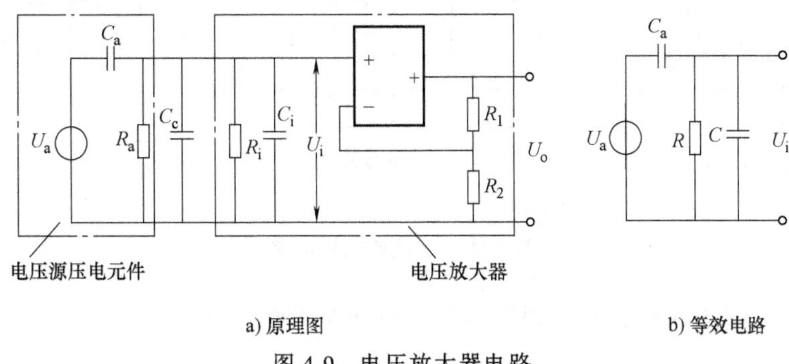

a) 原理图　　b) 等效电路

图 4-9　电压放大器电路

在图 4-9 中，U_i 为放大器的输入电压，C_a、C_c、C_i 分别为压电元件的固有电容、导线的分布电容以及放大器的输入电容，电容 $C=C_c+C_i+C_a$，电阻 $R=\dfrac{R_aR_i}{R_a+R_i}$。

如果压电式传感器所受的力按照正弦规律 $f=F\sin\omega t$ 变化，则在压电元件上产生的电压信号为

$$U_a=\frac{dF_m}{C_a}\cos\omega t=U_{am}\cos\omega t \tag{4-2}$$

在式 (4-2) 中，U_{am} 为压电元件输出电压信号的幅值，d 为压电系数，而在放大器输入端形成的电压为

$$U_i=\frac{dF}{C_a+C_c+C_i} \tag{4-3}$$

由式 (4-3) 可以看出，放大器输入电压幅度与 C_a、C_c、C_i 有关，而与输入信号的频率无关。当连接传感器与前置放大器的电缆长度改变时，C_c 将改变，从而引起放大器的输出电压发生变化。在设计时，通常把电缆长度定为一个常数，使用时如要改变电缆长度，则必须重新校正电压灵敏度。解决电缆长度问题的办法是将放大器与传感器组成一体化的集成电路传感器，引线所引起的电容值几乎等于零，这就避免了长电缆对传感器灵敏度的影响。

电压放大器电路简单、元件少、价格低、工作可靠，但是电缆长度对传感器测量精度的影响较大，这在一定程度上限制了压电式传感器在某些场合的应用。

(2) 电荷放大器电路

电荷放大器实际上是一种具有深度电容负反馈的高增益前置放大器，其输出电压与输入电荷量成正比。同样地，电荷放大器也起着阻抗变换的作用，能将高内阻的电荷源转换为低

内阻的电压源。

电荷放大器电路如图 4-10 所示。电荷放大器电路常作为压电式传感器的输入电路，只是电荷放大器电路增加了反馈电容 C_f 和反馈电阻 R_f，其余部分的意义与电压放大器电路相同。由于运算放大器的输入阻抗极高，放大器的输入端几乎没有分流，因此可略去传感器的固有电阻 R_a 和放大器的电阻 R_i，电容 $C=C_c+C_i$。

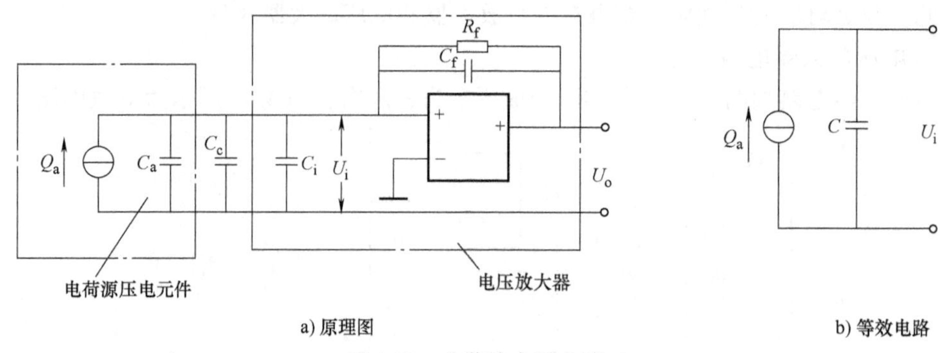

a) 原理图　　b) 等效电路

图 4-10　电荷放大器电路

由运算放大器的基本特性可求出电荷放大器的输出电压为

$$U_o=\frac{-AQ}{C_a+C_c+C_i+(1+A)C_f} \tag{4-4}$$

由于放大器的增益 A 很大，所以 $C_a+C_c+C_i$ 可以忽略，故放大器的输出电压为

$$U_o=\frac{-AQ}{(1+A)C_f}\approx\frac{Q}{C_f} \tag{4-5}$$

由式（4-5）可以看出，由于引入了电容负反馈，电荷放大器的输出电压仅与传感器产生的电荷量 Q 及放大器的反馈电容 C_f 有关，而与连接电缆的分布电容 C_c、放大器的输入电容 C_i 无关。更换连接电缆时不会影响传感器的灵敏度，这是电荷放大器的最大优点。

在电荷放大器的实际电路中，可以通过改变运算放大器的负反馈电容 C_f 来调节灵敏度。C_f 越小，放大器的灵敏度越高。为了得到较高的测量精度，要求反馈电容 C_f 的温度和时间稳定性都好。在实际的应用中，为了兼顾不同的量程，C_f 的容量范围一般选择为 $100\sim10^4$pF。

为使放大器稳定工作，减小零点漂移，通常在反馈电容 C_f 的两端并联一个大电阻 R_f，形成直流负反馈，以稳定放大器的直流工作点。

四、压电式传感器的应用

1. 压电式切削力测量装置

利用压电式传感器测量刀具切削力的示意图如图 4-11 所示。由于压电陶瓷元件的自振频率高，因此特别适合于测量变化剧烈的载荷。图 4-11a 中的压电陶瓷传感器位于车刀前部的下方，当车刀进行切削加工时，切削力通过刀具传至压电式传感器，压电式传感器将切削力转换为电信号，由放大器将电信号放大后送至记录仪，记录仪记录下电信号的变化便可测得切削力的变化。图 4-11b 所示为车床的实物图，图 4-11c 所示为压电陶瓷传感器的外形，图 4-11d 所示为压电陶瓷传感器的内部结构。

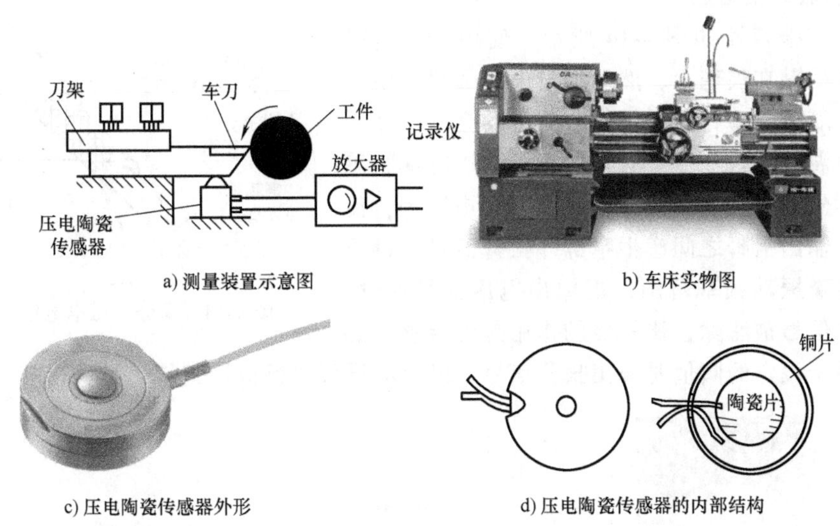

a) 测量装置示意图　　b) 车床实物图

c) 压电陶瓷传感器外形　　d) 压电陶瓷传感器的内部结构

图 4-11　压电式切削力测量装置

2. 高速公路的测速系统

高速公路的测速系统由高分子压电电缆及显示仪组成，如图 4-12 所示。图 4-12a 所示为 PVDF 压电电缆的埋设示意图，两根高分子压电电缆相距 2m，平行埋设于柏油公路的路面下 50mm 处，可以用来测量汽车的车速及重量，并根据存储在计算机内部的档案数据判定汽车的车型。

当一辆超重车辆以较快的车速压过测速传感器系统时，两根 PVDF 压电电缆便有信号输出，如图 4-12b 所示。由输出信号的波形可以估算车速（km/h）及汽车前后轮的间距 d，由此判断车型，核定汽车允许的载重量；根据信号幅度估算汽车的载重量，可判断其是否超重。

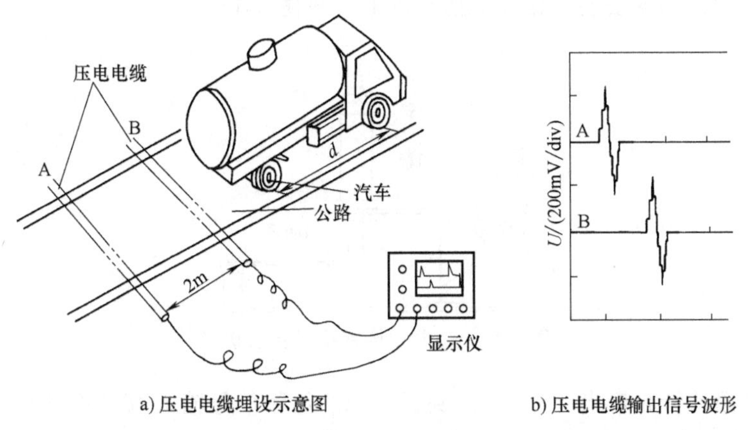

a) 压电电缆埋设示意图　　b) 压电电缆输出信号波形

图 4-12　高速公路的测速系统

聚偏二氟乙烯（PVDF）高分子材料具有压电效应，可以制成高分子压电电缆传感器。高分子压电电缆的结构如图 4-13 所示，主要由铜芯线、屏蔽层、管状高分子压电材料绝缘层和弹性橡胶保护层组成。当管状高分子压电材料受压时，其内、外表面上产生电荷 Q。

3. 玻璃破碎报警器

玻璃破碎报警器如图 4-14 所示。使用时压电式传感器用胶粘贴在玻璃上，然后通过电缆和报警电路相连。在玻璃遭暴力打碎的瞬间，报警器会产生几千赫兹至超声波级（高于 20kHz）的振动，压电薄膜感受到这种剧烈的振动波，便在其表面产生电荷 Q；传感器的两个输出引脚之间产生窄脉冲报警信号；带通滤波器使玻璃振动频率范围内的输出电压信号通过，其他频段的信号被滤除；比较器的作用是当传感器的输出信号高于设定的阈值时输出报警信号，以驱动报警执行机构工作，如进行声光报警。

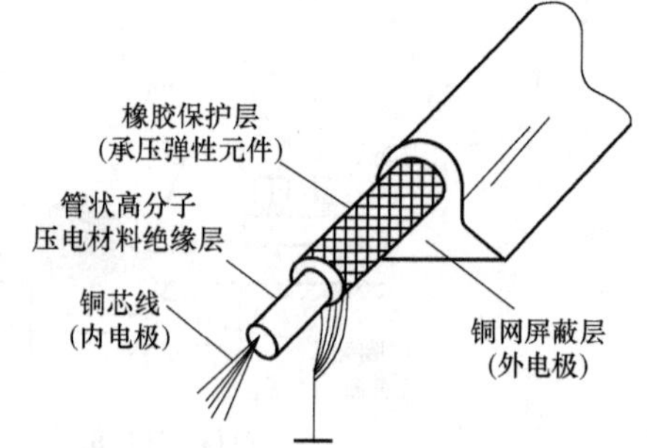

图 4-13　高分子压电电缆的结构

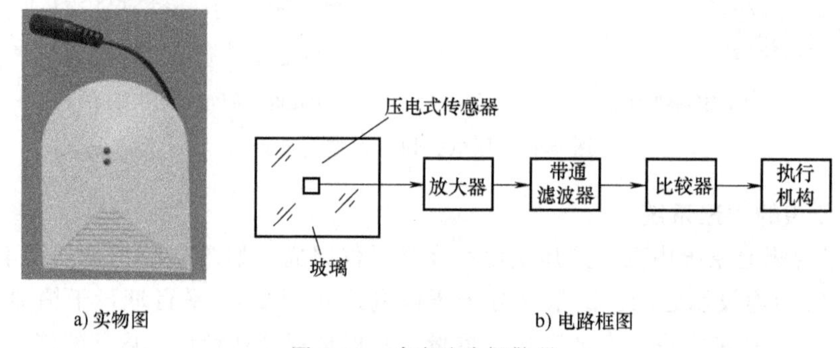

a) 实物图　　b) 电路框图

图 4-14　玻璃破碎报警器

第三部分　技能训练

用压电式传感器测量振动

1）将压电式传感器安装在振动梁的圆盘上（见图 4-15）。

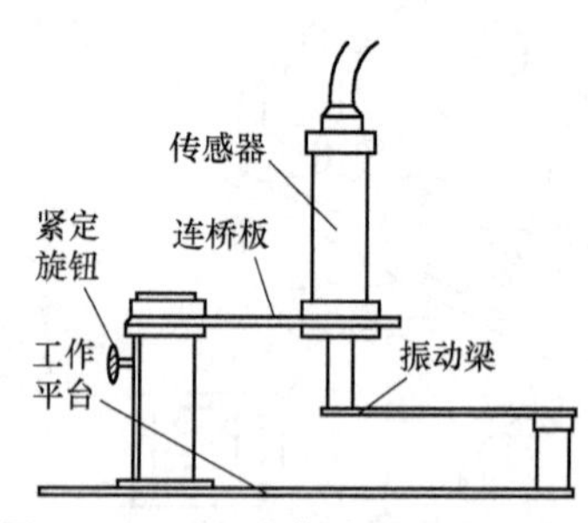

图 4-15　压电式传感器安装示意图

2）将信号源的低频输出“U_{S2}”接到振动源的低频信号输入端，并按图 4-16 所示接线，合上主控台电源开关，调节低频调幅到最大、低频调频到适当位置，使振动梁的振幅逐渐增大。

3）将压电式传感器的输出端接到压电式传感器模块的输入端 U_{i1}，U_{o1} 接 U_{i2}，U_{o2} 接低通滤波器输入端 U_i，输出端 U_o 接示波器，观察压电式传感器的输出波形 U_o，填写表 4-2。

4）数据处理：在 Excel 中绘制频率-电压曲线，计算电压最大时对应的频率值。

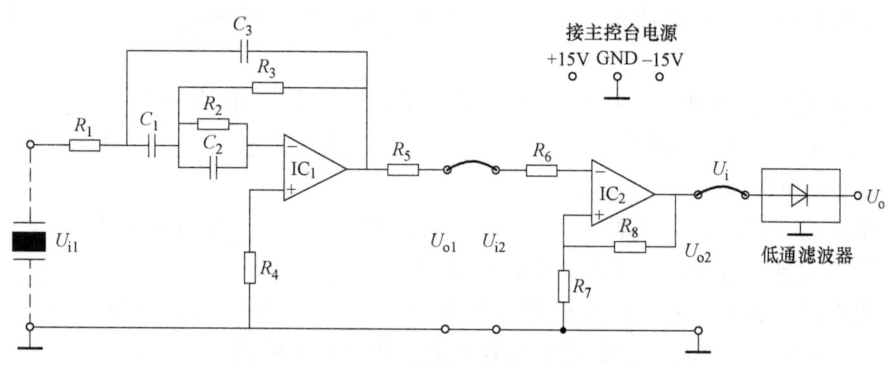

图 4-16　压电式传感器振动实验接线图

表 4-2　测量结果记录表

振动频率/Hz	10.0	10.2	10.4	10.6	10.8	11.0	11.2	11.4	11.6	11.8
$V_{p\text{-}p}$/V										

第四部分　复习与思考

一、复习总结

当某些晶体在一定的方向上受到外力的作用时，在两个对应的晶面上会产生极性符号相反的电荷；当外力撤销时，电荷也消失。作用力的方向改变时，两个对应晶面上的电荷符号将发生__________，该现象称为__________效应。常见的压电材料有__________、__________和__________等。

为解决微弱信号的转换与放大的问题，以得到足够强的输出信号，压电式传感器的测量电路需要有__________，一是将压电式传感器的__________阻抗变换为__________阻抗输出；二是__________压电式传感器的输出信号。

前置放大器有__________和__________两种形式。其中，__________优于__________，__________的输出电压仅与传感器产生的电荷量及放大器的反馈电容有关，而与连接电缆无关，更换连接电缆时不会影响传感器的灵敏度。

压电元件组合的基本方式有__________和__________。采用__________方式，适合以__________作为输出信号的场合；采用__________方式，适合以__________作为输出信号的场合。

二、测试题

1. 填空题

（1）由于力的作用而使物体表面产生电荷，这种效应称为__________，以此制成的传感器称为__________传感器，一般采用__________作为传感器的材料。

（2）压电元件是一种__________敏感元件，可以测量那些最终能转换为__________的物理量。

（3）压电式传感器不能测量________的被测量，更不能测量________，现在多用于测量________。

（4）压电式传感器是一个电压很大的信号源，它可以等效为一个________和一个________的并联电路，也可以等效为一个________和一个________的串联电路，在测量中与它配接的电路是________。

（5）压电式传感器是基于某些________材料的________效应制成的。

（6）压电式传感器采用前置放大电路的目的是________。

（7）压电式传感器的前置放大电路往往采用________放大器，其突出的特点是输出与________无关，只与放大器的反馈电容有关，所以目前使用广泛。

（8）当压电式加速度计固定在试件上而承受振动时，质量块产生一个可变力，作用在压电晶片上，由于________效应，在压电晶片两表面上就有________产生。

2. 选择题

（1）压电元件是一种（　　）敏感元件，可以测量那些最终能转换为（　　）的物理量。

A. 力　　B. 位移　　C. 温度

（2）压电晶体表面所产生的电荷密度与（　　）。

A. 晶体厚度成反比　　B. 晶体表面积成反比

C. 作用在晶体上的压力成正比

（3）压电片受力的方向与产生电荷的极性（　　）。

A. 无关　　B. 有关

（4）前置放大电路具有（　　）功能。

A. 放大　　B. 转换阻抗　　C. 放大与转换

（5）压电式加速度传感器是（　　）信号的传感器。

A. 适合测量任意　　B. 适合测量直流

C. 适合测量缓变　　D. 适合测量交流

3. 简答题

（1）何为压电效应？压电式传感器对测量电路有何特殊要求？为什么？

（2）压电式传感器能否用于静态测量？为什么？

（3）压电式传感器输出信号的特点是什么？它对放大器有什么要求？放大器有哪两种类型？压电式传感器测量电路的作用是什么？其核心是解决什么问题？

（4）压电式加速度传感器与压电式力传感器在结构上有什么不同？为什么？

（5）压电式传感器往往采用多片压电晶体串联或并联方式，若采用并联方式，适合于测量何种信号？

（6）试述压电式传感器的工作原理。

实训项目五

霍尔传感器

第一部分　教学要求

一、实训目的和要求

1）掌握霍尔传感器的应用场合和使用方法，理解其工作过程。
2）理解霍尔传感器的工作原理，了解其结构及分类。
3）了解霍尔元件接入测量电路的方式以及测量电路的功能。
4）熟悉霍尔元件的分类。

二、实训工具和器材

霍尔传感器模块、霍尔传感器、千分尺、振动源、20g 砝码（10 个）、移相器/相敏检波/低通滤波模块、转动源。

三、实训内容和方式

实训内容		时间安排	实训方式
1	课前准备	课余	阅读教材
2	教师讲授	1 课时	重点讲授(霍尔传感器的工作原理及应用,霍尔元件特性的检测方法)
3	学生实操	1 课时	学生实操,教师指导(课堂上不能完成,可在课下完成)

四、实训成绩评定

技能训练成绩		教师签名	

第二部分　教学内容

目前，国内外的汽车所使用的电子点火系统主要分为有触点的电子点火系统和无触点的电子点火系统两大类。无触点的电子点火系统利用传感器代替断电器触点，产生点火信号，控制点火线圈的通断和点火系统的工作，克服点火时间不准确、触点易烧坏、高速时动力不足等缺点，在国内外汽车上的应用十分广泛。

桑塔纳轿车所用的霍尔式点火系统属无触点的电子点火系统，该点火系统主要由蓄电池、点火开关、点火控制器、高能点火线圈、霍尔分电器、火花塞等组成，如图 5-1 所示。

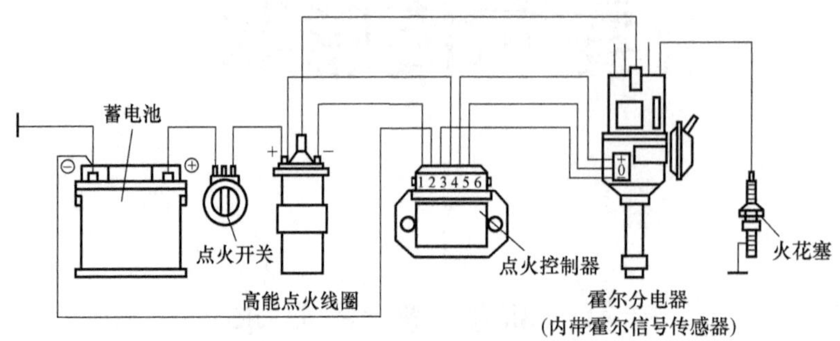

图 5-1　桑塔纳轿车霍尔式点火系统

点火控制器安装在风窗玻璃的右前方，其接线端子分别连接高能点火线圈、霍尔分电器、蓄电池，此外还有信号线、电源线、点火控制器电源线等。霍尔信号发生器装在分电器内，由触发叶轮和霍尔传感器等组成。霍尔集成块的电源由点火器提供。霍尔信号发生器触发叶轮像传统分电器的凸轮一样，套装在分电器轴的上部，可以随分电器轴一起转动，又能相对分电器轴做少量转动，以保证离心调节装置正常工作。触发叶轮的叶片数与气缸数相等，其上部套装分火头，与触发叶轮一起转动。

图 5-2 所示为霍尔分电器的结构。触发叶轮带有 4 个缺口，在叶轮的内外各装一个永久性磁铁和霍尔元件。当触发叶轮随分电器轴转动时，叶轮的缺口交替地在永久性磁铁与霍尔元件之间穿过。当叶轮的缺口转动到永久性磁铁与霍尔元件之间时，磁力线穿过缺口，作用于霍尔元件，霍尔元件产生霍尔电压；当叶轮转动到永久性磁铁与霍尔元件之间时，永久性磁铁的磁力线被叶轮遮挡，不能作用到霍尔元件上，霍尔元件不产生霍尔电压。霍尔分电器轴每转一圈，便输出 4 个方波。触发叶轮不断转动使霍尔元件中产生交变的电信号（方波）。当信号输出端把信号输入到点火控制器中后，经过多级放大驱动功率晶体管的工作，控制点火线圈，使点火线圈高压输出端输出高压脉冲到火花塞，实现点火。

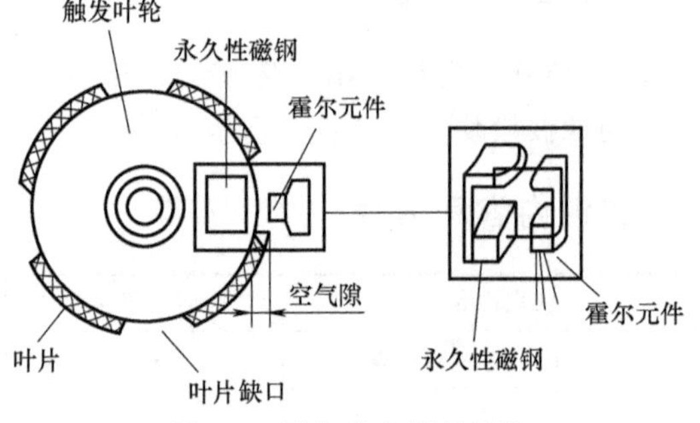

图 5-2　霍尔分电器的结构

一、霍尔传感器的组成

霍尔传感器又称为霍尔元件。利用半导体材料的霍尔效应，以磁路系统作为媒介，将转速、液位、流量、位移等物理量所引起的磁感应强度的变化转换为霍尔电动势 U_{EH} 输出，或者在磁场一定的情况下，将被测量引起的电流的变化转换为霍尔电动势输出。霍尔传感器的组成如图 5-3 所示。

下面通过由霍尔传感器组成的分电器来了解霍尔传感器的组成，如图 5-4 所示。在这里，敏感元件和转换元件合为一体，成为霍尔传感器。

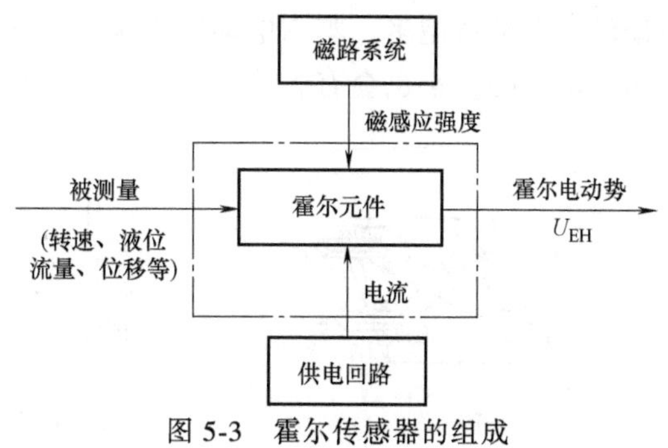

图 5-3　霍尔传感器的组成

二、霍尔传感器的结构及工作原理

1. 霍尔传感器的结构

霍尔传感器的实物图如图 5-5 所示。

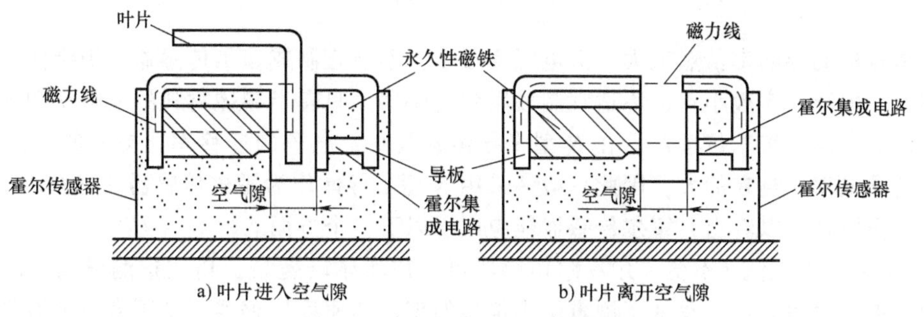

a) 叶片进入空气隙　　b) 叶片离开空气隙

图 5-4　分电器中的霍尔传感器

2. 霍尔传感器的工作原理

当一块通电的半导体薄片垂直置于磁场中时，薄片两侧会产生电位差，此现象称为霍尔效应，此电位差称为霍尔电动势 U_{EH}，电动势的大小表示为

$$U_{EH}=K_{H}IB \tag{5-1}$$

式中　K_H——霍尔元件的灵敏度系数，单位为 mV/(mA · T)；

I——霍尔传感器的输出电流；

B——磁场的磁感应强度。

图 5-5　霍尔传感器的实物图

霍尔电动势与输出电流 I、磁感应强度 B 成正比，且当 I 或 B 的方向改变时，霍尔电动势的方向也随之改变。如果磁场方向与半导体薄片不垂直，而是与其法线方向成 θ 角，则霍尔电动势为

$$U_{EH}=K_{H}IB\cos\theta \tag{5-2}$$

霍尔元件通常做成正方形薄片，在薄片的相对两侧对称地焊上两对电极引出线（一对称为励磁电流端，另一对称为霍尔电势输出端），如图 5-6a 所示。图 5-6b 所示为霍尔传感器的电气符号，图 5-6c 所示为霍尔传感器的工作原理。无磁场作用时，半导体通以电流，电子自左向右做定向直线运动。在半导体薄片的垂直方向施加磁场时，电子会受到洛伦兹力 F_H 的作用，于是电子的运动方向发生了偏转，向一侧偏移、堆积形成电场，电场对电子产生电场力。电子积累得越多，电场力越大。洛伦兹力的方向与电场力的方向恰好相反。当两个力达到动态平衡时，在薄片的两侧就建立了稳定电场，即霍尔电动势。流过的电流越大，则电荷量越多，霍尔电动势就越高；磁感应强度越强，电子受到的洛仑兹力也越大，电子参

与偏转的数量就越多，霍尔电动势也越高。此外，薄片的厚度、半导体材料中的电子浓度对霍尔电动势的大小也会有影响。

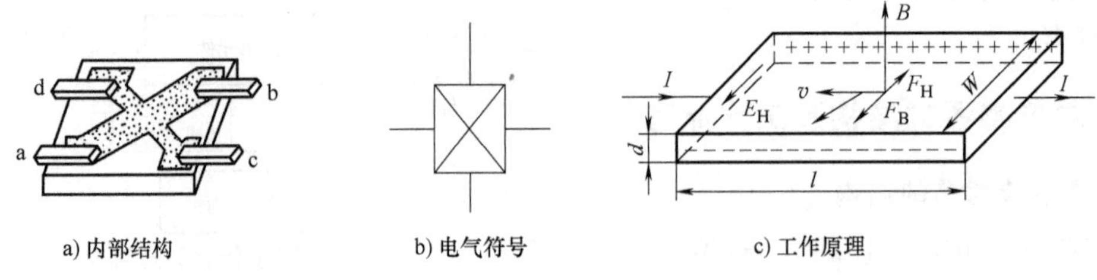

a) 内部结构　　b) 电气符号　　c) 工作原理

图 5-6　霍尔传感器

导体材料的导电率虽然很大，但电阻率很小，不适宜制成霍尔传感器。绝缘体材料的电阻率很大，但导电率很小，也不适宜制成霍尔传感器。只有半导体材料的电阻率和导电率均适中，才适合制成霍尔传感器。在 N 型半导体材料中，电子的迁移率比空穴的大，且 N 型半导体的导电率比空穴的大，因此一般多采用 N 型半导体作为霍尔传感器的材料。

由工作原理可以看出，霍尔传感器能应用于以下三个方面。

1）维持励磁电流 I 不变，用霍尔传感器可构成霍尔转速表、角位移测量仪、磁性产品计数器、霍尔角编码器以及基于测量微小位移的霍尔加速度传感器、微压力传感器等。

2）保持磁感应强度 B 恒定，用霍尔传感器可制成过电流检测装置等。

3）当 I、B 两者都为变量时，用霍尔传感器可构成模拟乘法器、功率计等。

三、霍尔传感器的测量电路

1. 基本应用电路

霍尔传感器的基本应用电路如图 5-7 所示。由电源 E 供给霍尔传感器输入端（a、b）控制电流 I_c，调节 R_P 可控制电流 I_c 的大小；霍尔传感器的输出端（c、d）接负载电阻 R_L，R_L 可以是放大器的输入电阻或测量仪表的内阻。垂直薄片方向通以磁场（B）。

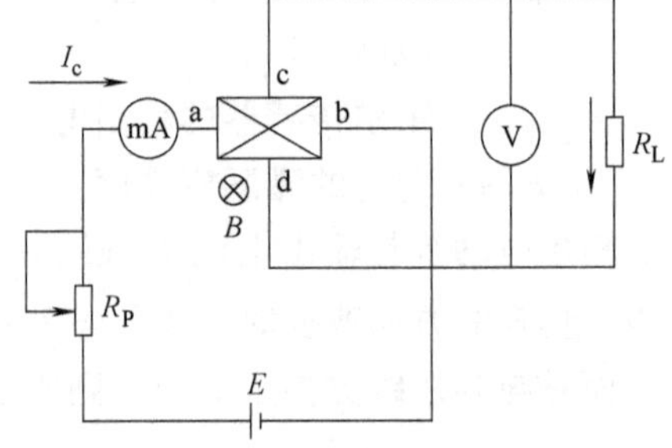

图 5-7　霍尔传感器的基本应用电路

2. 霍尔集成电路

霍尔集成电路是霍尔元件与集成运放电路一体化的结构，是一种传感器模块，可分为线性输出型和开关输出型两大类。利用集成电路工艺技术将霍尔元件、放大器、温度补偿电路和稳压电路集成在一块芯片上即可形成霍尔集成电路。它具有灵敏度高、传输过程无抖动，功耗低、寿命长、工作频率高、无触点、无磨损、无火花等特点，能在各种恶劣环境下可靠、稳定地工作。

（1）线性型霍尔集成电路

线性型霍尔集成电路的输出电压与外加磁场强度在一定范围内呈线性关系。它有单端输出和双端输出（差动输出）两种电路，其内部结构如图 5-8 所示。线性型霍尔集成电路的输出电压较高，使用非常方便，已得到广泛的应用，可用于无触点电位器、非接触测距、无刷直流电动机、测量磁场的高斯计、磁力探伤等方面。

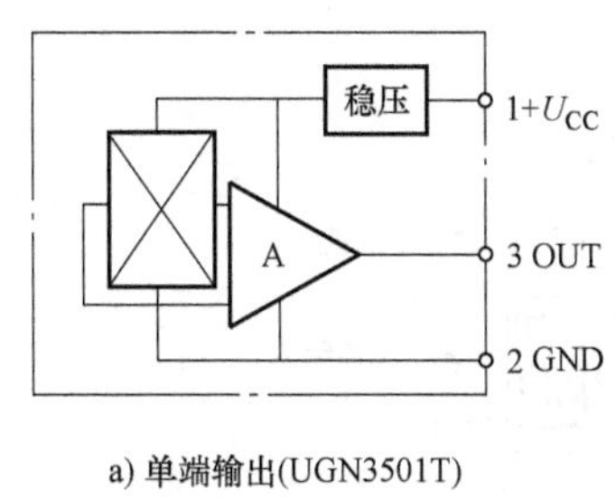

a) 单端输出(UGN3501T)

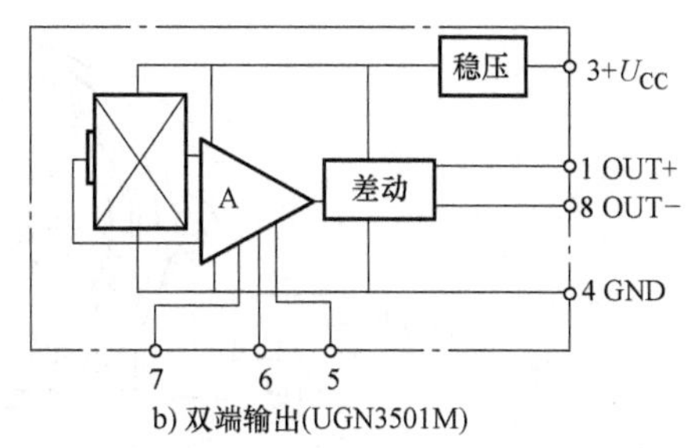

b) 双端输出(UGN3501M)

图 5-8　线性型霍尔集成电路

UGN3501T、UGN3501U、UGN3501M 是美国 SPRAGUE 公司生产的 UGN 系列线性型霍尔集成电路的代表产品。其中，T、U 两种型号为单端输出，两者的区别仅是厚度不同。T 型厚度为 2.03mm，U 型为 1.54mm。M 型号的为塑料扁平封装三端元件，引脚 5、6、7 外接补偿电位器，引脚 2 悬空。

（2）开关型霍尔集成电路

开关型霍尔集成电路输出的是高电平或低电平的数字信号。这种集成电路一般由霍尔元件、稳压电路、差分放大器、施密特触发器（整形）以及 OC 门电路等部分组成。其与线性型霍尔传感器的不同之处是增设了施密特触发器电路。旋密特触发器通过晶体管的集电极输出。当外加磁感应强度超过规定的工作点时，OC 门由高阻态变为导通状态，输出变为低电平；当外加磁感应强度低于释放点时，OC 门重新变为高阻态，输出高电平。较典型的开关型霍尔集成电路的内部框图如图 5-9 所示。

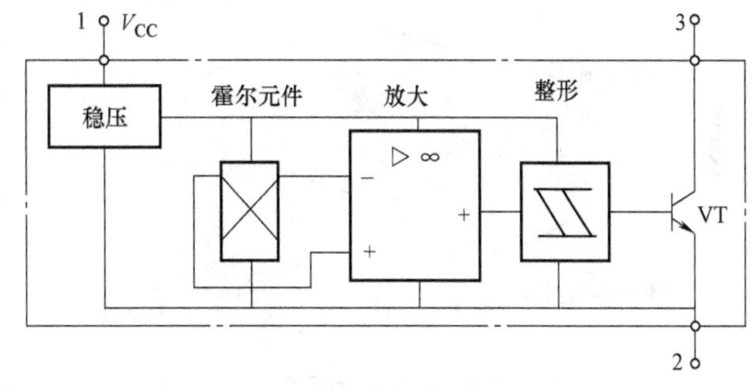

图 5-9　开关型霍尔集成电路

开关型霍尔集成电路与微型计算机等的数字电路兼容，因此应用相当广泛，可用于接近开关，如无触点开关、限位开关、方向开关、压力开关、转速表等。

四、霍尔传感器的应用

1. 霍尔流量计

霍尔流量计如图 5-10 所示。水表的壳体内装有一个带磁铁的叶轮，磁铁旁装有霍尔传感器。当水通过流量计时，就会在流量计进出口之间形成一定的压力差。在这个压力差的作用下，流体推动叶轮转动，叶轮转动的同时带动与之相连的磁铁转动，将流体由进口排向出口。叶轮经过霍尔传感器时，传感器受到磁场的作用感应出霍尔电动势，电路输出脉冲电压信号，记录输出脉冲的个数。叶轮每接近一次霍尔传感器，都会产生一个脉冲电压信号，脉冲电压的个数与转速有关。因此，只要测得叶轮的转动次数，就可以得到流体的流速。另外，若已知管道的内径，还可根据流速和管径求得流量。

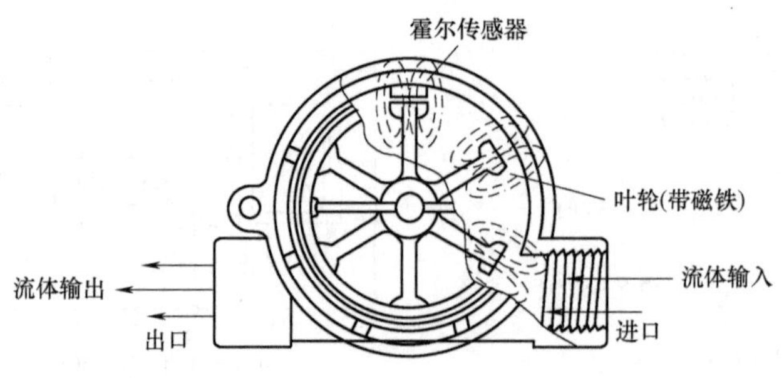

图 5-10　霍尔流量计

2. 汽车防抱死制动系统

车辆在湿滑路面上制动或紧急制动时，车轮很容易抱死，这会使驾驶人失去对转向的控制能力，车辆会同时甩尾甚至失控。防抱死制动系统（ABS）是一种具有防滑、防锁死等优点的汽车安全控制系统，可使汽车在制动状态下仍能转向，保证汽车制动方向的稳定性，防止产生侧滑和跑偏现象。可见，汽车的制动性能是汽车安全行驶的重要保障。目前，防抱死制动系统已被广泛运用于汽车上。

采用霍尔速度传感器可以检测前后车轮的转动状态，有助于控制制动力的大小。汽车防抱死制动系统如图 5-11a 所示；霍尔速度传感器在汽车轮胎上的安装位置如图 5-11b 所示。

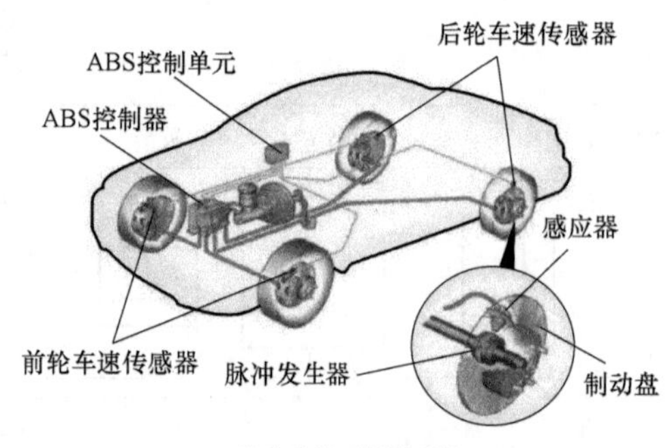

a) 汽车防抱死制动系统

b) 霍尔速度传感器在汽车轮胎上的安装位置

图 5-11　汽车防抱死制动系统及霍尔速度传感器在汽车轮胎上的安装位置

3. 直流无刷电动机

电动自行车用的直流无刷电动机主要由电动机、霍尔传感器和电子开关电路三部分组成，如图 5-12 所示。其中，图 5-12a 所示为直流无刷电动机的工作原理，图 5-12b 所示为转子上永久性磁铁的安装位置，图 5-12c 所示为直流无刷电动机的实物图。

电动机定子上有多相绕组，转子上镶有永久性磁铁。要让电动机转动起来，首先必须由霍尔传感器来测量定子与转子之间的相对位置，以确定各个时刻多相绕组的通电状态，即确定电子开关电路的开/断状态，接通/断开电动机相应的多相绕组，从而使定子各绕组按顺序导通。

当转子经过霍尔传感器附近时，转子产生的磁场令霍尔传感器输出一个电压，使定子绕组的供电电路导通，给相应的定子绕组供电，供电电路产生和转子磁场极性相同的磁场，同性磁场排斥而使转子转动。当转子转到下一个位置时，前一个位置的霍尔传感器停止工作，下一个位置的霍尔传感器导通，使下一个绕组通电，产生感应磁场使转子继续转动。当转子磁场按顺序作用于各霍尔传感器时，霍尔传感器的信号就按顺序接通各定子绕组，定子绕组就产生旋转磁场，使转子不停地旋转。

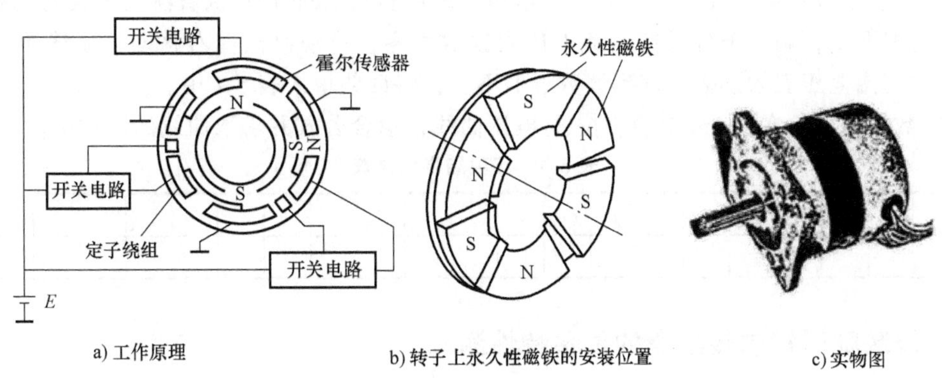

a) 工作原理　b) 转子上永久性磁铁的安装位置　c) 实物图

图 5-12　直流无刷电动机

第三部分　技能训练

一、直流激励时霍尔传感器的位移特性测试

1）将霍尔传感器安装到霍尔传感器模块上（见图 5-13），传感器引线接到霍尔传感器模块 9 芯航空插座上，按图 5-14 所示接线。

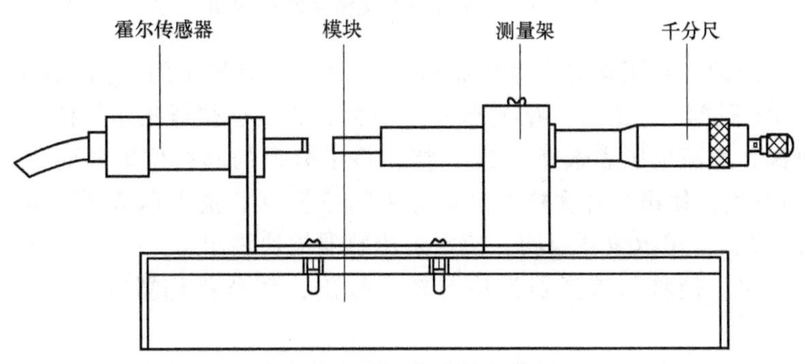

图 5-13　霍尔传感器安装图

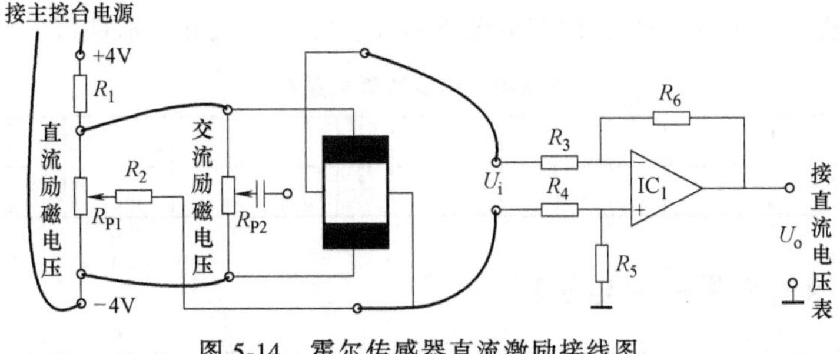

图 5-14　霍尔传感器直流激励接线图

2）开启主控台电源，直流电压表选择“2V”档，将千分尺的起始位置调到“10mm”处，手动调节千分尺的位置，先使霍尔片大概在磁钢的中间位置（直流电压表大致为0），固定千分尺，再调节 R_{P1} 使直流电压表显示为零。

3）旋动千分尺微分筒，使测砧向左移动，每移动0.2mm记一次直流电压表的读数，直到读数近似不变；调节千分尺使直流电压表读数为零，再使测砧向右移动，每移动0.2mm记录一次直流电压表的读数，直到读数近似不变，将读数填入表5-1中。

4）数据处理：在Excel中绘制位移-电压曲线，拟合公式并求取曲线的线性度。

表5-1　实验结果记录表

X/mm																					
U/mV																					

二、交流激励时霍尔传感器的位移特性测试

1）将霍尔传感器安装到霍尔传感器实验模块上（见图5-13），接线如图5-15所示。

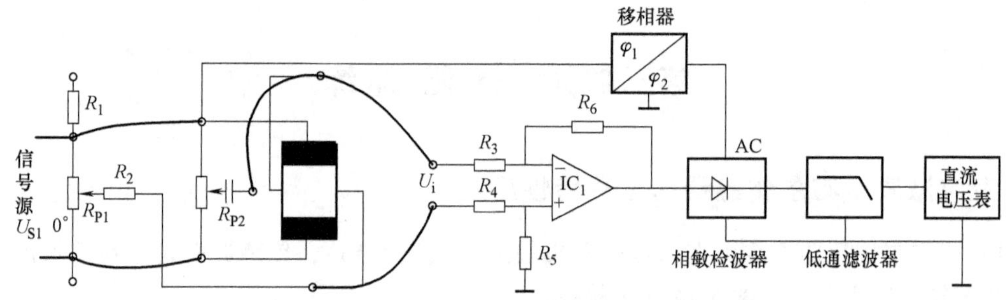

图5-15　霍尔传感器交流激励接线图

2）调节信号源的音频调频和音频调幅旋钮，使音频信号源的 U_{S1}0°输出端输出频率为1kHz、$V_{p\text{-}p}=4\text{V}$ 的正弦波（注意：峰-峰值不应过大，否则会烧毁霍尔组件）。

3）开启电源，直流电压表选择“2V”档，将千分尺的起始位置调到“10mm”处，手动调节千分尺的位置，使霍尔片大概在磁钢的中间位置（直流电压表大致为0），固定千分尺，再调节 R_{P1}、R_{P2}，用示波器检测，使霍尔传感器模块输出 U_o 为一条直线。

4）移动千分尺，使霍尔传感器模块有较大输出，调节移相器旋钮，使检波器输出为全波。

5）退回千分尺，使直流电压表显示为0，以此作为0点，每隔0.2mm记录一个读数，直到读数近似不变，将读数填入表5-2中。

6）数据处理：在Excel中绘制位移-电压曲线，拟合公式并求取曲线的线性度。

表5-2　实验结果记录表

X/mm																					
U/mV																					

三、霍尔传感器的应用——电子秤

1）将霍尔传感器安装在振动源上（见图5-16）。传感器引线接到霍尔传感器模块的9

芯航空插座上，按图 5-17 所示接线。

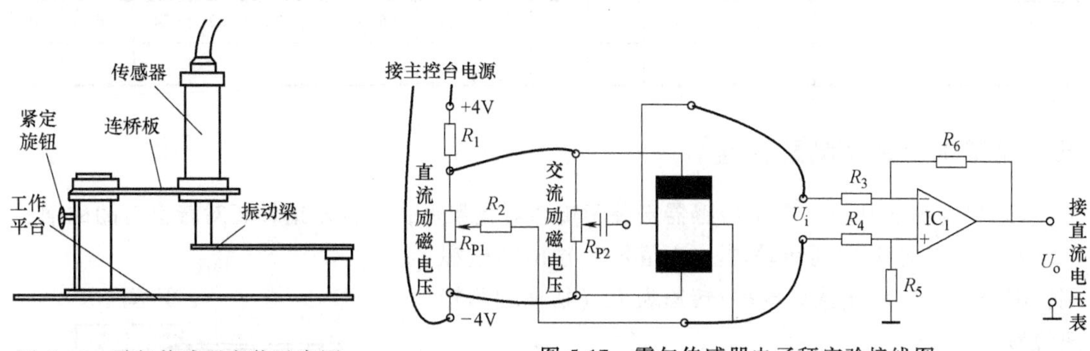

图 5-16 霍尔传感器安装示意图

图 5-17 霍尔传感器电子秤实验接线图

2）将直流电源接入传感器实验模块，打开主控台电源，在双平衡梁处于自由状态时，参照直流激励时霍尔传感器的位移特性测试的实验步骤 2），将系统输出电压调节为零，输出端接电压表“2V”档。

3）将砝码依次叠放在振动梁上，砝码要靠近振动梁边缘。

4）将砝码重量与对应的输出电压值记入表 5-3 中。

5）数据处理：在 Excel 中绘制重量-电压曲线，拟合公式并求取曲线的线性度。

表 5-3 实验结果记录表

W/g										
U_o/V										

四、用霍尔传感器测量振动

1）将霍尔传感器安装在振动源上（见图 5-16），传感器引线接到霍尔传感器模块的 9 芯航空插座上，按图 5-18 所示接线，打开主控台电源。

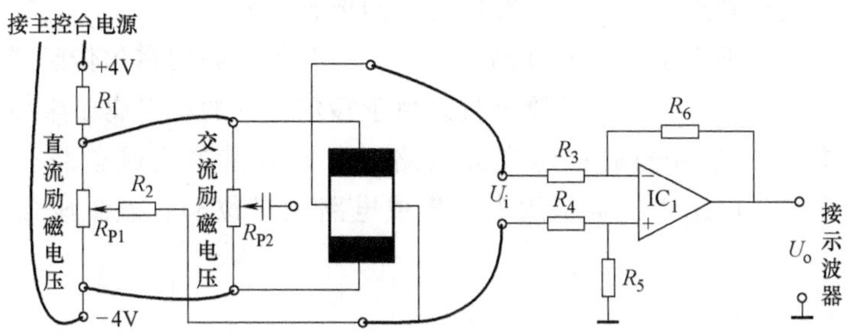

图 5-18 用霍尔传感器测振动接线图

2）仔细调整传感器连接支架的高度，使霍尔片大概在磁钢的中间位置（U_o 输出大致为 0），固定支架的高度，再调节 R_{P1}，使 U_o 输出为 0。

3）信号源低频信号输出 U_{S2} 接振动源的低频信号输入，保持信号源低频输出的幅度旋钮不变，改变振动频率（用主控台上的频率计监测），用示波器测量输出 V_{p-p}，填写表 5-4。

4）数据处理：在 Excel 中绘制频率-电压曲线，计算电压最大时对应的频率值。

表 5-4 实验结果记录表

f/Hz	5	6	7	8	9	10	11	12	13	14	15	18	20	22	24	26	30
V_{p-p}/V																	

五、用霍尔传感器测量转速

1）根据图 5-19，将霍尔传感器安装于传感器支架上，使霍尔组件正对转盘上的磁钢。

2）将 5V 电源接到转动源上“霍尔”输出的电源端，将“霍尔”输出接到频率/转速表上（切换到测转速位置）。

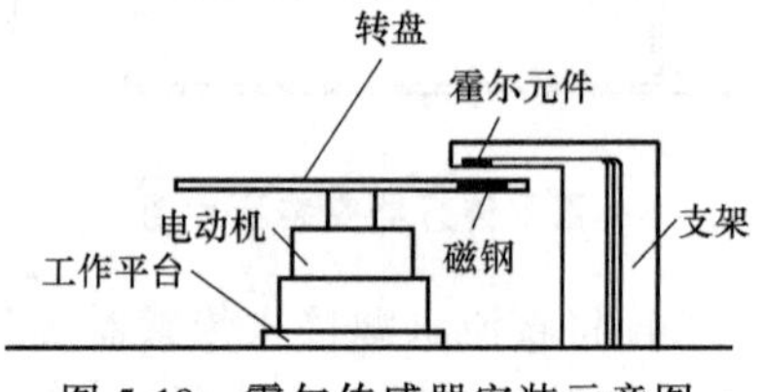

图 5-19 霍尔传感器安装示意图

3）打开主控台电源，选择 8V、10V、12V、16V、20V、24V 的电源驱动转动源，可以观察到转动源转速的变化，待转速稳定后记录相应驱动电压下得到的转速值。也可用示波器观测霍尔元件输出的脉冲波形，并将频率/转速表的读数记录在表 5-5 中。

4）数据处理：在 Excel 中绘制电压-转速曲线，拟合公式并求取曲线的线性度。

表 5-5 实验结果记录表

电压/V	8	10	12	16	18	24
转速 n/(r/min)						

第四部分 复习与思考

一、复习总结

霍尔传感器是一种利用__________效应工作的传感元件，__________效应产生的电动势与通过的控制电流以及垂直于霍尔元件的__________有关。利用霍尔传感器可以测量最终能够转换成__________、__________的物理量。由于霍尔元件的材料属于半导体，所以把测量电路集成在一块芯片上即可构成霍尔集成电路。常见的霍尔集成电路有__________型和__________型。在实际应用中，常利用霍尔集成电路测量位移、磁感应强度、转速以及电流、电压。

二、测试题

1. 填空题

(1) 霍尔传感器是利用__________效应来进行测量的。通过该效应可测量__________的变化、__________的变化和__________的变化。

(2) 霍尔传感器由__________材料制成，__________和__________不能用作霍尔传感器。

(3) 常见的霍尔集成电路有__________型和__________型。

(4) 当一块半导体薄片置于________中有________流过时，电子将受到________的作用而发生偏转，在半导体薄片的另外两端将产生霍尔电动势。

2. 选择题

(1) 常用（　　）制作霍尔传感器的敏感材料。

A. 金属　　B. 半导体　　C. 塑料

(2) 霍尔集成电路有（　　）和（　　）两种类型。

A. 线性型霍尔集成电路　　B. 霍尔速度集成电路

C. 霍尔电位集成电路　　D. 开关型霍尔集成电路

(3) 下列物理量中可以用霍尔传感器来测量的是（　　）。

A. 位移量　　B. 湿度　　C. 烟雾浓度

(4) 霍尔传感器基于（　　）。

A. 霍尔效应　　B. 热电效应　　C. 压电效应　　D. 电磁感应

(5) 霍尔电动势（　　）。

A. 与励磁电流成正比　　B. 与励磁电流成反比

C. 与磁感应强度成反比　　D. 与磁感应强度成正比

3. 简答题

(1) 什么是霍尔效应？霍尔电动势与哪些因素有关？

(2) 何谓霍尔集成电路？常见的霍尔集成电路有哪些？各用于哪些方面？

(3) 试述霍尔传感器主要有哪些应用。

(4) 为什么导体材料和绝缘体材料不宜制成霍尔传感器？

(5) 为什么霍尔传感器一般采用 N 型半导体材料？

(6) 如图 5-20 所示，简述液位控制系统的工作原理。

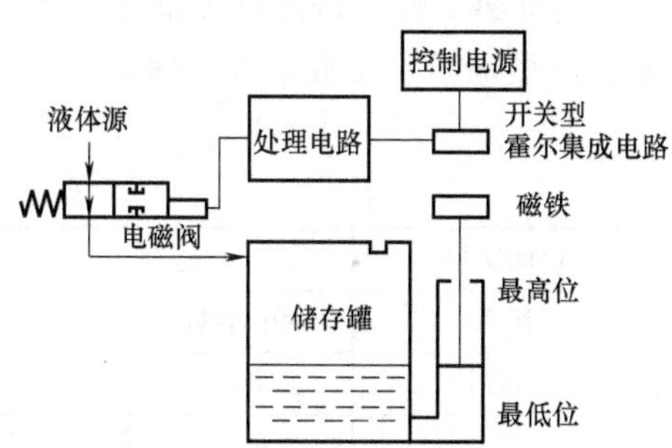

图 5-20　液位控制系统的工作原理

实训项目六

温度传感器

第一部分　教学要求

一、实训目的和要求

1）掌握温度传感器的应用场合和应用方法，了解其工作过程。

2）掌握温度传感器的工作原理，了解其结构及分类。

3）了解温度传感器测量电路的功能。

二、实训工具和器材

温度传感器 PT100（2只）、温度源、温度传感器实验模块（一）、K 型热电偶、铂热电阻 Pt100、铜热电阻 Cu50、E 型热电偶、温度传感器实验模块（二）、PN 结温度传感器、正温度系数热敏电阻、负温度系数热敏电阻、集成温度传感器 AD590、万用表。

三、实训内容和方式

实训内容		时间安排	实训方式
1	课前准备	课余	阅读教材
2	教师讲授	2 课时	重点讲授(温度传感器的工作原理及应用)
3	学生实操	2 课时	学生实操,教师指导(课堂上不能完成,可在课下完成)

四、实训成绩评定

技能训练成绩		教师签名	

第二部分　教学内容

在化工生产过程中，最核心的部分是通过化学反应完成原料到产物的转变。化学反应伴随着反应物料的混合、反应成分的传递和大量反应热的吸入与放出等物理过程。其中，最关键的是进行化学反应的设备——反应釜的温度控制。反应釜温度的稳定性直接关系到化工产品的质量、产出率、能耗以及催化剂的使用寿命。

反应釜的温控系统如图 6-1 所示，由温度传感器、调节阀、AI808 温度控制仪及反应釜等组成。温度控制仪 AI808-1 接收反应釜内温度传感器（铂电阻 1）的信号，驱动蒸汽调节阀，将蒸汽注入加热总管。加热层的温度响应速度快，能很快达到所设定的温度。但反应釜内温度的响应速度慢，故利用 AI808-2 接收加热层内的温度传感器（铂电阻 2）的温度信号作为前馈控制，提前做出反应，调节冷水阀门，将冷水注入总管，把加热用水控制在理想位置上。此系统中所采用的温度传感器是由铂电阻 1 和铂电阻 2 构成的热电偶。

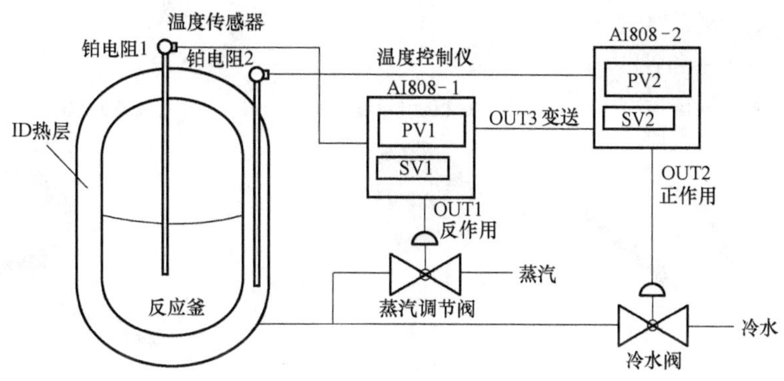

图 6-1　反应釜的温控系统

PV—显示值　SV—设定值

一、温度传感器的组成

温度传感器是利用热电效应将温度的变化转换为热电动势或电阻的变化的一种传感器，通过测量热电动势或电阻的变化大小即可知温度的变化。温度传感器的组成如图 6-2 所示。按照转换原理的不同，温度传感器可分为热电偶温度传感器、热电阻温度传感器和热敏电阻温度传感器三类。

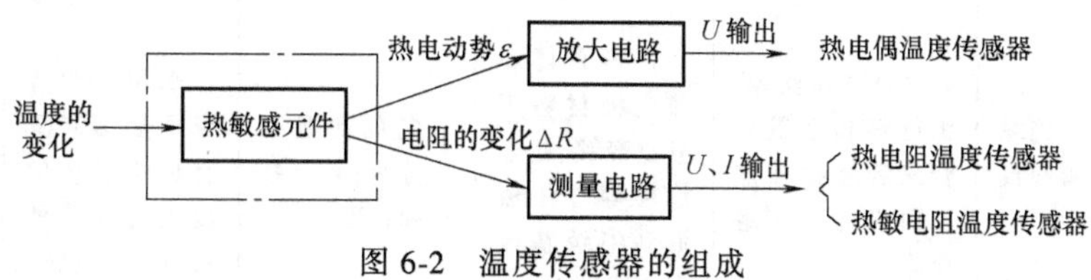

图 6-2　温度传感器的组成

下面通过铂电阻温度传感器来了解温度传感器的组成，如图 6-3 所示。在这里，铂电阻属热电偶温度传感器，它既是敏感元件又是转换元件。它能检测到温度的变化并将其转换为热电动势，通过接线盒内的电路对热电动势进行放大。

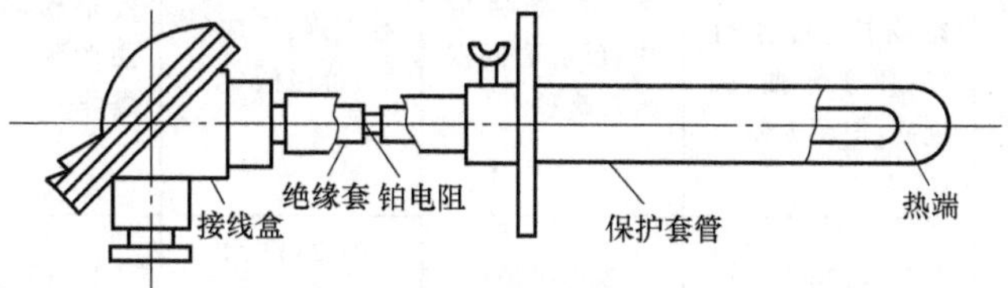

图 6-3　铂电阻传感器的组成

二、热电偶

1. 热电偶的结构

各种热电偶的结构如图 6-4 所示。

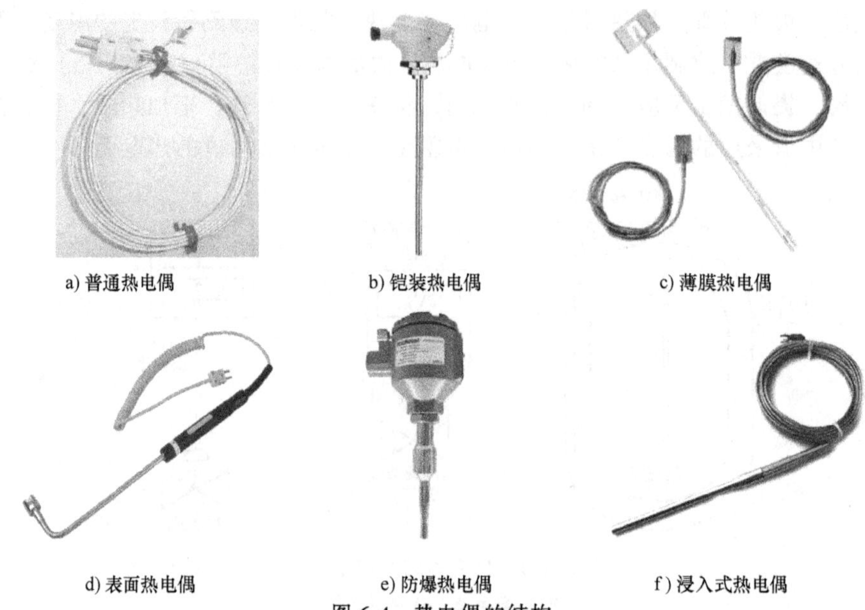

a) 普通热电偶　b) 铠装热电偶　c) 薄膜热电偶

d) 表面热电偶　e) 防爆热电偶　f) 浸入式热电偶

图 6-4　热电偶的结构

热电偶按照用途、安装位置和方式、材料等的不同分为普通热电偶、铠装热电偶、薄膜热电偶、表面热电偶、防爆热电偶以及浸入式热电偶等不同类型，但其基本组成大致相同，各种热电偶性能的比较见表 6-1。

表 6-1　各种热电偶性能的比较

类型	普通热电偶	铠装热电偶	薄膜热电偶	表面热电偶	防爆热电偶	浸入式热电偶
结构	由热电极、绝缘套管、保护管和接线盒组成	由热电偶丝、绝缘材料和金属套管三者经拉伸加工而成的坚实组合体	由两种薄膜热电极材料用真空蒸镀、化学涂层等方法蒸镀到绝缘基板上制成	它的测温结构分为凸形、弓形和针形	采用间隙隔爆原理，设计具有足够强度的接线盒等部件从而进行隔爆	热电极装在外径为 U 形的石英管内，其外部有绝缘良好的纸管、保护管及高温绝热水泥加以保护和固定
性能特点	装配简单，更换方便；压簧式感温元件，抗振性能好；测量范围大；机械强度高，耐压性能好	小型化（直径从 12～0.25mm）；动态响应快；柔性好；便于弯曲；强度高；使用方便	测量端小又薄；动态响应快；反应时间仅为几毫秒	携带方便；读数直观；反应较快；价格低	接线盒的特殊结构能避免生产现场引起爆炸	反应时间一般为 4～6s。在测出温度后，热电偶和石英保护管都被烧坏，因此它只能一次性使用
测量范围	0～1300℃	0～1300℃	-200～500℃	0～250℃和0～600℃两种	0～1300℃	-50～500℃

2. 热电偶的工作原理

将两种不同材料的导体 A 和 B 串联成一个闭合回路。当两个接点的温度不同时，回路中就会产生热电动势，形成电流，此现象称为热电效应，如图 6-5 所示。

在实际应用中，经常将热电偶两个电极的一端焊接在一起作为检测端（也称作工作端或热端）；将另一端开路，用导线与仪表连接，这一端被称为自由端（也称作参考端或冷端）。热电偶的实际应用如图 6-6 所示。

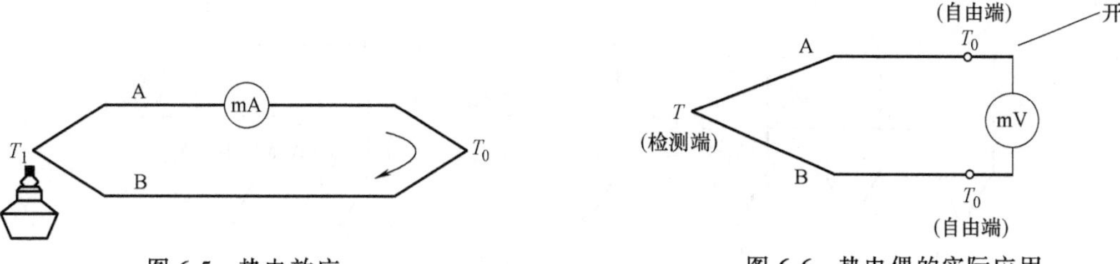

图 6-5　热电效应　　　　图 6-6　热电偶的实际应用

温度的变化所产生的热电动势可以表示为

$$E_T = E_{AE}(T) - E_{AE}(T_0) \tag{6-1}$$

式中　E_T——热电偶的热电动势；

$E_{AE}(T)$——温度为 T 时工作端的热电动势；

$E_{AE}(T_0)$——温度为 T_0 时自由端的热电动势。

3. 热电偶的测量电路

由于热电偶产生的信号较小（毫伏级），一般需要对信号进行放大，因此热电偶的测温电路要有放大环节。

（1）利用热电偶测量某一点的温度

利用热电偶测量某一点的温度时，热电偶和测量仪表构成的基本测量电路如图 6-7a 所示。测量仪表一般用动圈仪表，这种电路常用于精度要求不高的场合，其结构简单，价格低。

为了提高测量精度，也可将 n 只型号相同的热电偶依次串联，如图 6-7b 所示，这时线路中总的热电动势为

$$E_T = E_1 + E_2 + \cdots + E_n = nE \tag{6-2}$$

这种串联方式的缺点是，只要有一只热电偶断路，整个电路就不能工作；个别热电偶短路，将会使显示值明显偏低。

也可采用若干只热电偶并联，测出若干个点温度的算术平均值，如图 6-7c 所示。如果 n 只热电偶的电阻值相等，则并联电路的总热电动势为

$$E_T = \frac{E_1 + E_2 + \cdots + E_n}{n} \tag{6-3}$$

与串联电路相比，并联电路的热电动势小，即使部分热电偶发生断路也不会中断整个并联电路的工作；但其缺点是当某只热电偶断路时，不能很快被发现。

（2）利用热电偶测量两点之间的温度差

图 6-7d 所示为测两点之间温差的测量电路。将两只同型号的热电偶配以相同的补偿导

线反向串联在一起，使热电动势相减，即可测出 T_1、T_2 的温度差。

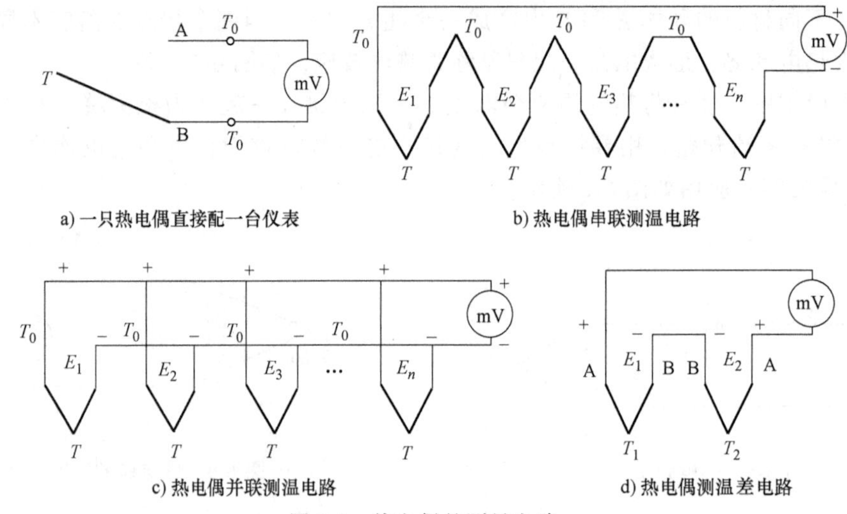

a) 一只热电偶直接配一台仪表　　b) 热电偶串联测温电路

c) 热电偶并联测温电路　　d) 热电偶测温差电路

图 6-7　热电偶的测量电路

4. 热电偶的应用

生产中经常采用热电偶测量温度比较高的加热炉、重油燃烧炉内的温度。由热电偶构成的炉温自控系统如图 6-8 所示。其中，图 6-8a 所示为高温加热炉，图 6-8b 所示为控制柜，图 6-8c 所示为系统框图。

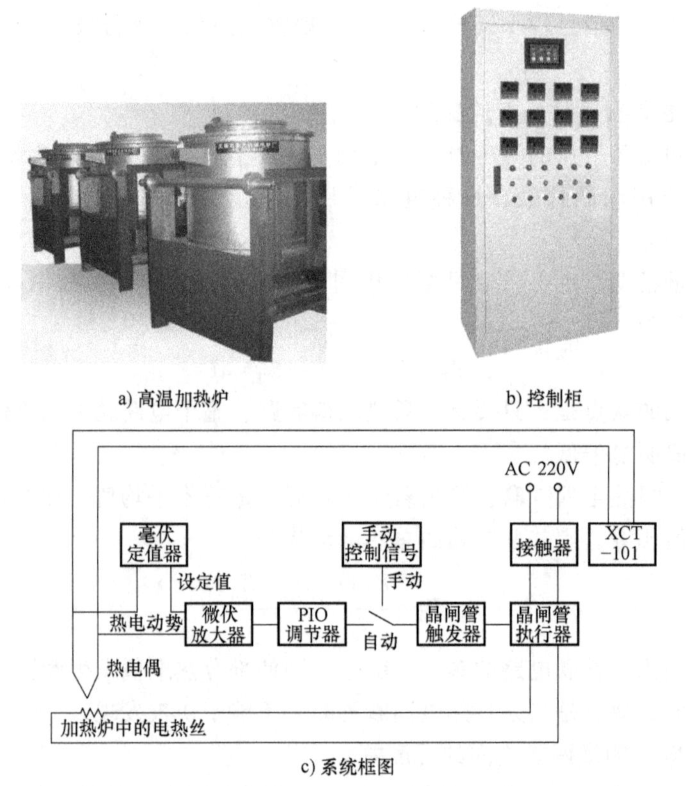

a) 高温加热炉　　b) 控制柜

c) 系统框图

图 6-8　炉温自控系统

工作中，由毫伏定值器设定毫伏值（即设定温度），若热电偶测量的热电动势与定值器的设定值存有偏差，则说明炉温偏离设定值。此偏差信号经放大器放大后送入 PIO 调节器，再经过晶闸管触发器去触发晶闸管执行器，调整炉体内电阻丝的加热功率，消除偏差，达到控温的目的。

三、热电阻

热电阻是基于金属导体的电阻值随温度的升高而增大的特性来测量温度的，主要特点是测量精度高、性能稳定，在工业生产中主要测量-100~500℃的温度。

1. 热电阻的结构

热电阻的结构比较简单，一般将细金属丝均匀地缠绕在绝缘材料制成的骨架上或通过激光溅射工艺在基片上形成，经过固定，外面再加上保护套管便构成了热电阻，图 6-9 所示为各种热电阻的外形结构及电气符号。其中，图 6-9a 所示为各种热电阻的实物图，图 6-9b 所示为热电阻的电气符号。

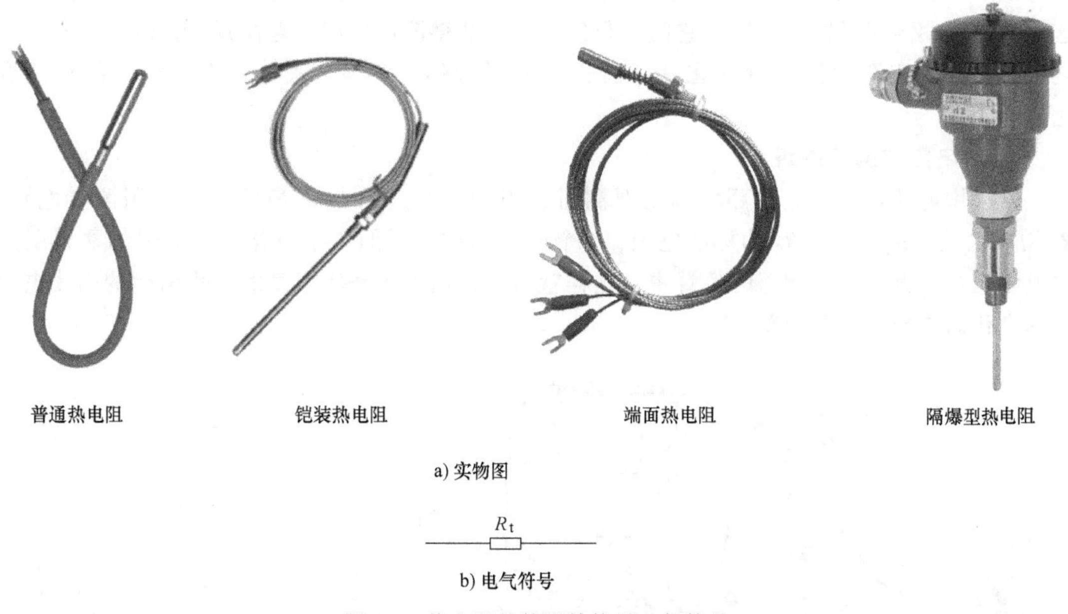

图 6-9　热电阻的外形结构及电气符号

常用的热电阻有普通热电阻、铠装热电阻、端面热电阻和隔爆型热电阻等。这些热电阻都有自身的特点，适用于不同的应用场合，应用最多的是普通热电阻，主要有铂（Pt）热电阻、铜（Cu）热电阻以及镍（Ni）热电阻等。铂热电阻的使用率最高，测量精确度也最高，不仅广泛应用于工业测温领域，而且还被制成标准的基准仪。表 6-2 所列为各种热电阻性能的比较。

2. 热电阻的工作原理

热电阻是利用金属导体电阻的阻值随温度变化的特性来测量温度的。当金属导体的温度上升时，导体内部自由电子的热运动加剧，使得自由电子通过导体的阻力增加，导体的电阻值随之增大。

表 6-2　各种热电阻性能比较

类型	普通热电阻	铠装热电阻	端面热电阻	隔爆型热电阻
结构组成	感温元件、固定装置和接线盒	感温元件（电阻体）、引线、绝缘材料、不锈钢套管	感温元件由经特殊处理的电阻丝材料绕制，紧贴在温度计端面上	与铠装热电阻的结构基本相同，两者的区别是隔爆型热电阻的接线盒用高强度的铝合金压铸而成，并具有足够的内部空间、壁厚和机械强度
性能特点	测量精度高、范围广，运行稳定可靠	形状细长，易弯曲，抗振性好，热响应时间短	能更正确、快速地反映被测端面的实际温度	接线盒的特殊结构能避免生产现场引起爆炸
使用场合	工业生产中使用范围最广的一类热电阻	直径比铠装热电阻小，适宜安装在无法安装装配式热电阻的场合	适用于测量轴瓦和其他机件的端面温度	适合在一些易燃、易爆的环境中使用，如化工、化纤行业等

按图 6-10 所示连接电路，用酒精灯加热金属丝，金属丝被加热后可观察到指示灯变暗。这种现象说明金属丝被加热后，它的电阻值增大，使得流过灯泡的电流减小，灯泡变暗。热电阻正是利用电阻值随温度变化这一特性来测量液体、气体、固体、固熔体等的温度变化的。

3. 热电阻的测量电路

常采用电桥电路来克服环境温度对测量精度的影响。图 6-11 所示为热电阻测量电路：R_t 为热电阻，R_1、R_2、R_3 为标准电阻，4 个电阻构成电桥的 4 个桥臂。热电阻的两根引线的电阻值被分配在两个相邻的桥臂中，这样就可以抵消由于环境温度的变化引起的引线电阻值的变化而造成的测量误差。

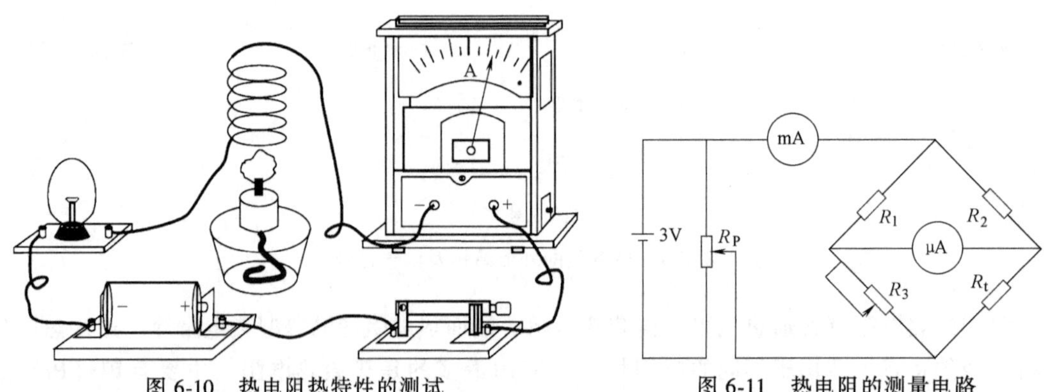

图 6-10　热电阻热特性的测试

图 6-11　热电阻的测量电路

4. 热电阻的应用

热电阻流量计如图 6-12 所示。其中，图 6-12a 所示为外形图，图 6-12b 所示为原理图。R_{t1} 放在管道中央，它的散热情况受介质流速的影响；R_{t2} 放在小室内，小室内的温度与流体相同，但不受介质流速的影响。当介质处于静止状态时，电桥处于平衡状态，流量计没有读数。当介质流动时，由于介质流动带走热量引起 R_{t1} 温度的变化，从而引起 R_{t1} 阻值的变化，电桥失去平衡而有输出，电流计的读数直接反映了介质流量的大小。

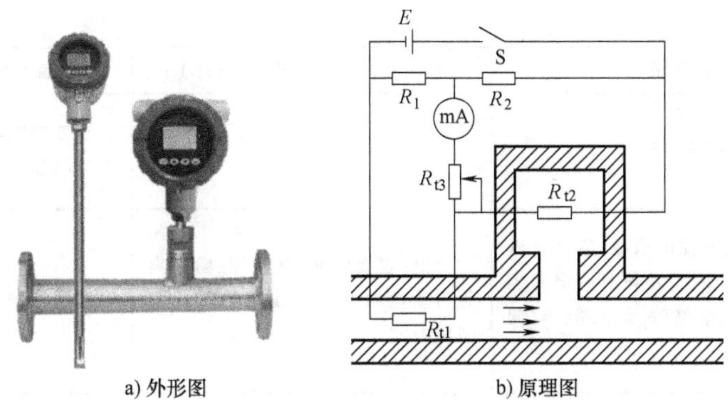

a) 外形图　　b) 原理图

图 6-12　热电阻流量计

四、热敏电阻

热敏电阻是利用半导体的电阻值随温度变化的特性而制成的一种传感器，能对温度和与温度有关的参数进行检测。

在众多的温度传感器中，热敏电阻的发展最为迅速，而且近年来其性能不断地得到改进，稳定性也大为提高，在许多场合（-40~350℃）下，热敏电阻已逐渐取代了传统的温度传感器。

1. 热敏电阻的结构

热敏电阻的外形结构及电气符号如图 6-13 所示。

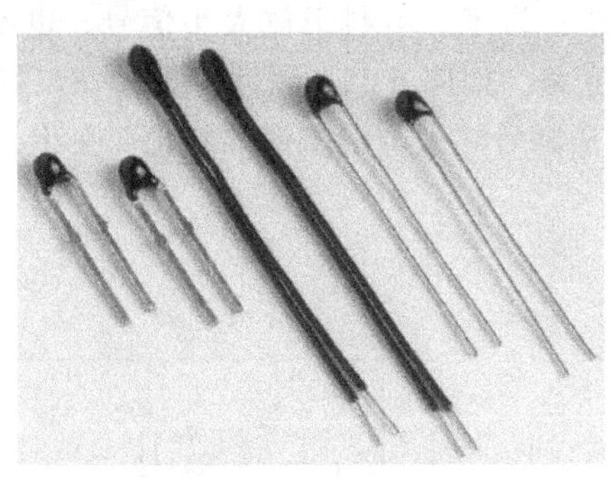

a) 实物图

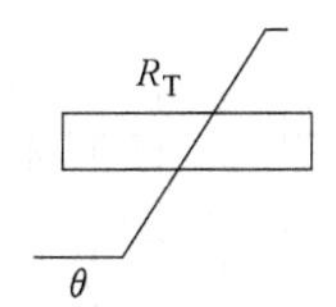

b) 电气符号

图 6-13　热敏电阻的外形结构及电气符号

热敏电阻的种类很多，分类方法也不相同。按照热敏电阻的阻值与温度关系这一重要特性，可把热敏电阻分为正温度系数热敏电阻（PTC）、负温度系数热敏电阻（NTC）以及临界温度系数热敏电阻（CTR）三种类型。表 6-3 为各种热敏电阻性能的比较。

表 6-3　各种热敏电阻性能的比较

分类	正温度系数热敏电阻(PTC)	负温度系数热敏电阻(NTC)	临界温度系数热敏电阻(CTR)
材料	以 $BaTiO_3$、$SrTiO_3$ 或 $PbTiO_3$ 为主要成分的烧结体	以锰、钴、镍和铜等金属氧化物为主要成分的烧结体	钒、钡、锶、磷等元素氧化物的混合烧结体
特性	电阻值随温度的升高而增大	电阻值随温度的升高而减小	电阻值在某特定温度范围内随温度的升高而减小 3~4 个数量级，即具有很大的负温度系数

（续）

分类	正温度系数热敏电阻(PTC)	负温度系数热敏电阻(NTC)	临界温度系数热敏电阻(CTR)
测量范围	-50~150℃	-50~350℃	骤变温度随添加锗、钨、钼等的氧化物而改变
使用场合	作为彩色电视机消磁、各种电器设备的过热保护，发热源的定温控制，暖风器、电烙铁、烘衣柜、空调的加热元件	点温、表面温度、温差、温场等测量自动控制及电子线路的热补偿线路	控温报警

2. 热敏电阻的工作原理

热敏电阻通常采用陶瓷或聚合物半导体材料制成。制造材料不同，热敏电阻表现出的温度特性也不同。热敏电阻的温度特性曲线如图 6-14 所示。由图可见，正温度系数热敏电阻（PTC）的电阻值在超过一定的温度（居里温度）时随着温度的升高而呈阶跃性增高；负温度系数热敏电阻（NTC）的电阻值随着温度的升高而呈阶跃性减小；临界温度系数热敏电阻（CTR）的电阻值在超过某一温度后随温度的增加而急剧减小，具有很大的负温度系数。

3. 热敏电阻的测量电路

热敏电阻所测得的是电阻量，需要转化为电压信号才能被控制器处理。最基本的电阻—电压转换电路是将热敏电阻与另一个固定电阻串联测出热敏电阻两端的电压，但这种方法的缺点是当温度为下限量程时，输出电压并不为零，不利于放大小信号，也不利于提高 A-D 转换的精度。因此，通常采用桥式测量电路，如图 6-15 所示。其中，R_1、R_2 为固定电阻，R_T 为热敏电阻，R_s 为负载电阻，输出电压随着热敏电阻阻值的变化而变化。

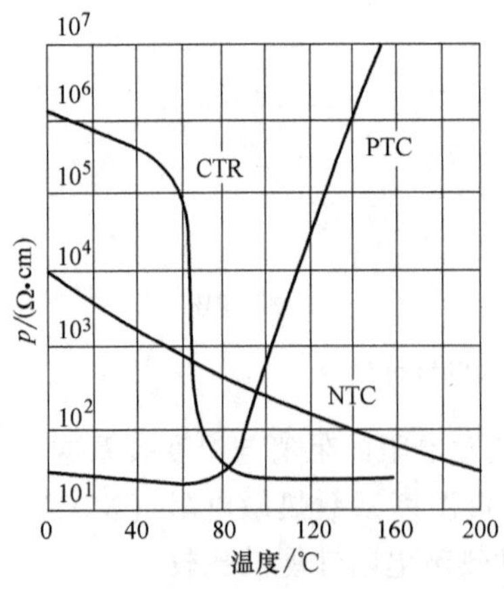

图 6-14　热敏电阻的温度特性曲线

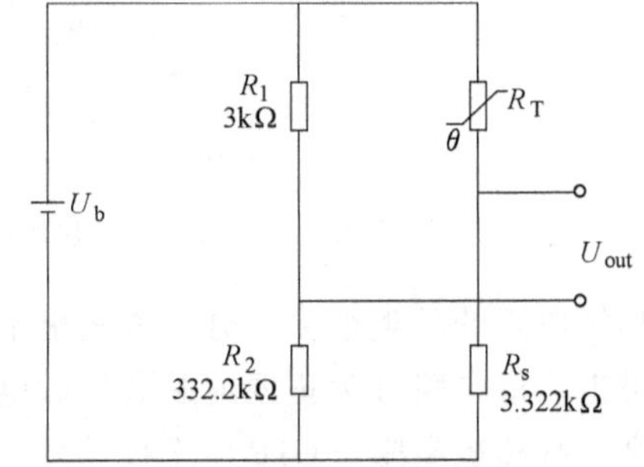

图 6-15　热敏电阻测量电路

在桥路中由于 R_1 很大，使得输出量 U_{OUT} 的变化很小，当 R_T 在 0~100℃ 范围内变化时，输出量 U_{OUT} 仅有十几毫伏，因此在输出端一般还需要接电压放大电路。

4. 热敏电阻的应用

（1）水开告知器

图 6-16 所示为水开告知器的工作原理图。温度传感器 R_T 为负温度系数热敏电阻，安装

在水开告知器的水壶盖上。该水开告知器由 3 只晶体管（VT_1、VT_2、VT_3）组成，R_T 相当于 VT_1 的偏置电阻。VT_2、VT_3、R_2 和 C 组成音频振荡器，音频信号由扬声器输出。VT_1、R_1、R_P 及 R_T 组成开关电路，作为控制音频振荡器的开关。

当温度较低时，R_T 的阻值较高，VT_1 处于截止状态；随着温度的升高，R_T 的阻值降低；当温度升高到一定程度时，VT_1 的基极因电压升高而导通，音频振荡器通电工作，扬声器发声报警。

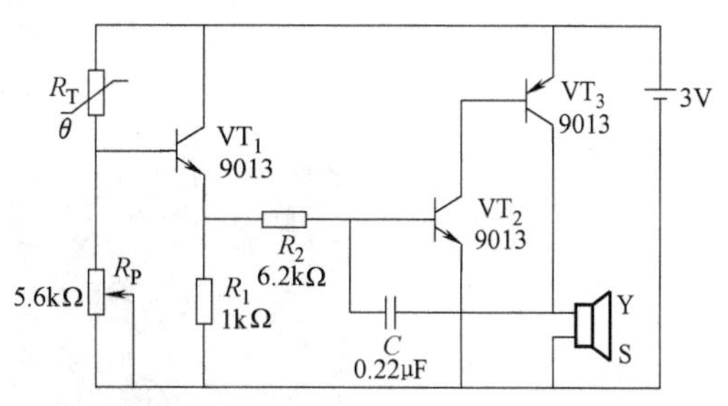

图 6-16 水开告知器的工作原理图

（2）电子体温计

图 6-17 所示为医用电子体温计。其中，图 6-17a 所示为医务人员正在给患者测体温，图 6-17b 所示为体温计的外形结构，图 6-17c 所示为其工作原理图。在图 6-17c 中，负温度系数热敏电阻 R_T 和 R_1、R_2、R_3 及 R_{P1} 组成一个测温电桥。在温度为 20℃时，选择 R_1 和 R_3 并调节 R_{P1} 使电桥平衡。当温度升高时，热敏电阻的阻值变小，电桥处于不平衡状态，电桥输出不平衡电压，由运算放大器放大后的不平衡电压信号引起接在运算放大器反馈电路中的微安表产生相应的偏转，从而起到测温的作用。

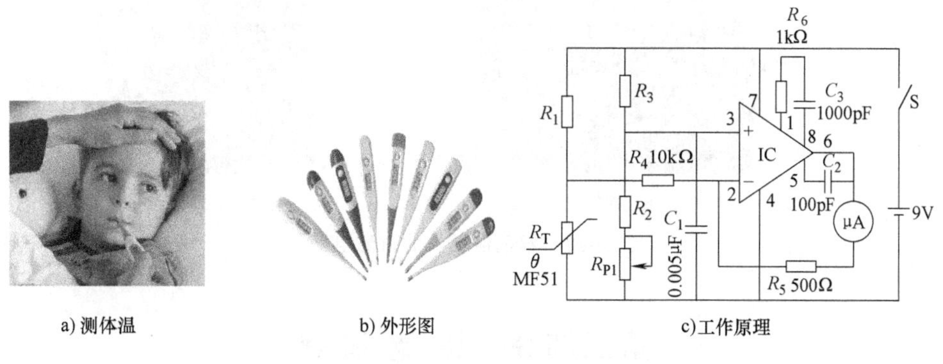

a) 测体温　　b) 外形图　　c) 工作原理

图 6-17 医用电子体温计

（3）彩色电视机消磁

彩色电视机中显示器的磁化现象是显示器故障中比较常见的，如显示器有一些区域出现色斑、局部图像发暗或者颜色变浅等。要消除这类故障，可在消磁电路中串联一个热敏电阻，如图 6-18 所示。其中，图 6-18a 所示为自动消磁电路，图 6-18b 所示为消磁线圈，图 6-18c 所示为热敏电阻，图 6-18d 所示为消磁线圈在显像管上的安装位置，即安装在彩色显像管防爆带的周围，图 6-18e 所示为热敏电阻的安装位置。

当彩色电视机开机通电后，消磁线圈通电工作，消磁线圈的工作电流较大，使得热敏电阻的温度升高，阻值急剧增加，致使流过消磁线圈的电流急剧减小，磁场则由强变弱，从而自动将彩色显像管阴罩、防爆带等铁制件上的剩磁消掉，保证了彩色显像管的色纯度。消磁线圈在工作时会根据工作温度自动调整电流值，以确保使用安全。

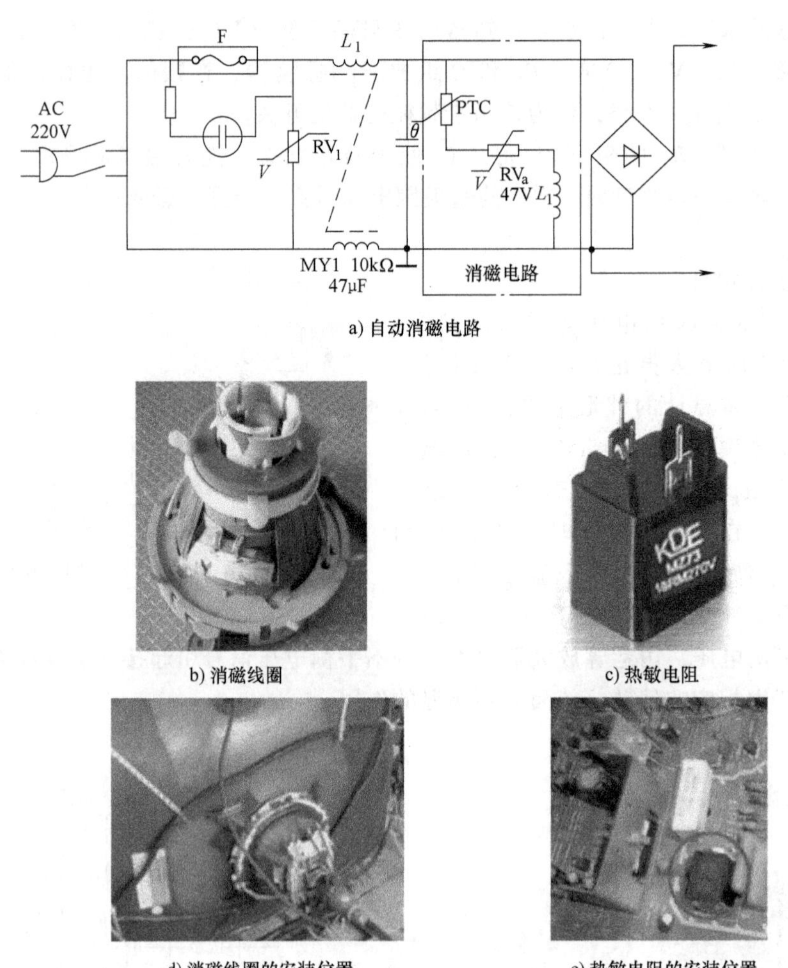

a) 自动消磁电路

b) 消磁线圈　　c) 热敏电阻

d) 消磁线圈的安装位置　　e) 热敏电阻的安装位置

图 6-18　彩色电视机的消磁电路

第三部分　技能训练

一、铂热电阻温度特性测试

1）在主控台上的“智能调节仪”单元的“输入选择”中选择“Pt100”，并按图 6-19 所示接线，将温度传感器 PT100 接入“PT100 输入”（同色的两根接线端接蓝色插座，另一根接黑色插座）端。

2）将“+24V”输出经智能调节仪“继电器输出”接加热器风扇电源，打开智能调节仪电源。

3）将智能调节仪的主控设定值设置成“050.0”（代表 50℃），仪表参数已设定好，不需要修改。

4）将温度控制在 50℃，在另一个温度传感器插孔中插入另一只铂热电阻温度传感器 PT100。

5）将±15V直流稳压电源接至温度传感器实验模块。温度传感器实验模块的输出 U_{o1} 接主控台直流电压表。

6）将温度传感器模块上差动放大器的输入端 U_i 短接，调节电位器 R_{P3} 使直流电压表显示为零。

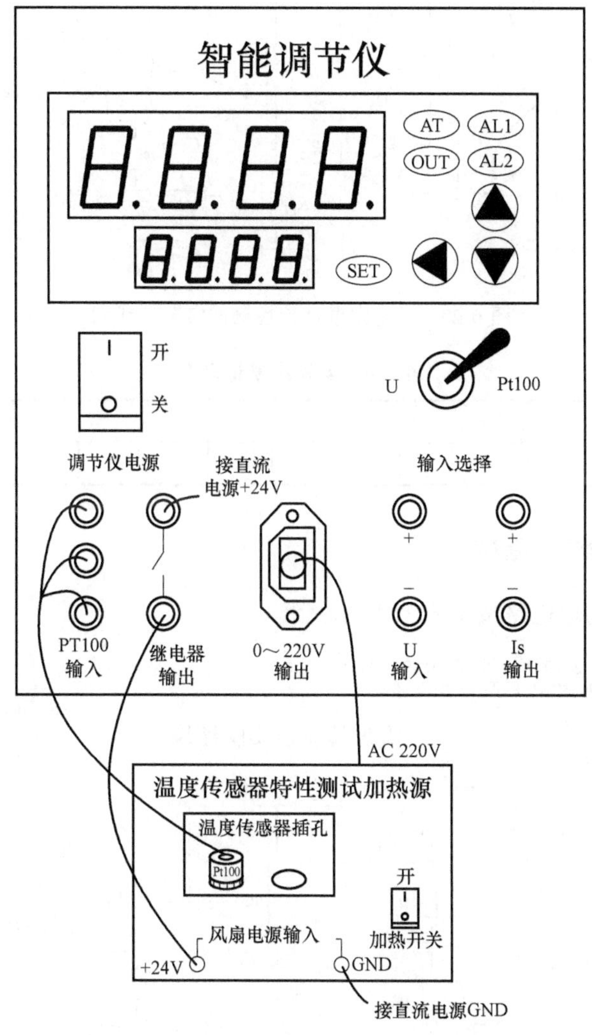

图 6-19　智能调节仪温度控制实验接线图

7）按图6-20所示接线，并将PT100的3根引线插入温度传感器实验模块中 R_T 的两端（其中颜色相同的两个接线端是短路的）。

8）去掉短路线，将 R_7 一端接到差动放大器的输入 U_i 端，调节平衡电位器 R_{P2}，使模块输出 U_{o1} 为0。

9）改变温度源的温度，每隔5℃记下 U_{o1} 的输出值（选择20V档），直到温度升至120℃，将实验结果填入表6-4中。

10）数据处理：在Excel中绘制温度-电压曲线，拟合公式并求取曲线的线性度。

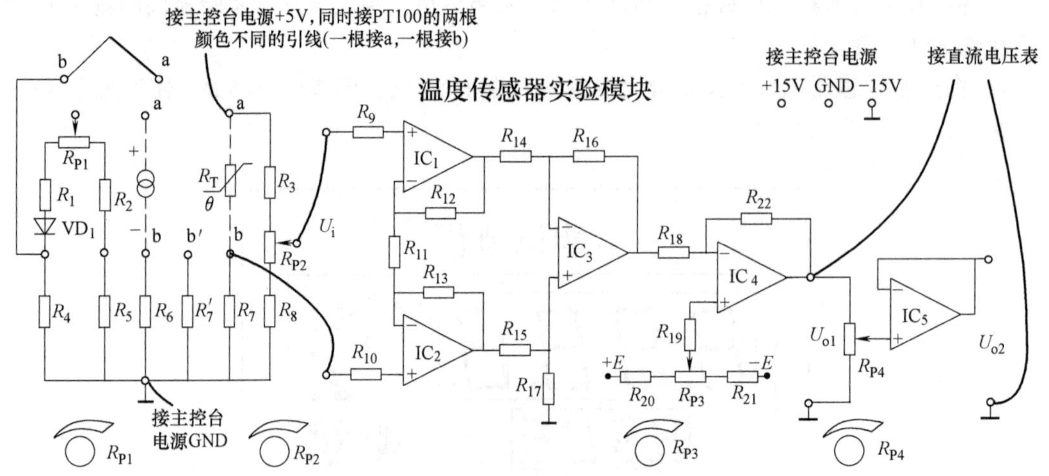

图 6-20　铂电阻温度特性测试实验接线图

表 6-4　实验结果记录表

T/℃															
U_{o1}/V															

二、铜热电阻温度特性测试

铜热电阻 Cu50 调理电路按图 6-21 所示接线。

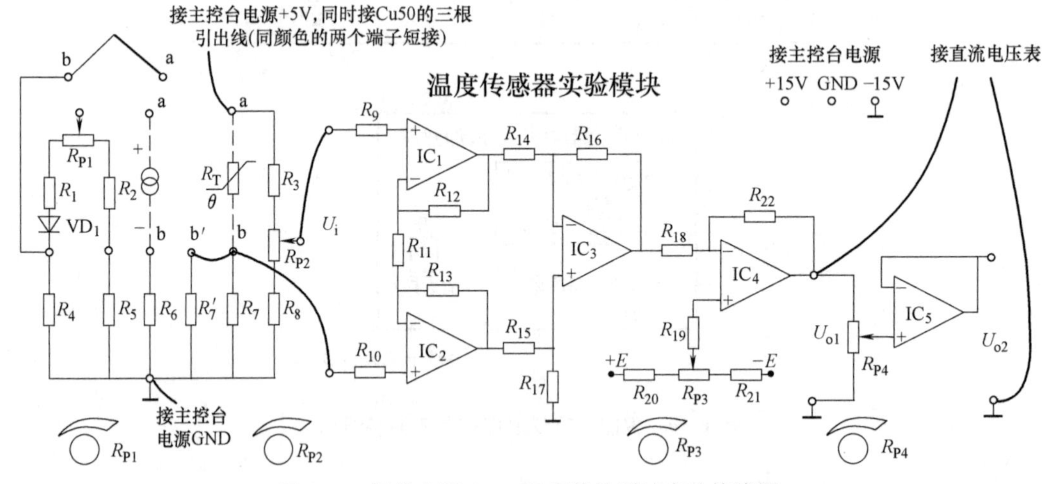

图 6-21　铜热电阻 Cu50 温度特性测试实验接线图

1）将温度源的温度设定在 50℃，在温度源另一个温度传感器插孔中插入 Cu50 温度传感器。

2）将±15V 直流稳压电源接至温度传感器实验模块。温度传感器实验模块的输出 U_{o1} 接主控台直流电压表。打开主控台及智能调节仪电源。

3）短接模块上差动放大器的输入端 U_i，调节电位器 R_{P3}，使直流电压表显示为零。

4）去掉短路线，按图 6-21 所示接线，并将 Cu50 传感器的三根引出线（同颜色的两个端子短接）插入温度传感器实验模块中的“R_T”两端，并将 R_7 和一个 100Ω 的电阻 R_7' 并联。

5）将+5V 直流电源接到电桥两端，电桥输出端接到差动放大器的输入 U_i 端，调节平衡电位器 R_{P2}，使输出 U_{o1} 为 0。

6）按实验温度控制智能调节仪参数，改变温度源的温度，每隔 5℃记下 U_{o1} 的输出值（选择 20V 档），直到温度升至 120℃，并将实验结果填入表 6-5 中。

7）数据处理：在 Excel 中绘制温度-电压曲线，拟合公式并求取曲线的线性度。

表 6-5　实验结果记录表

T/℃															
U_{o1}/V															

三、用 K 型热电偶测量温度

1）将温度控制在 50℃，在另一个温度传感器插孔中插入 K 型热电偶温度传感器。

2）将±15V 直流稳压电源接入温度传感器实验模块中，温度传感器实验模块的输出端 U_{o1} 接主控台直流电压表。

3）将温度传感器模块上差动放大器的输入端 U_i 短接，调节电位器 R_{P3}，使直流电压表显示为零。

4）去掉短路线，按图 6-22 所示接线，并将 K 型热电偶两根引线中的热端（红色）接 a、冷端（绿色）接 b，记下模块输出 U_{o1} 的电压值。

5）改变温度源的温度，每隔 5℃记下 U_{o1} 的输出值（选择 2V 档），直到温度升至 120℃，并将实验结果填入表 6-6 中。

6）数据处理：在 Excel 中绘制温度-电压曲线，拟合公式并求取曲线的线性度。

表 6-6　实验结果记录表

T/℃															
U_{o1}/V															

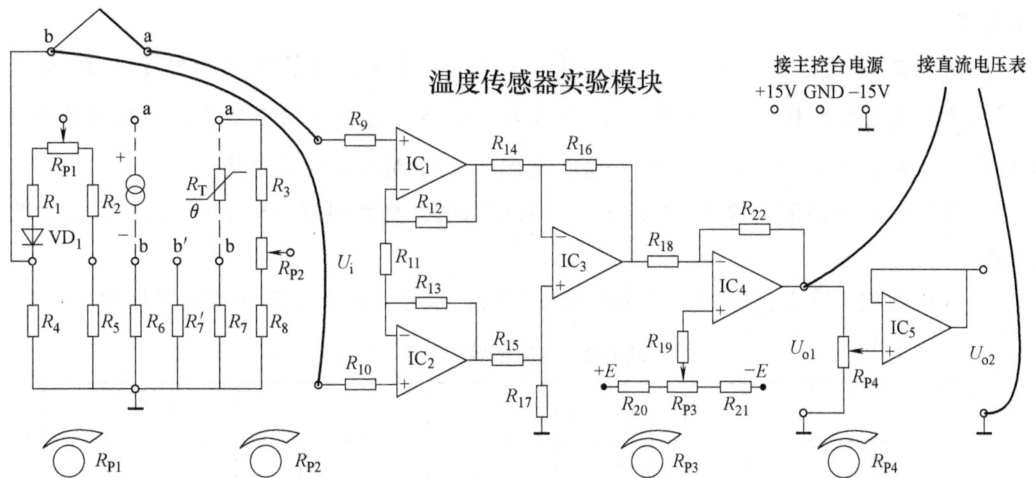

图 6-22　K 型热电偶测温实验接线图

四、用 E 型热电偶测量温度

1）将温度控制在 50℃，在另一个温度传感器插孔中插入 E 型热电偶温度传感器。

2）将±15V 直流稳压电源接入温度传感器实验模块中，温度传感器实验模块的输出端 U_{o1} 接主控台直流电压表。

3）将温度传感器模块上差动放大器的输入端 U_i 短接，调节电位器 R_{P3}，使直流电压表显示为零。

4）去掉短路线，按图 6-22 所示接线，并将 E 型热电偶两根引线中的热端（红色）接 a、冷端（绿色）接 b，记下模块输出 U_{o1} 的电压值。

5）改变温度源温度，每隔 5℃记下 U_{o1} 输出值（选择 2V 档），直到温度升至 120℃，将实验结果填入表 6-7 中。

6）数据处理同上。

表 6-7　实验结果记录表

T/℃														
U_{o1}/V														

五、热电偶冷端温度补偿

1）选择智能调节仪的“输入选择”为“Pt100”，将温度传感器 PT100 接入“PT100 输入”（同色的两根接线端接蓝色，另一根接黑色插座），打开主控台总电源，记下此时的实验室温度 T_2。

2）重复铂热电阻温度特性测试实验，将温度控制在 50℃，在另一个温度传感器插孔中插入 K 型热电偶温度传感器。

3）将±15V 直流稳压电源接入温度传感器实验模块中，温度传感器实验模块的输出端 U_{o1} 接主控台直流电压表。

4）将温度传感器模块上差动放大器的输入端 U_i 短接，调节电位器 R_{P3}，使直流电压表显示为零。

5）去掉短路线，按图 6-23 所示接线，并将 K 型热电偶的两个引线分别接入模块 b a 两端（红色接 a，绿色接 b）；调节 R_{P1} 使温度传感器输出端 U_{o1} 的电压值为 AE_2（A 为差动放大器的放大倍数，E_2 为 K 型热电偶 50℃时对应的输出电势）。

6）改变温度源温度，每隔 5℃记下 U_{o1} 的输出值，直到温度升至 120℃，并将实验结果填入表 6-8 中。

7）数据处理：在 Excel 中绘制温度-电压曲线，拟合公式并求取曲线的线性度。

表 6-8　实验结果记录表

T/℃															
U_{o1}/V															

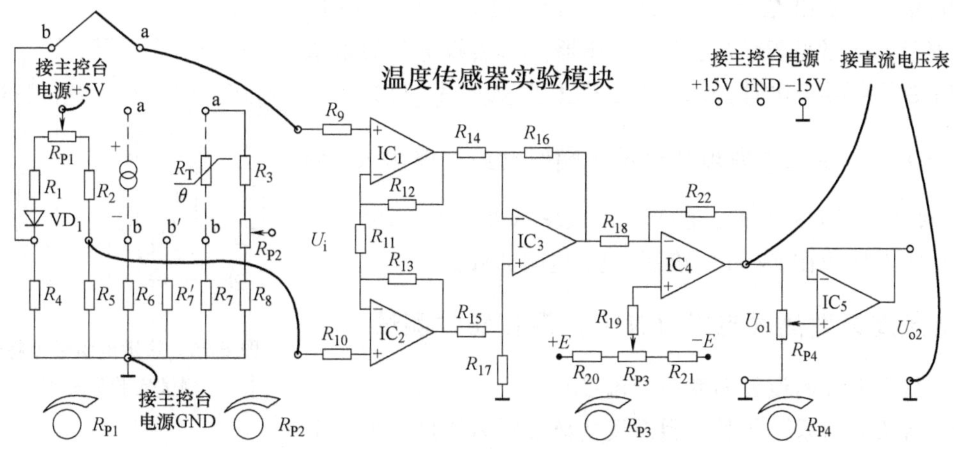

图 6-23　热电偶冷端温度补偿实验接线图

六、PN 结温度特性测试

1）参照图 6-19 接线，将 PN 结温度传感器插入温度源，并按图 6-24 所示接入温度传感器实验模块（二）的 a、b 端口。

2）从主控台接 +15V 直流稳压电源至温度传感器实验模块（二），温度传感器实验模块（二）的输出端 U_o 接主控台直流电压表，电压表选择 20V 档。

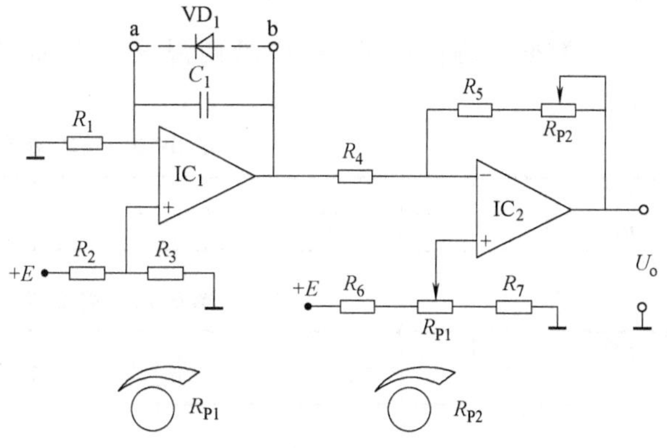
图 6-24　PN 结温度特性测试实验原理图

3）打开主控台电源，改变智能调节仪的设定值，每隔 5℃ 记下 U_o 的输出值，直到温度升至 120℃，并将实验结果填入表 6-9 中。

4）数据处理：在 Excel 中绘制温度-电压曲线，拟合公式并求取曲线的线性度。

表 6-9　实验结果记录表

T/℃														
U_o/V														

七、正温度系数热敏电阻（PTC）温度特性测试

1）从室温开始设置温度源的温度值。

2）将正温度系数热敏电阻温度传感器插入温度源另一个插孔，用万用表欧姆档测量。通过改变智能调节仪的设定值来改变温度源的温度，记下正温度系数热敏电阻阻值 R，直到温度升至 120℃，并将实验结果填入表 6-10 中。

3）“R_T”两端分别和 555 电路（图 6-25）中的 4 和 6 短接（红色接红色，绿色接绿色），给无稳态多谐振荡电路供电。在热敏电阻特性测试电路中，用 555 时基集成电路构成

温控电路，其输出信号由发光二极管 LED_1（红）、LED_2（绿）显示，热敏电阻、R_{P3} 组成分压器。当热敏电阻的阻值 R_T 随温度变化而变化时，6 脚的电势 U 随之发生变化，$U=\frac{R_{P3}}{R_T+R_{P3}}\times 9V$。电路工作原理是通过 6 脚的电势 U 来触发 555 的输出状态。当 $U>6V$ 时，LED_2 亮；$U<3V$ 时，LED_1 亮。

4）数据处理在 Excel 中绘制温度-电阻曲线。

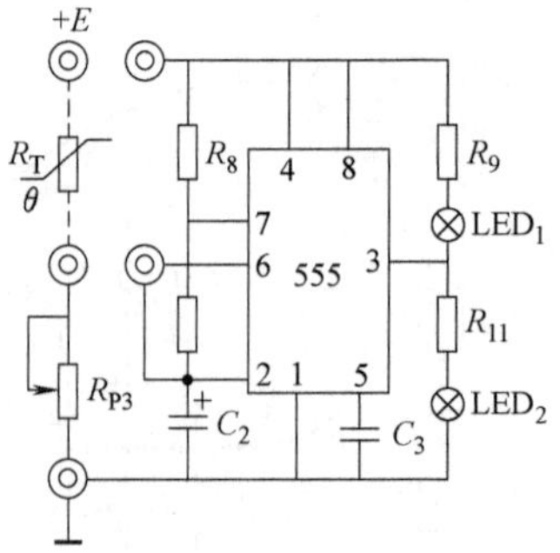

图 6-25　热敏电阻温度特性测试实验原理图

八、负温度系数热敏电阻（NTC）温度特性测试

1）从室温开始设置温度源的温度值。

2）将负温度系数热敏电阻温度传感器插入温度源另一个插孔，用万用表欧姆档测量。通过改变调节仪的设定值来改变温度源的温度，记下负温度系数热敏电阻阻值 R，直到温度升至 120℃，并将实验结果填入表 6-11 中。

3）数据处理：在 Excel 中绘制温度-电阻曲线，分析负温度系数热敏电阻的非线性特性。

表 6-10　实验结果记录表

T/℃															
R/Ω															

表 6-11　实验结果记录表

T/℃															
R/Ω															

九、集成温度传感器温度特性测试

1）重复温度控制实验，在另一个温度传感器插孔中插入集成温度传感器 AD590。

2）将±15V 直流稳压电源接至温度传感器实验模块，温度传感器实验模块的输出端 U_{o1} 接主控台直流电压表。

3）将温度传感器模块上差动放大器的输入端 U_i 短接，调节电位器 R_{P3}，使直流电压表显示为零。

4）去掉短路线，按图 6-26 所示接线，并将 AD590 两端的引线按插头颜色（一端红色、一端蓝色）插入温度传感器实验模块中（红色对应 a、蓝色对应 b）。

5）将 R_6 两端接到差动放大器的输入端 U_i，将温度控制在 50℃，记下模块输出 U_{o1} 的电压值。

6）改变温度源的温度，每隔 5℃ 记下 U_{o1} 的输出值（选择 20V 档），直到温度升至 120℃，并将实验结果填入表 6-12 中。

7）数据处理：在 Excel 中绘制温度-电压曲线，拟合公式并求取曲线的线性度。

表 6-12　实验结果记录表

T/℃															
U_{o1}/V															

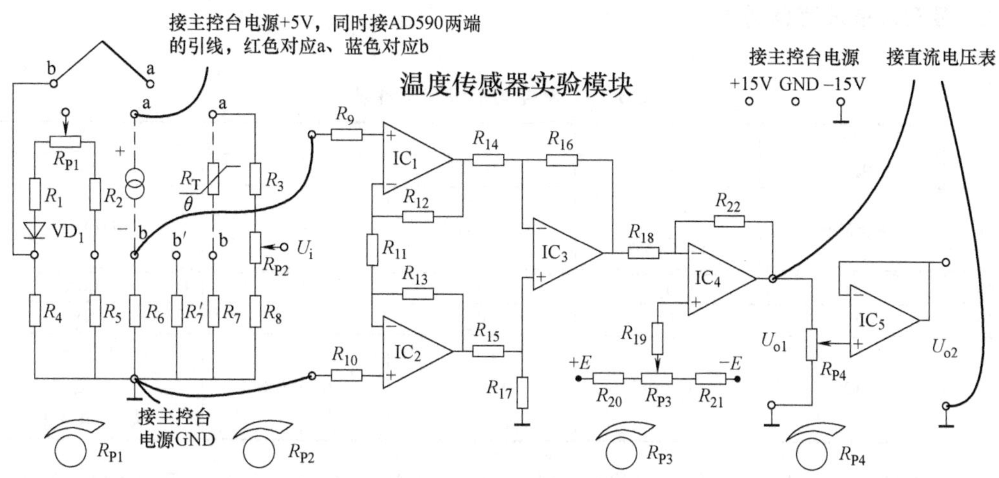

图 6-26　集成温度传感器的温度特性实验接线图

十、用智能调节仪控制温度

1）在主控台上的“智能调节仪”单元的“输入选择”中选择“Pt100”，并按图 6-19 所示接线，将温度传感器 PT100 接入“PT100 输入”（同色的两根接线端接蓝色插座，另一根接黑色插座）。

2）将“+24V”输出端经智能调节仪“继电器输出”接加热器风扇电源，打开智能调节仪电源。

3）将智能调节仪的“主控设定值”设置成“050. 0”（代表 50℃），根据控制理论来修改不同的 P、I、D、T 参数，观察温度控制的效果。

4）分别将智能调节仪的“主控设定值”设置成“060. 0”“070. 0”“080. 0”“090. 0”“100. 0”，并根据控制理论来修改不同的 P、I、D、T 参数，观察温度控制的效果。

5）智能调节仪的参数设置。

智能调节仪采用超强抗干扰芯片设计，质量可靠，红绿双色双排数码管同时分别显示测量值与设定值。其仪表盘为四键操作，参数设置快捷，参数符号显示简洁，输入信息方便，控制方式为晶闸管触发信号输出，具有参数自整定及上极限偏差值报警功能，同时还具有转速控制功能。

1. 主要技术参数

1）测量误差：±0. 5F · S。

2）控制方式：PID 控制。

3）可控硅过零触发信号：触发电流>10mA。

4）转速控制精度：±2%（1000~2500 转）。

5）转速控制输出：10mA。

6）工作电源：AC220V，50Hz。

7）工作环境：0~50℃，相对湿度≤85%RH，无腐蚀性及无强电磁辐射场合。

2. 温控菜单设定范围表（表 6-13）

表 6-13 温控菜单设定范围表

菜单	dAH	ATU	dP	P	I
常规	随机	0	0.1	39	218
范围	±全量程	0:自整定关 1:自整定开	0.1～125	0～125	1～3600s
菜单	D	T	SC	UP	LCK
常规	39	17	0	100%	0
范围	1～1200s	1～60s	±99	0～100%	0:不锁 1:全锁 其他:锁 B 菜单

SC 值设置说明：因传感器、引线电阻等因数在测量中产生的误差，导致测量结果误差较大时，可通过修改 SC 值来修正测量值。如当前温度为 20℃，测量结果为 19℃，即可通过修改 SC 值为 1，将当前温度修正为 20℃。

UP 设置说明：修改 UP 值可改变输出功率的大小。输出功率越大，整定速度越快。

3. 温控设置流程图（见图 6-27）

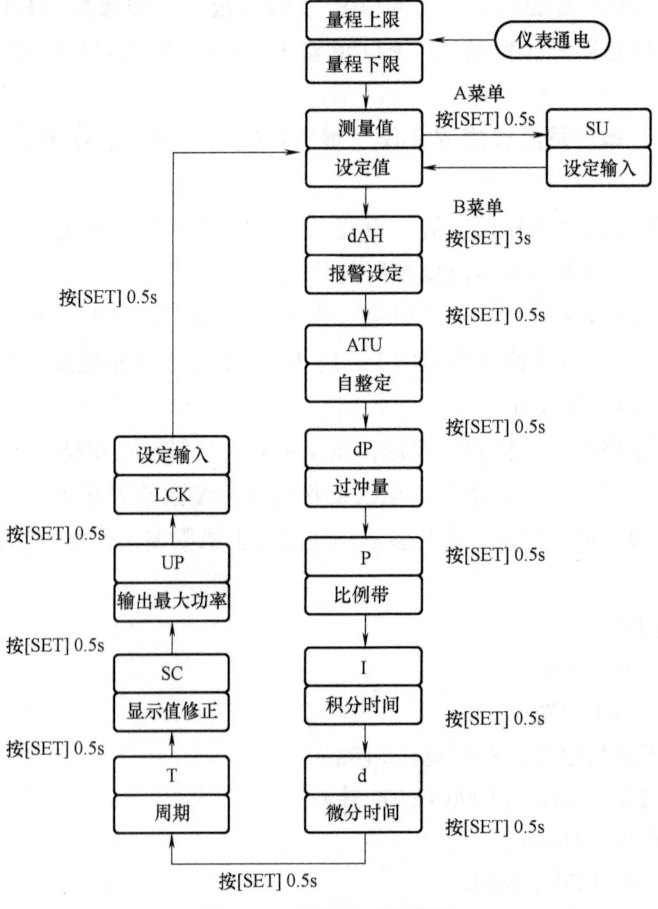

图 6-27 温控设置流程图

4. 转速控制菜单（表 6-14）

表 6-14　转速控制菜单

菜单	dAH	P	I	LCK
常规	随机	600	100	0
范围	±全量程	10～5000	1～1000	0:不锁 1:全锁 其他:锁 B 菜单

5. 转速控制设置流程图（见图 6-28）

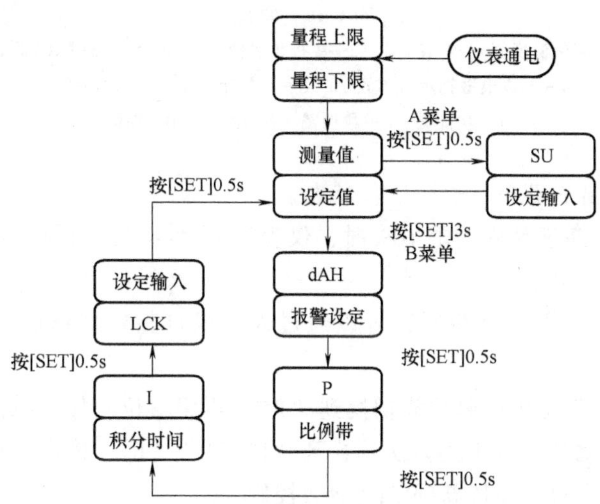

图 6-28　转速控制设置流程图

6. 仪表接线图（见图 6-29）

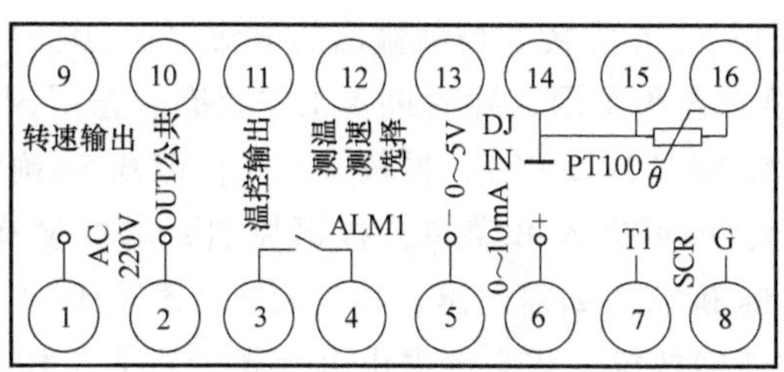

图 6-29　仪表接线图

7. 面板功能（见图 6-30）

8. 使用说明及注意事项

1）进行温度控制时，需将端口 10、11 用导线短接。接入电源后 PV 窗口显示量程上限、SV 窗口显示量程下限。随后进入工作状态，按［SET］键 0.5s，SV 窗口显示值，此时可改变温度设定值，再按［SET］键 0.5s 确认。如需修改其他参数，按住［SET］键 3s 以上，即可进入 B 菜单，根据控制要求按设置流程图进行设置，修改完毕后再按［SET］键 0.5s 确认。如需退出，按［SET］键若干下直到返回工作状态。如进入 B 菜单 10s 内未操作

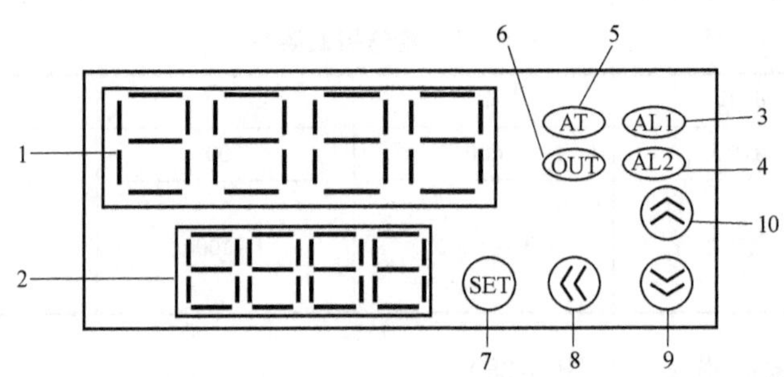

图 6-30 面板

1—当前测量温度值（PV 窗口） 2—主控设置值（SV 窗口） 3—AL1 报警指示
4—AL2 报警指示（选配） 5—自整定指示 6—输出指示
7—功能键 8—移位键 9—减键 10—加键

任何按键，将自动退出 B 菜单，进入工作状态。

2）当检测到温度高于量程上限 10%时，仪表显示“----”；当检测到温度低于量程下限 10%时，仪表显示“-----”。

3）当温度控制效果不够理想时，可以通过人工或自整定来修改 PID 参数。操作方法如下：

4）人工修正：将进入 B 菜单功能切换到“P”，再用移位、加、减键来修正 P 值，完成后按［SET］键 0.5s 确认。按上述方法切换到“I”“D”“T”，依次进行修正。设置完成后退出 B 菜单，进入工作状态即按新的 PID 参数控制。

5）自整定：进入 B 菜单，将 AT 设置为 1，AT 灯亮，进入自整定状态，仪表确定出新的 P、I、D 等参数并保存，AT 灯灭，仪表复位进入新的控制状态。

6）当采用转速控制时，应将端口 9、10 短接，端口 12、14 短接。端口 13、14 接频率转电压输入（0~5V）。端口 5、6 为转速控制输出的电流（0~10mA）。接入电源后 PV 窗口显示量程上限，SV 窗口显示量程下限。随后进入工作状态，按［SET］键 0.5s，SV 窗口显示值，此时可改变转速设定值（0~5000），再按［SET］键 0.5s 确认。如需修改控制参数，则按住［SET］键 3s 以上，即可进入 B 菜单，根据控制要求按设置流程图进行设置，修改完毕后再按［SET］键 0.5s 确认。如需退出，按［SET］键若干下，直到返回工作状态。如进入 B 菜单 10s 内未操作任何按键，将自动退出 B 菜单，进入工作状态。

7）PID 参数的设置原则：

① P——比例带设定：一般取上过冲值的 2 倍。当温度、转速有规律波动时，应增加比例带；当温度无规律飘动时，应减小比例带。

② I——积分时间设定：当温度、转速有规律波动时，应增加积分时间；当温度、转速长时间不能消除静差时，应减小积分时间。

③ D——微分时间设定：一般取积分时间的 1/5~1/4，微分时间的增加有助于减小系统的超调（转速控制时无微分设定选项）。

8）注意事项：若控制失常，请检查仪表参数是否被误改，传感器是否失效。若按键不起作用，请检查 LCK 是否被锁定。

第四部分　复习与思考

一、复习总结

热电偶是一种感温元件，它能将温度信号转换成__________信号，通过电气测量仪表的配合，就能测量出温度。热电偶测温的基本原理是__________效应。两种不同材料的__________（称为热电偶丝材或热电极）串联成闭合回路，当两个接点的温度__________时，回路中就会产生电动势，形成电流，这种现象称为__________效应，而这种电动势称为__________。热电偶就是利用这种原理进行温度的测量，其中，直接用作介质温度测量的一端称为__________端（也称为__________端），另一端称为__________端（也称为__________端）。__________端与显示仪表或配套仪表连接，显示仪表会指示出热电偶所产生的__________。

热电阻和热敏电阻的__________都具有随温度的变化而变化的特性，可用此特性测量温度。因此，只要测量出两种温度下传感器阻值的变化，就可以测量出温度。热电阻是利用__________的电阻率随温度的变化而变化的特性，将温度转化成__________量；热敏电阻利用__________材料制成，热敏电阻又可分为__________温度系数热敏电阻（PTC）、__________温度系数热敏电阻（NTC）、__________温度系数热敏电阻（CTR）等几种。

选择热电偶和热电阻，应从以下几方面考虑。根据测温范围选择，500℃以上一般选择__________，500℃以下一般选择__________；根据测量精度选择：对精度要求较高选择__________，对精度要求不高选择__________；根据测量范围选择：__________所测量的一般指“点”温，__________所测量的一般指空间平均温度。

二、测试题

1. 填空题

（1）物质的__________随__________变化的现象称为热电效应，利用这一效应制作的传感器称为__________。

（2）热电偶是由__________制成的，主要是利用__________的__________，产生的接触电动势随温度的变化而变化，从而达到测温的目的。

（3）热电偶由__________组成回路，组成热电偶的__________称为热电极，热电偶所产生的__________称为热电动势，热电偶能将温度信号转换为__________。

（4）热电偶测量的温度范围是__________，而热电阻测量的温度范围是__________。

（5）热电偶中的热电动势是由于相互接触的两个导体两端的__________造成的，大小仅与__________、__________有关。

（6）热电阻是基于电阻的__________效应进行温度测量的，热电阻大多由__________材料制成，随着温度的升高其阻值__________。

（7）热敏电阻由__________材料制成，有__________、__________和__________三种

类型，对应的温度特性分别为__________、__________和__________。

(8) 金属导体与半导体的显著差别在于金属的电阻率随着温度的升高而__________，而半导体的电阻率随着温度的升高而__________。

(9) 随着温度的升高，电阻值变小的热电阻为__________电阻。

(10) NTC 表示__________，PTC 表示__________。

(11) 利用导电材料的__________随本身温度而变化的温度电阻效应制作的传感器，称为热电阻温度传感器。

2. 选择题

(1) 热电偶由（　　）金属材料制作而成，将温度转化为热电动势。

A. 一种　　B. 两种相同　　C. 两种不同

(2) 温度传感器是基于（　　）制成的。

A. 热电效应　　B. 应变效应　　C. 霍尔效应　　D. 压电效应

(3) 热电偶直接输出的是（　　），所以直接接（　　　　）即可。

A. 电阻值　　B. 电压值　　C. 桥式电路　　D. 放大电路

(4)（　　）的数值越大，热电偶的输出电动势就越大。

A. 热端的温度　　B. 冷端的温度

C. 热端和冷端的温差　　D. 热电极的电导率

(5) 两种不同导体接点处产生的热电动势数值的大小取决于两种导体的（　　）和（　　）。

A. 自由电子的密度　　B. 接触的温度

C. 导体的形状　　D. 导体的尺寸

(6) 热电阻能将温度转换为（　　）。

A. 电阻　　B. 热电动势

(7) 热敏电阻是利用（　　）材料的电阻率随温度的变化而变化的性质制成的。

A. 金属　　B. 半导体　　C. 绝缘体

(8) 负温度系数热敏电阻的阻值随着温度的升高而（　　）。

A. 增大　　B. 减小

(9) 随着温度的升高，半导体热敏电阻的电阻率（　　）。

A. 上升　　B. 迅速下降　　C. 保持不变　　D. 归零

(10) 热电偶可以测量（　　）。

A. 压力　　B. 温度　　C. 热电动势　　D. 电压

(11) 热敏电阻测温是根据它的（　　）完成的。

A. 伏安特性　　B. 热电特性　　C. 标称电阻值　　D. 额定功率

3. 简答题

(1) 什么是热电效应？

(2) 比较热电偶、热电阻及热敏电阻的异同点。

(3) 简述导体的温度特性。

（4）分析图 6-31 所示装置的工作原理。

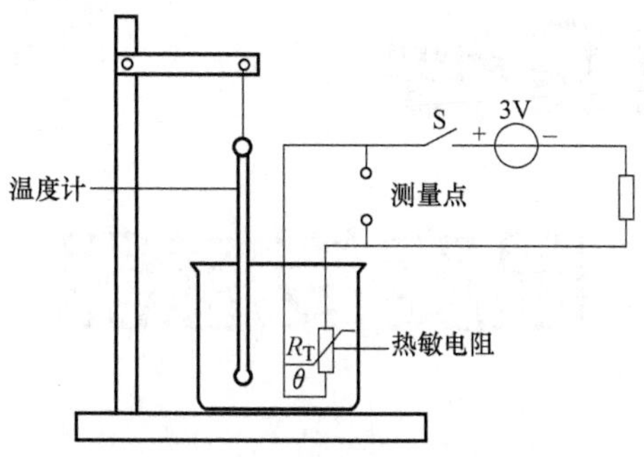

图 6-31　热敏电阻的温度测量

（5）说明图 6-32 所示电路的工作原理。

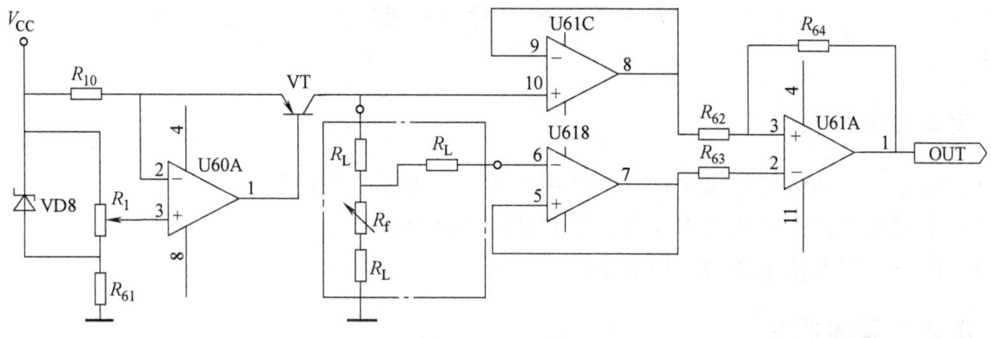

图 6-32　电路图

实训项目七

湿度传感器

第一部分　教学要求

一、实训目的和要求

1）掌握湿度传感器的应用场合及应用方法，了解其工作过程。
2）掌握湿度传感器的工作原理，了解其结构及分类。
3）能分析湿度传感器的应用电路。

二、实训工具和器材

湿度传感器、湿敏座、干燥剂、棉球。

三、实训内容和方式

实训内容		时间安排	实训方式
1	课前准备	课余	阅读教材
2	教师讲授	1课时	重点讲授(湿度传感器的分类、工作原理、应用及测量方法)
3	学生实操	1课时	学生实操,教师指导(课堂上不能完成,可在课下完成)

四、实训成绩评定

技能训练成绩		教师签名	

第二部分　教学内容

由于卷烟产品的特殊性，存储卷烟的仓库环境非常重要，其好坏将严重影响卷烟的质量，因此要做好卷烟防湿、防潮、防霉变等各项工作，确保卷烟的质量。卷烟仓库湿度智能数据采集系统如图7-1所示。在系统中，湿度传感器负责检测仓库各区域的湿度，如实采集和记录各区域湿度，并将所有采集到的数据送到计算机中，按照使用人员的要求定时自动记录并长期保存。

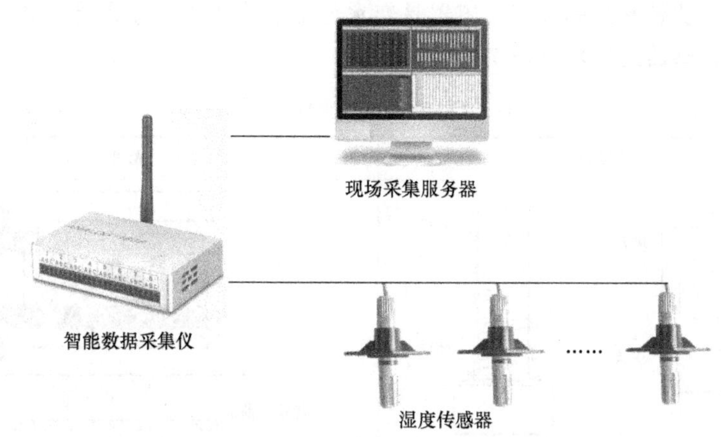

图 7-1　卷烟仓库湿度智能数据采集系统

一、湿度传感器的组成

湿度是指大气中水蒸气的含量，通常采用绝对湿度和相对湿度两种方法表示。绝对湿度是指单位空间中所含水蒸气的绝对量或者浓度、密度；相对湿度是指被测气体中水蒸气气压和该气体在相同温度下饱和水蒸气气压的百分比。相对湿度给出大气的潮湿程度，是一个无量纲的量，在实际应用中多使用相对湿度这一概念。湿度传感器是基于能产生与湿度有关的物理效应或化学反应的某些材料对湿度非常敏感，能将空气中湿度的变化转换成某种电量的变化的原理制成的。湿度传感器的组成如图 7-2 所示。

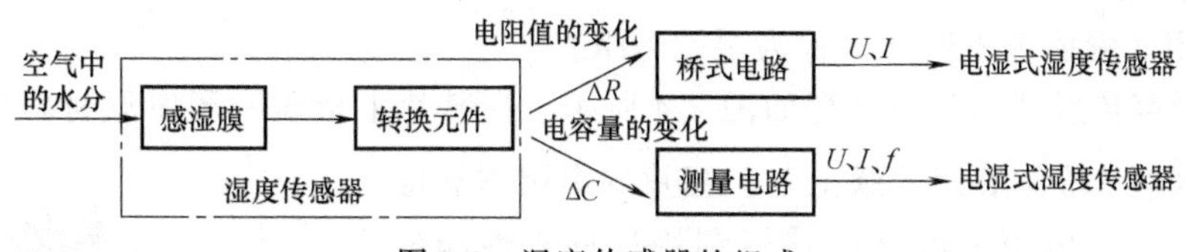

图 7-2　湿度传感器的组成

二、湿度传感器的结构及工作原理

1. 湿度传感器的结构

湿度传感器的种类很多，在实际应用中主要有电阻式和电容式两大类。图 7-3 所示为湿度传感器实物。

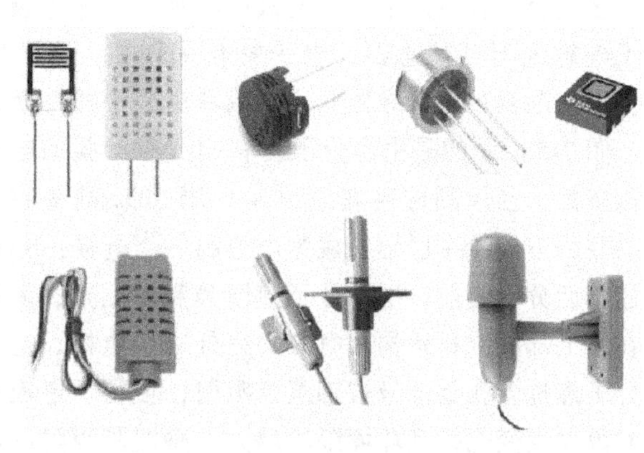

图 7-3　湿度传感器实物图

根据湿敏材料对水的亲和力的不同，湿度传感器可分为亲水型湿度传感器和非亲水型湿度传感器。湿敏材料吸附（物理吸附和化学吸附）水分子后，使其电气性能（电阻、介电常数、阻抗等）发生变化的属于亲水型湿度传感器；非亲水型湿度传感器主要基于物理效应，有热敏电阻式湿度传感器、红外吸收式湿度传感器、超声波式湿度传感器、微波式湿度传感器。目前，比较常用的湿度传感器是亲水型湿度传感器，分为湿敏电阻、湿敏电容两种。这两种湿度传感器的比较见表 7-1。

表 7-1　两种亲水型湿度传感器的比较

项目	湿敏电阻	湿敏电容
结构	感湿膜　柱状　电极　梳状　引线	高分子薄膜　上部电极　下部电极　玻璃基片
工作原理	湿度引起电阻值的变化	湿度引起电容量的变化
类型	金属氧化物湿敏电阻、硅湿敏电阻和陶瓷湿敏电阻等	湿敏电容一般是用高分子薄膜电容制成的，常用的高分子材料有聚苯乙烯、聚酰亚胺、醋酸纤维等
性能特点	响应速度快、体积小，线性度好，较稳定，灵敏度高，产品的互换性差	响应速度快，湿度的滞后量小，产品互换性好，灵敏度高，便于制造，容易实现小型化和集成化，精度较电阻式湿度传感器低
使用场合	广泛应用于洗衣机、空调、录像机、微波炉等家用电器及在工业、农业等方面做湿度检测、湿度控制用	气象、航天航空、国防工程、电子、纺织、烟草、粮食、医疗卫生以及生物工程等各个领域的湿度测量和控制

2. 湿度传感器的工作原理

(1) 电阻式湿度传感器（又称为湿敏电阻）

电阻式湿度传感器的工作原理如图 7-4 所示。在基片上覆盖一层感湿材料制成感湿膜，当空气中的水蒸气吸附在感湿膜上时，基片的电阻率和电阻值都发生变化，电阻式温度传感器利用这种特性测量湿度。

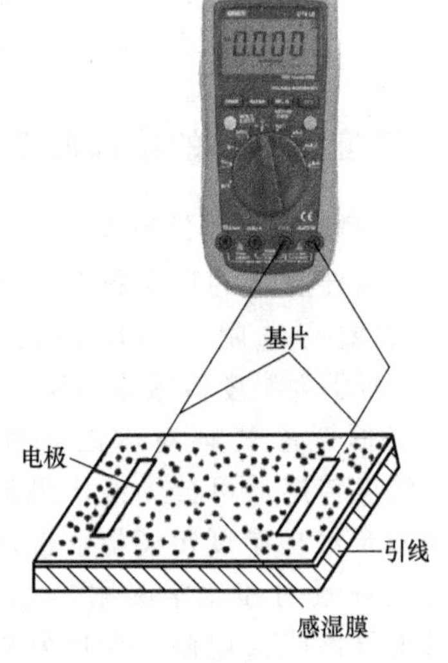

图 7-4　电阻式湿度传感器的工作原理

(2) 电容式湿度传感器（又称为湿敏电容）

在电容平行板的上、下电极中间加一层感湿膜，便构成了电容式湿度传感器。电极材料采用铝、金、铬等金属，而感湿膜可用半导体氧化物或者高分子材料等制成。

图 7-5 所示的是由高分子材料制成感湿膜的电容式湿度传感器。在单晶硅基底上覆盖一层 SiO_2 绝缘膜，单晶硅基底的下面镀一层铝，成为电容的一个电极；SiO_2 绝缘膜的上面分别覆盖一层高分子感湿膜和多孔金，多孔金和镀在它上部的铝材料构成电容的另外一个电极。空气中的水分子透过多孔金电极被感湿膜吸附，使得两电极间的介电常数发生变化，且环境湿度越大，感湿膜吸附的水分子就越多，使湿度传感器的电容量增加得越多，根据电容量

的变化可测得空气的相对湿度。

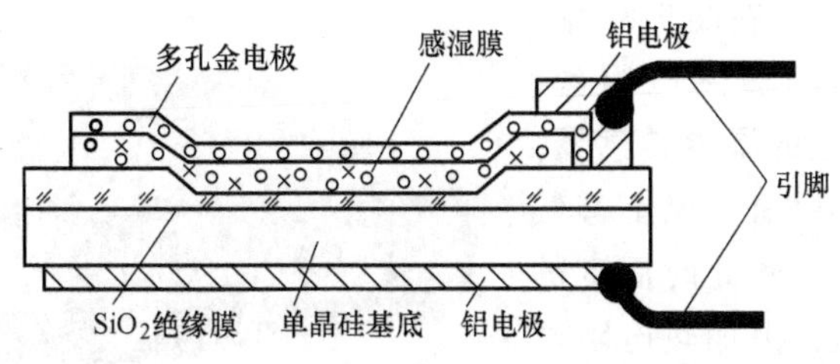

图 7-5　电容式湿度传感器的工作原理

三、湿度传感器的测量电路

1. 电阻式湿度传感器的测量电路

电阻式湿度传感器中使用最多的是氯化锂（LiCl）湿度传感器。需要注意的是，氯化锂湿度传感器在实际应用中一定要使用交流电桥测量其阻值，不允许用直流电源，以防氯化锂溶液发生电解，导致传感器性能劣化甚至失效。

电阻式湿度传感器测量电路的原理框图如图 7-6 所示。振荡器为电路提供交流电源。电桥的一臂为湿度传感器，当湿度不变化时，电桥输出电压为零，一旦湿度发生变化，将引起湿度传感器的电阻值变化，使电桥失去平衡，输出端将有电压输出。放大器将输出电压信号放大后，通过桥式整流电路将交流电压转换为直流电压，送至直流电压表显示，电压的大小直接反映湿度的变化量。

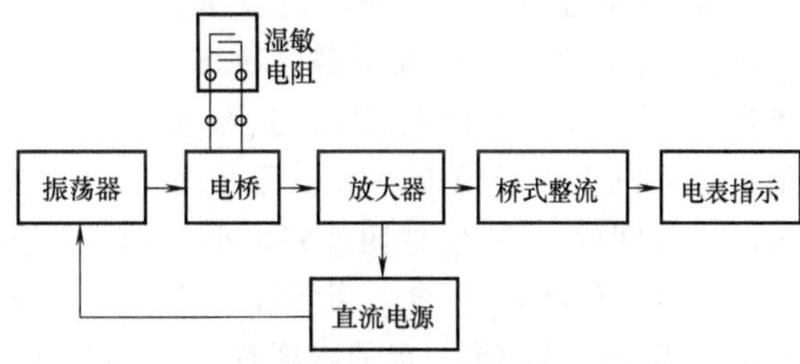

图 7-6　电阻式湿度传感器测量电路的原理框图

2. 电容式湿度传感器的测量电路

由于电容式湿度传感器的湿度与电容成线性关系，因此能方便地将湿度的变化转换为电压、电流或频率的形式输出。

将湿敏电容作为振荡器中的振荡电容，湿度的变化使得振荡器的频率发生变化，通过测量振荡器的频率和幅度，即可得到湿度值，如图 7-7 所示。

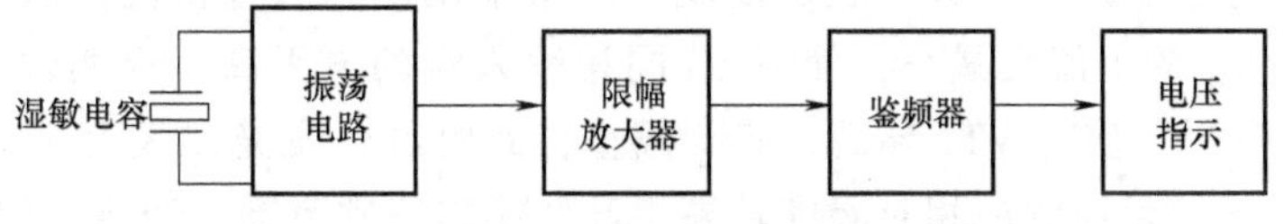

图 7-7　电容式湿度传感器的测量电路框图

四、湿度传感器的应用

湿度传感器广泛应用于气象、军事、工业（特别是纺织、电子、食品、烟草工业）、农业、医疗、建筑、家用电器及日常生活等需要湿度监测、控制与报警的各种场合。

1. 汽车后窗玻璃的自动除湿装置

遇到冷天，汽车后窗玻璃极有可能结露或结霜，为保证驾驶人在驾驶过程中视线清晰，避免发生事故，汽车上大多安装了自动除湿装置，如图 7-8 所示。在图 7-8a 中，R_L 为嵌入后窗玻璃中的加热电阻丝，R_H 为设置在后窗玻璃上的湿度传感器。当车内外温差比较大，后窗玻璃上雾气很浓时，湿度传感器感应到此时湿度的变化，起动加热电阻丝，由加热电阻丝发热并蒸发掉凝结在玻璃上影响视线的水珠。

a) 汽车后窗湿度传感器的安装示意图

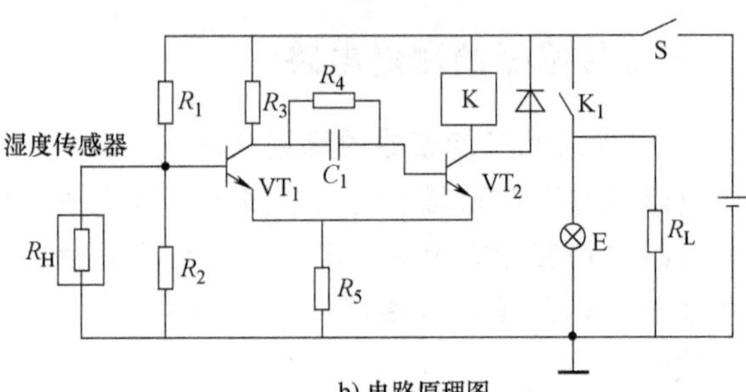

b) 电路原理图

图 7-8　汽车后窗玻璃自动除湿装置

图 7-8b 所示为汽车后窗玻璃自动除湿装置的电路原理图：由 VT_1 和 VT_2 组成施密特触发电路，VT_1 的基极接由 R_1、R_2 和湿度传感器 R_H 组成的偏置电路。在常温常湿条件下，R_H 值较大，VT_1 处于导通状态，VT_2 处于截止状态，继电器 K 不工作，加热电阻 R_L 上无电流通过；当汽车内外温差较大，且湿度过大时，湿度传感器 R_H 的阻值将减小，VT_1 处于截止状态，VT_2 翻转为导通状态，继电器 K 工作，常开触点 K_1 闭合，指示灯 E 点亮，加热电阻 R_L 开始加热，后窗玻璃上的潮气就被驱散；当湿度减小到一定的程度时，VT_1 和 VT_2 恢复初始状态，指示灯熄灭，加热电阻丝断电，停止加热，从而实现自动除湿。

2. 简易育秧棚湿度指示仪

育秧棚内往往因为湿度过高而影响秧苗的正常生长，因此需要一个能指示棚内湿度的简单仪器，以便及时排湿，保证秧苗的生长。

育秧棚湿度指示仪如图 7-9 所示。图 7-9a 所示为育秧棚湿度指示仪的实物图；图 7-9b 所示为育秧棚湿度指示仪的电路图，R_H 为氯化锂湿度传感器，它和电阻 R_P、R_1、R_2 组成测湿电桥。当相对湿度正常时，湿度传感器的阻值很大，故比较器 IC 反相输入端的电平高于同相输入端的电平，比较器输出端为低电平，使得 VT_1 截止、VT_2 导通，绿色发光二极管 VD_2 亮，红色发光二极管 VD_1 灭，表示湿度在正常范围内。当育秧棚内湿度达到一定程度时，湿度传感器 R_H 的阻值会减小，使得 IC 同相输入端的电平高于反相输入端的电平，比较器输出端为高电平，使得 VT_1 导通、VT_2 截止，此时红色发光二极管 VD_1 亮，绿色发光二极管 VD_2 灭，表示育秧棚内相对湿度较高，已经超出正常范围。调节电位器 R_P 可改变湿度的设定值。

3. 氧化铝薄膜湿度传感器

氧化铝是一种白色晶体，不溶于水，但对水分子的吸附力极强。可利用氧化铝对水分子吸附力极强的特点制成湿度传感器，能够测出超微量的水分，可应用于纺织工业、电子工业、石化工业等各个领域。

氧化铝薄膜湿度传感器如图 7-10 所示。其中，图 7-10a 所示为其实物图，图 7-10b 所示为传感器探头的剖面图，图 7-10c 所示为探头的内部结构示意图及等效电路，R_1 为孔内表

a) 实物图

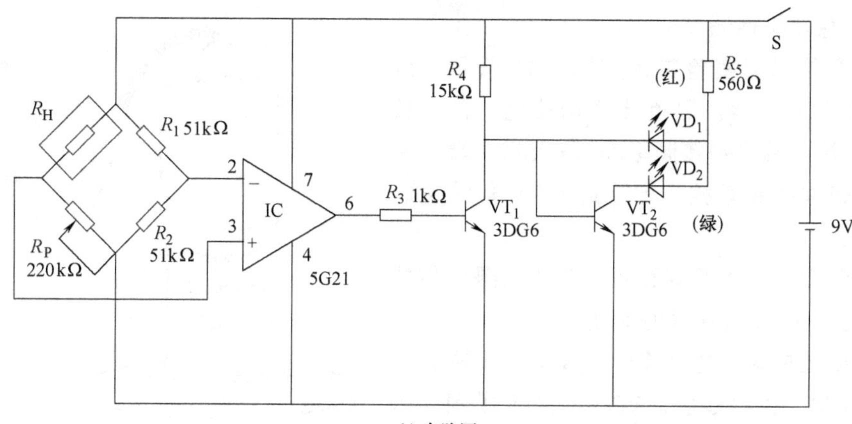

b) 电路图

图 7-9　简易育秧棚湿度指示仪

面电阻，R_2 为孔底电阻，R_3 为氧化铝内电阻，C_1 为氧化层电容，C_2 为孔底电容。湿度传感器由经特殊工艺阳极氧化处理的铝带组成，上面附着多孔的氧化铝层，再在氧化铝层上蒸

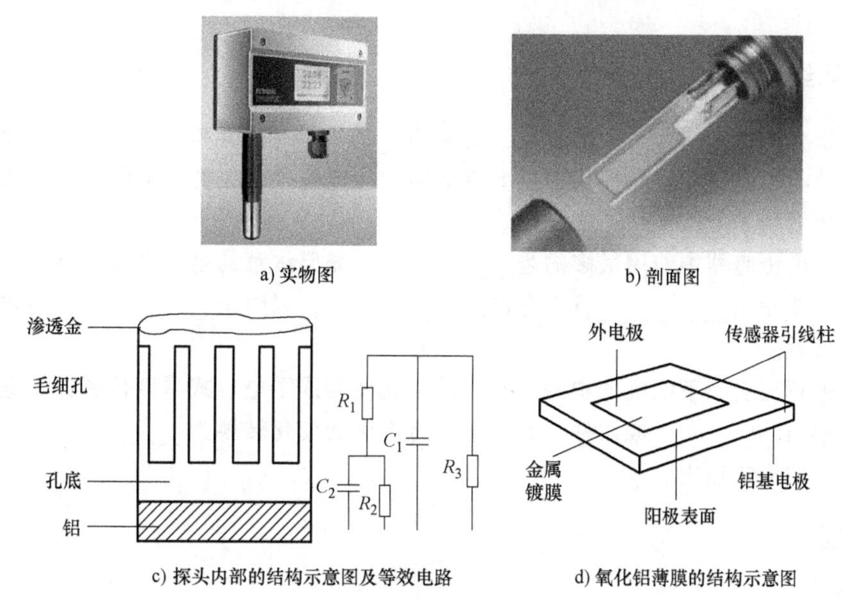

图 7-10　氧化铝薄膜湿度传感器

发上一层非常薄的金。铝基和金层构成了两极，实际上形成了氧化铝电容器，如图 7-10d 所示。

在工作时，被测气体中的水分子可以迅速穿过金层，被氧化铝的细孔壁吸附或释放，并与周围的水气压很快达到平衡状态。由于水的介电常数大，细孔壁吸附水分子后使得等效电容变大，即电容量随湿度变化，湿度越大电容量也越大，其变化的幅度用以表示周围气体的相对湿度。

第三部分　技能训练

湿度传感器特性测试

1）湿度传感器实验装置如图 7-11 所示，红色接线端接+5V 电源，黑色接线端接地，蓝色接线端和黑色接线端分别接频率/转速表输入端。将频率/转速表选择频率档，记下此时频率/转速表的读数。

2）将湿棉球放入湿敏腔内，并插上湿度传感器探头，观察频率/转速表的变化。

3）取出湿棉球，待直流电压表示值下降，回复到原示值时，在湿敏腔内放入部分干燥剂，将湿度传感器置于湿敏腔孔上，观察直流电压表读数的变化。

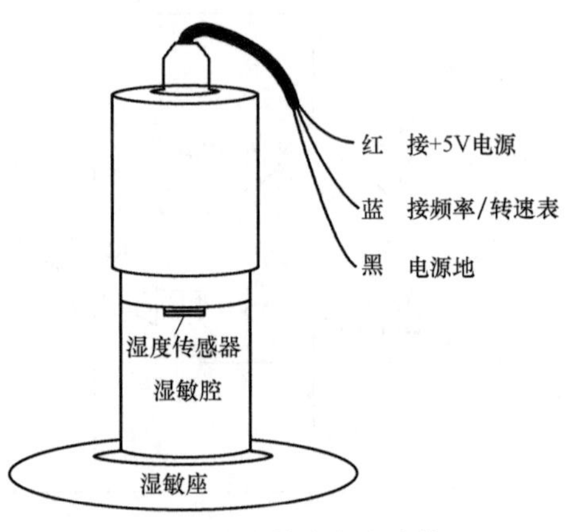

图 7-11　湿度传感器实验装置

第四部分　复习与思考

一、复习总结

湿度是指大气中__________的含量，通常用__________湿度和__________湿度表示。湿度传感器的种类很多，在实际应用中主要有电阻式和电容式两大类。电阻式湿度传感器将空气湿度的变化转换为__________的变化。

电阻式湿度传感器中使用最多的是__________。需要注意的是，电阻式湿度传感器在实际应用中一定要使用__________，不允许用__________，以防止__________，导致传感器性能劣化甚至失效。

在电容平行板上、下电极的中间加一层感湿膜便构成了电容式湿度传感器，电容式湿度传感器的电容与__________成线性关系，可以将湿度的变化转换为__________、__________或__________的形式输出。

二、测试题

1. 填空题

（1）湿度传感器是基于某些材料______________________________，将湿度的变化转换成__________的器件。

(2) 湿度传感器的种类很多，在实际应用中主要有__________和__________两大类。在湿度传感器的基片上覆盖一层__________，当空气中的水蒸气吸附在感湿膜上时，基片的__________和__________发生变化，利用这一特性即可测量湿度。

(3) 湿敏电阻是一种__________随环境__________变化而变化的__________，它由__________、电极和__________组成。

(4) 电阻式湿度传感器的感湿层在吸收了__________之后，引起两个电极之间的__________发生变化，这样就能直接将__________转换为__________的变化。

(5) 当空气湿度发生改变时，电容式湿度传感器的两个电极间的__________发生变化，使得它的__________也发生变化，__________与相对湿度成正比。

(6) 湿度传感器工作电源需要采用__________电源，其原因是__________。

2. 选择题

(1) 氯化锂湿度传感器用交流电作为激励电源是为了（　　）。

A. 提高灵敏度　　　　B. 防止产生极化及电解作用

C. 减小交流电桥平衡的难度

(2) 当空气湿度发生改变时，电容式湿度传感器两个电极间的（　　）发生变化，使其（　　）也发生变化。

A. 介电常数　　　　B. 电容量

C. 电阻值

(3) 洗手后，将湿手靠近自动干手机，机内的传感器便驱动电热器加热，有热空气从机内喷出，将湿手烘干，手靠近自动干手机能使传感器工作，是因为（　　）。

A. 改变了湿度　　　　B. 改变了温度

C. 改变了磁场　　　　D. 改变了电容

(4) 相对湿度测量空气中的（　　）。

A. 水蒸气的含量　　　　B. 气体成分

(5) 电容式湿度传感器只能测量（　　）湿度。

A. 相对　　　　B. 绝对

C. 任意　　　　D. 水分

3. 简答题

(1) 湿敏电阻的基本工作原理是什么？

(2) 湿敏电容的基本工作原理是什么？

(3) 分析电阻式湿度传感器与电容式湿度传感器各自的优缺点及其适用范围。

(4) 讨论湿度传感器在生活中的实际应用，举例说明。

实训项目八

气敏传感器

第一部分　教学要求

一、实训目的和要求

1）掌握气敏传感器的应用场合和应用方法，理解其工作过程。

2）掌握气敏传感器的工作原理，了解其结构及分类。

3）了解气敏传感器的测量方法。

4）了解气敏电阻的应用，会分析其应用电路。

二、实训工具和器材

气敏传感器、酒精、棉球、CO 传感器、差动变压器实验模块、可燃气体。

三、实训内容和方式

实训内容		时间安排	实训方式
1	课前准备	课余	阅读教材
2	教师讲授	1 课时	重点讲授(气敏传感器的工作原理、应用及检测方法)
3	学生实操	1 课时	学生实操,教师指导(课堂上不能完成,可在课下完成)

四、实训成绩评定

技能训练成绩		教师签名	

第二部分　教学内容

气敏传感器是一种检测特定气体的传感器，用来判断气体的类别、成分，测量气体的浓度，在工业上主要对天然气、煤气，石油化工等部门的易燃、易爆、有毒、有害气体进行检测、报警和自动控制；在防治公害方面检测污染气体浓度；在家庭中进行煤气报警和火灾报警……

无线火灾自动报警网络可完成数据采集、计算以及互联功能，如图 8-1 所示。报警网络中用于火灾探测的传感器主要有烟感传感器、温度传感器、光电传感器和气敏传感器，通过这些传感器探测现场信息，将信息传送给网关，网关对这些数据做出响应，并通过本地传输网络送至远端基站，基站通过互联将信息传送给数据库服务器，消防人员通过终端界面了解现场信息，可以实现火情的实时监控。

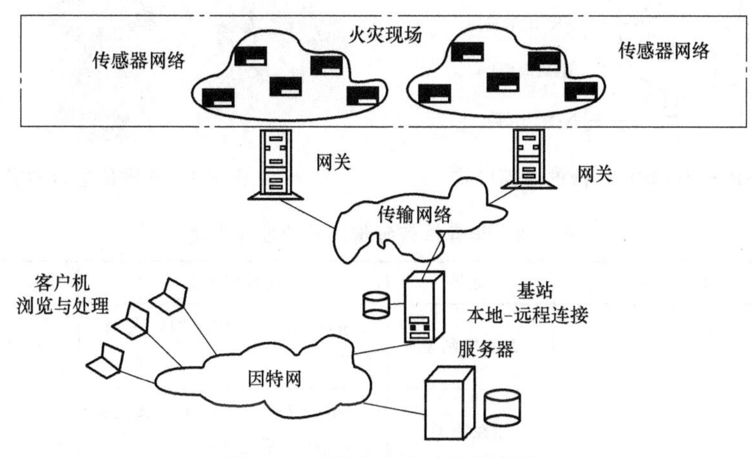

图 8-1　无线火灾自动报警网络

一、气敏传感器的组成

气敏传感器是一种检测特定气体的传感器，能将检测到的气体（特别是可燃气体）成分、浓度等的变化转化为电阻（电压、电流）的变化，其组成如图 8-2 所示。

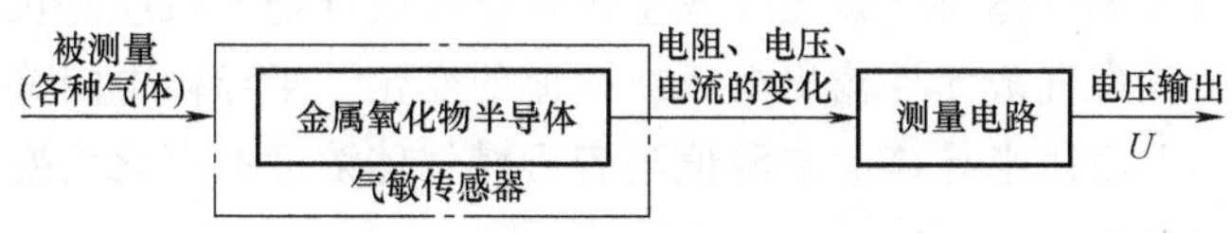

图 8-2　气敏传感器的组成

下面通过 TGS109 型气敏传感器的内部结构了解气敏传感器的组成。由图 8-3 可以看出，气敏传感器主要由 SnO_2 半导体、加热器、引脚和外壳四部分组成，其核心是 SnO_2 半导体，它既充当敏感元件，又充当转换元件。

二、气敏传感器的结构及工作原理

1. 气敏传感器的结构

图 8-4 所示为几种气敏传感器的实物图。

由于被测气体的种类繁多，性质各不相同，不可能用一种传感器来检测所有气体，所以气敏传感器的种类也有很多。近年来，随着半导体材料和加工技术的迅速发展，实际应用最多的是半导体气敏传感器。半导体气敏传感器按照半导体与气体的相互作用是在表面还是在内部可分为表面控制型和体控制型两类；按照半导体变化的物理性质又可分为电阻型和非电阻型。半导体电阻式气敏传感器具有灵敏度高、体积小、价格低、使用及维修方便等特点，因此被广泛使用。各种半导体气敏传感器的性能比较见表 8-1。

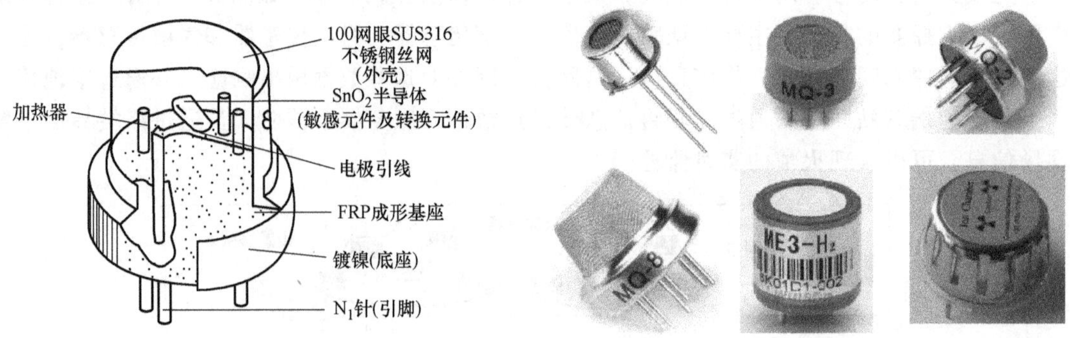

图 8-3　TGS109 型气敏传感器的内部结构　　　　图 8-4　气敏传感器的实物图

表 8-1　半导体气敏传感器的性能比较

分类	主要物理特性	类型	气敏传感器	检测气体
电阻型	电阻	表面控制型	SnO_2、ZnO 等的烧结体、薄膜、厚膜	可燃性气体
		体控制型	$La_{1-X}SrCoO_3$、$T\text{-}Fe_2O_3$，氧化钛(烧结体)、氧化镁、SnO_2	酒精，可燃性气体，氧气
非电阻型	二极管整流特性	表面控制型	铂-硫化镉、铂-氧化钛(金属-半导体结型场效应管)	氢气，一氧化碳，酒精
	晶体管特性		铂栅、钯栅、MOS 场效应管	氢气，硫化氢

2. 气敏传感器的工作原理

气敏传感器利用被测气体与气敏元件发生的化学反应或物理效应等机理，把被测气体的种类或浓度的变化转化成气敏元件输出电压或电流的变化。半导体电阻式气敏传感器则是利用气体吸附在半导体上而使半导体的电阻值随着可燃气体浓度的变化而变化的特性来实现对气体的种类和浓度的判断。

半导体电阻式气敏传感器（以下所介绍的均为此类传感器）的核心部分是金属氧化物，主要有 SnO_2、ZnO 及 Fe_2O_3 等。当周围环境达到一定温度时，金属氧化物能吸附空气中的氧，形成氧的负离子吸附，使半导体材料中电子的密度减小，电阻值增大。当遇到可燃性气体或毒气时，原来吸附的氧就会脱附，而可燃性气体或毒气以正离子状态吸附在半导体材料的表面，在脱附和吸附过程中均放出电子，使电子密度增大，从而使电阻值减小。

为了提高气敏传感器对某些气体成分的选择性和灵敏度，半导体材料中还掺入催化剂，如钯（Pd）、铂（Pt）、银（Ag）等。添加的物质不同，气敏传感器能检测的气体也不同。

三、气敏传感器的测量电路

1. 基本测量电路

图 8-5 所示为气敏传感器的基本测量电路，图 8-5a 所示为基本测量电路，包括加热回路和测试回路；图 8-5b 所示为气敏传感器的电气符号。

在常温下，传感器的电导率变化不大，达不到检测目的，因此常在器件中配上加热丝，使气敏传感器工作在高温状态（200～450℃），加速被测气体的吸附和氧化还原反应，以提高灵敏度和响应速度；同时，通过加热还可以烧去附着在壳面上的油雾和尘埃（起清洁作用）；电源除了为气敏传感器提供工作电压之外，还为气敏传感器的加热丝提供加热电压，加热时间为 2～3min，加热电压一般为 5V。

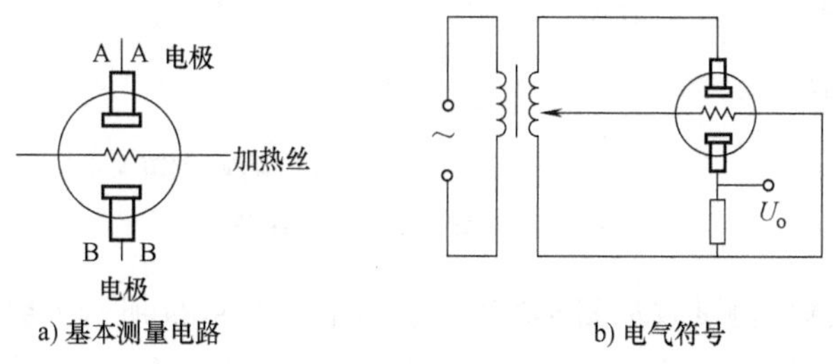

a) 基本测量电路　　b) 电气符号

图 8-5　气敏传感器的基本测量电路

2. 温度补偿电路

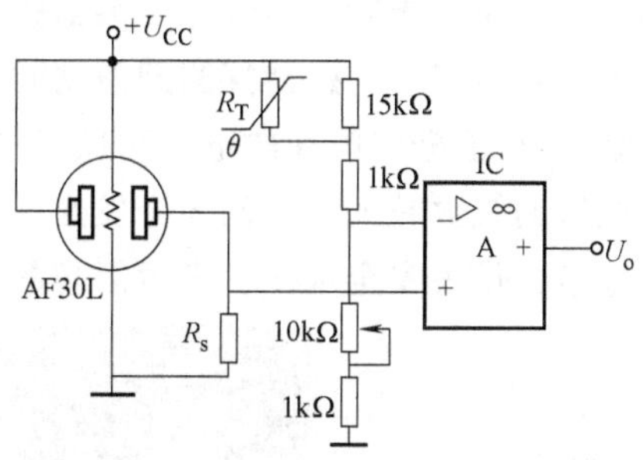

图 8-6　温度补偿电路

气敏传感器在气体中的电阻值与温度和湿度有关。当温度较低、湿度较小时，气敏传感器的电阻值较大；当温度较高、湿度较大时，气敏传感器的电阻值较小。因此，即使气体浓度相同，其电阻值也会不同，需要进行温度补偿。

常用的温度补偿电路如图 8-6 所示。在比较器 IC 的反相输入端接入负温度系数热敏电阻 R_T。当温度降低时，气敏传感器 AF30L 的电阻值变大，使得 U_+ 变小，而此时 R_T 的阻值增大，使比较器的基准电压 U_- 也变小；当温度升高时，气敏传感器的电阻值变小，在 U_+ 变大的同时，R_T 的阻值减小，使比较器的基准电压 U 增大，从而达到温度补偿的目的。

四、气敏传感器的应用

1. 简易家用天然气报警器

目前，家用天然气灶和天然气热水器的应用十分普遍。天然气的主要成分是甲烷（CH_4），若天然气灶或天然气热水器漏气，轻则影响人的健康，重则对人身安全和财产造成损害（甲烷浓度达到 4%～16%时会爆炸）。因此，安装天然气报警器，放置在家中容易漏气的地方，对空气中的天然气进行监控和报警是有意义和有价值的。

家用天然气报警器如图 8-7 所示。其中，图 8-7a 所示为该报警器的实物图，图 8-7b 所示为原理电路图。接通电源后，当室内空气中的天然气的浓度低于 1%时，气敏传感器的阻值较大，电流较小，蜂鸣器 HA 不发声；当室内空气中的天然气的浓度高于 1%时，气敏传感器的阻值降低，流经电路的电流变大，可直接驱动蜂鸣器 HA 发声报警。

2. 酒精测试仪

交通部门为了预防驾驶人酒后驾驶，在道路上常采用酒精测试仪测试驾驶人有无饮酒，驾驶人只要对准酒精测试仪呼一口气，根据 LED 亮的数目多少就可知道其是否喝酒，并大

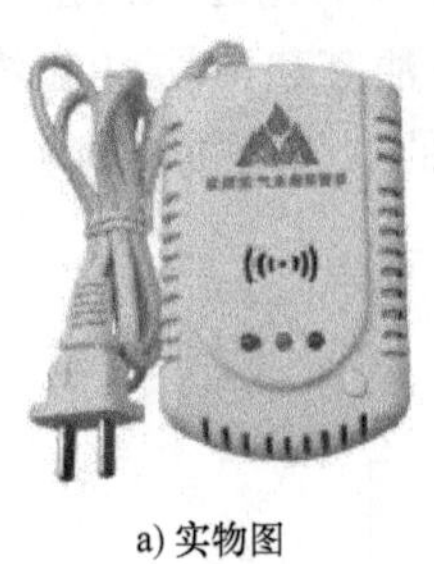

a) 实物图

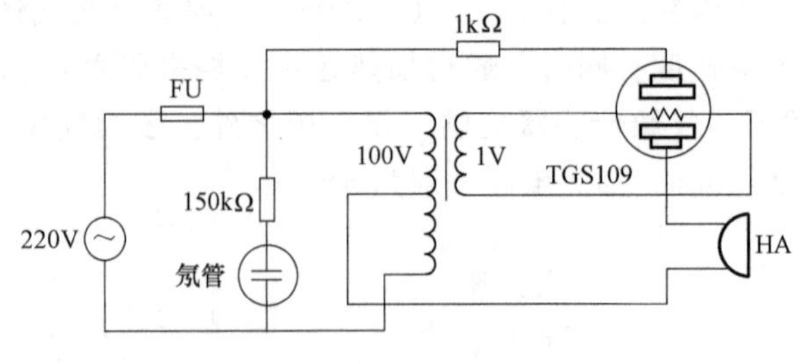

b) 原理电路图

图 8-7 家用天然气报警器

致了解饮酒的多少。酒精测试仪如图 8-8 所示。其中，图 8-8a 所示为警察使用酒精测试仪为驾驶人测试酒精含量，图 8-8b 所示为酒精测试仪的实物图，图 8-8c 所示为酒精测试仪的电路原理图。

在图 8-8c 中，集成电路 IC 为显示驱动器，它共有 10 个输出端，每一个输出端可以驱动一个发光二极管。当气体传感器探测不到酒精时，加在显示推动器 IC 的引脚 5 的电平为低电平；当气体传感器探测到酒精时，其内阻变低，从而使 IC 的引脚 5 的电平变高，显示驱动器 IC 根据引脚 5 的电平高低来确定依次点亮发光二极管的级数，酒精含量越高则点亮二极管的级数越大。上面 5 个发光二极管为红色，表示超过安全水平；下面 5 个发光二极管为绿色，代表安全水平，表示酒精的含量不超过 0.05%。

a) 警察正在为驾驶人测试酒精含量

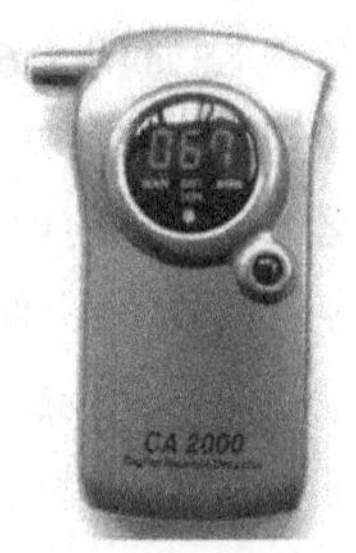

b) 酒精测试仪的实物图

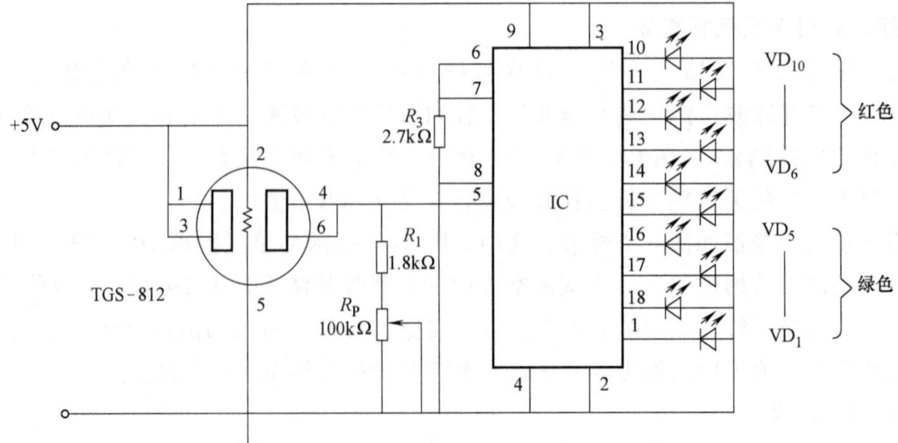

c) 酒精测试仪的电路原理图

图 8-8 酒精测试仪

3. 矿灯瓦斯报警器

矿灯瓦斯报警器适用于小型煤矿，如图 8-9 所示。其中，图 8-9a 所示为矿灯瓦斯报警器的实物图，它放置在矿工的工作帽内，矿灯蓄电池的 4V 电压作为其工作电源。

图 8-9b 所示为矿灯瓦斯报警器原理图。其中，QM-N5 为气敏传感器，R_1 为加热线圈的限流电阻，R_P 为瓦斯报警设定电位器。当矿灯打开时，瓦斯检测电路也开始进入检测监控状态。当矿井内瓦斯浓度升高时，气敏传感器的阻值下降，U_C 升高。当瓦斯浓度超过设定浓度时，输出信号通过二极管加到晶体管 VT_2 的基极，使晶体管导通，由 VT_3、VT_4 等组成的互补式自激多谐振荡器开始工作，继电器线圈不断地吸合和释放，导致继电器触点 K 时通时断，信号灯闪光报警。由于继电器与矿灯安装在矿工的工作帽内，继电器吸合时，动铁心撞击铁心发出的“嗒、嗒”声指示矿工撤离现场；当矿工离开瓦斯超限现场，瓦斯浓度下降至正常时，自动解除报警状态。

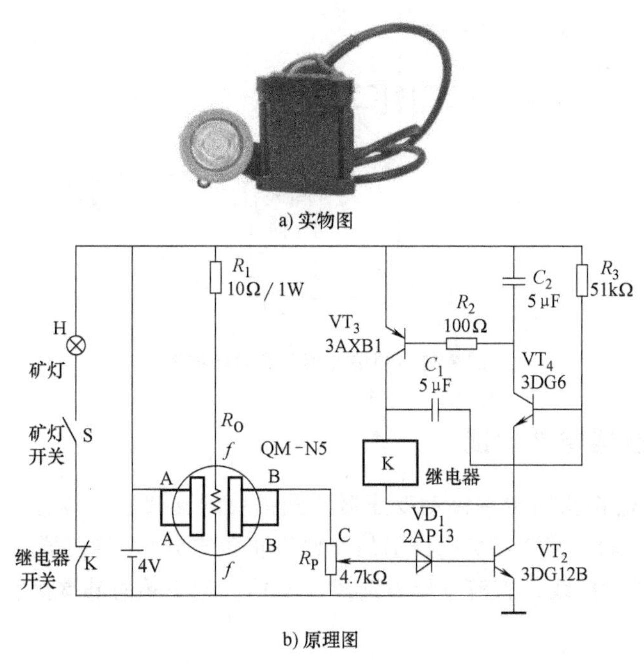

图 8-9　矿灯瓦斯报警器

第三部分　技 能 训 练

一、酒精传感器特性测试

1）将酒精传感器夹持在差动变压器实验模块的传感器固定支架上（见图 8-10）。

2）按图 8-11 所示接线，将气敏传感器红色接线端接 0～5V 电压加热，黑色接线端接地；电压输出选择±10V，黄色线接+10V 电压、蓝色线接 R_1 上端。

3）打开主控台总电源，预热 1min。

4）用浸透酒精的小棉球靠近传感器，并吹 2 次气，使酒精挥发并进入传感器金属网

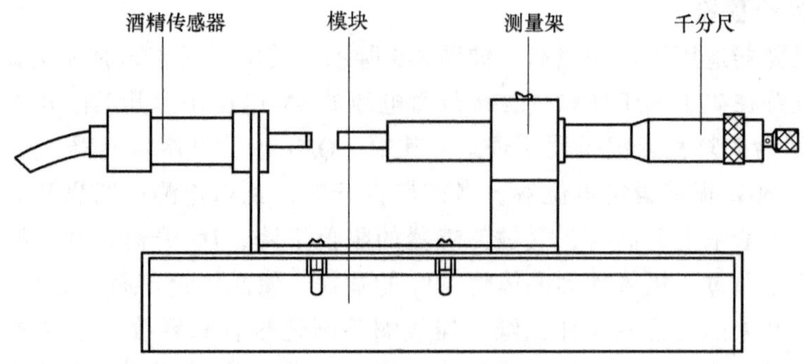

图 8-10　差动变压器安装图

内，观察电压表读数的变化。

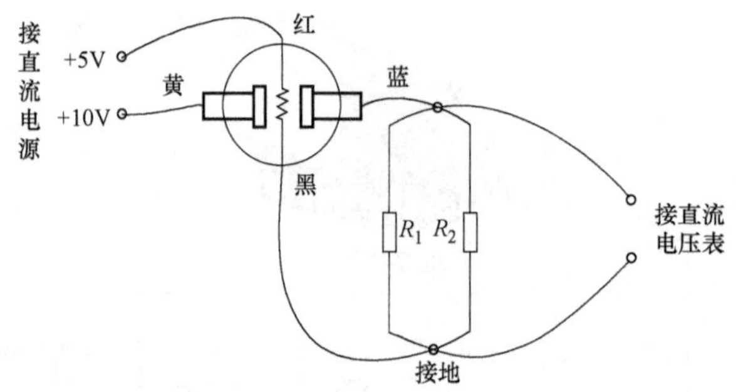

图 8-11　酒精传感器实验接线图

二、可燃气体传感器特性测试

1）将 CO 传感器探头固定在差动变压器实验模块的支架上，传感器的 4 根引线中红色和黑色为加热器输入端，接 0～5V 电压加热（没有正负之分）。传感器预热 1min 左右。

2）按图 8-12 所示接线，直流电压表选择 20V 档，记下传感器暴露在空气中时电压表的显示值。

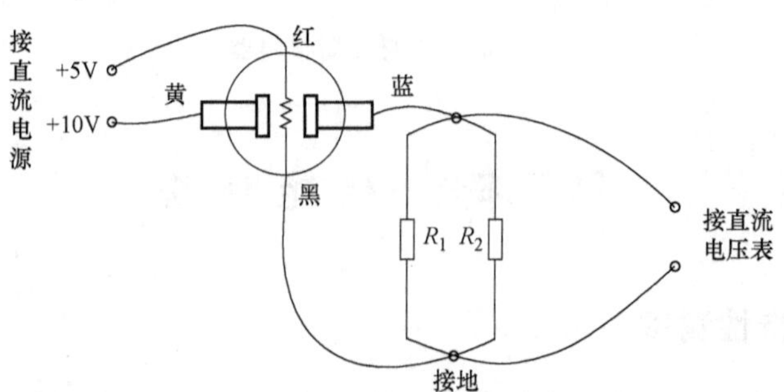

图 8-12　可燃气体传感器实验接线图

3）将准备好的装有少量煤气（<4%）的瓶子的瓶口对准传感器探头，注意观察直流电压表的明显变化。一段时间后电压表的显示趋于稳定，拿开煤气源，观察直流电压表的读数（回到初始值可能需要 2～3h）。

4）实验结束，关闭所有电源，整理实验仪器。

第四部分　复习与思考

一、复习总结

气敏传感器是一种检测特定气体的＿＿＿＿＿、＿＿＿＿＿和＿＿＿＿＿的传感器，利用气体吸附在半导体上而使半导体的＿＿＿＿＿值发生变化的特性来实现对气体的检测。

按构成气敏传感器的材料，气敏传感器可分为＿＿＿＿＿、＿＿＿＿＿两大类，目前使用最多的是＿＿＿＿＿。

为了提高气敏传感器对某些气体成分的敏感性，材料中还掺入＿＿＿＿＿，添加的物质不同，检测的气体类别就不同。为了提高传感器的灵敏度，传感器中还装有＿＿＿＿＿。由于气敏传感器的关键材料是半导体，其电阻与温度、湿度有关，因而要进行＿＿＿＿＿补偿。

二、测试题

1. 填空题

（1）气敏传感器是一种对＿＿＿＿＿敏感的传感器。

（2）气敏传感器将＿＿＿＿＿等变化转换成电阻值的变化，最终以＿＿＿＿＿形式输出。

（3）气敏传感器接触气体时，由于在其表面＿＿＿＿＿，致使其电阻值发生明显变化。

（4）气敏传感器内的＿＿＿＿＿使气敏传感器工作在高温状态，加速＿＿＿＿＿和氧化＿＿＿＿＿，以提高＿＿＿＿＿和＿＿＿＿＿；同时通过加热还可以使附着在壳面上的油雾、尘埃烧掉。

（5）气敏电阻元件的基本测量电路中有两个电源，一个是＿＿＿＿＿，用来＿＿＿＿＿；另一个是＿＿＿＿＿，用来＿＿＿＿＿。

（6）电阻式气敏传感器接触被测气体时，产生的吸附使＿＿＿＿＿发生变化，使半导体中的＿＿＿＿＿变化，使气敏传感器的＿＿＿＿＿变化，从而感知被测气体。

（7）气敏传感器的电阻值与＿＿＿＿＿和＿＿＿＿＿有关，因此需要进行＿＿＿＿＿，以消除它们的影响。

2. 选择题

（1）气敏传感器使用（　　）材料。

A. 金属　　B. 半导体　　C. 绝缘体

（2）可判断气体浓度大小的传感器是（　　）。

A. 电容传感器　B. 气敏传感器　C. 超声波传感器

（3）加快气体反应速度最关键的部件是（　　）。

A. 敏感元件　B. 加热丝　C. 催化剂

（4）提高气敏传感器选择性最关键的是（　　）。

A. 敏感元件　B. 加热丝　C. 催化剂

(5) 针对不同的检测气体，掺入不同的（　　），可提高气敏传感器的选择性和灵敏度。

A. 催化剂　　B. 加热丝

(6) 气敏传感器广泛应用于（　　）。

A. 防灾报警　　B. 温度测量　　C. 液位测量

(7) 大气污染监测采用了（　　）传感器。

A. 热敏　　B. 光敏　　C. 气敏

3. 简答题

(1) 什么是气敏传感器？简述其用途。

(2) 为什么气敏传感器使用的时候需要加热？

(3) 为什么要对气敏传感器进行温度补偿？

(4) 图 8-13 所示为一种家用毒气报警控制器的电路原理图，试分析其工作原理（其中 KD9561 为报警器集成电路）。

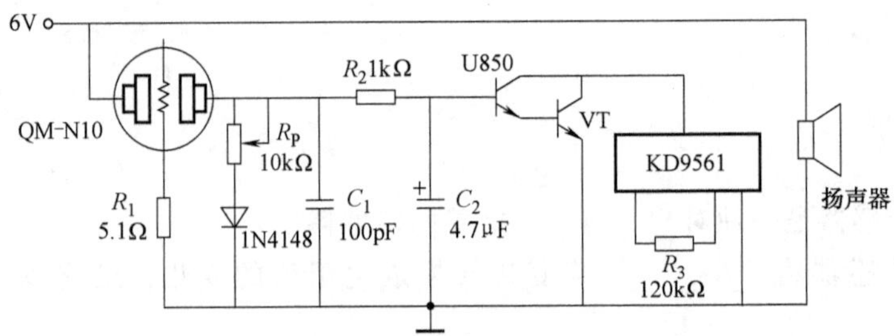

图 8-13　家用毒气报警控制器的电路原理图

实训项目九

光电传感器

第一部分 教 学 要 求

一、实训目的和要求

1）掌握光电传感器的应用场合和应用方法，了解其工作过程。

2）掌握光电传感器的工作原理，了解其结构及分类。

二、实训工具和器材

光电传感器实验模块、万用表（用户自备）。

三、实训内容和方式

实训内容		时间安排	实训方式
1	课前准备	课余	阅读教材
2	教师讲授	2 课时	重点讲授(光电传感器的工作原理、应用及性能测试方法)
3	学生实操	2 课时	学生实操，教师指导(课堂上不能完成，可在课下完成)

四、实训成绩评定

技能训练成绩		教师签名	

第二部分 教 学 内 容

在自动化生产线中，经常要对流水线上的产品进行计数，人工计数既麻烦又容易出错，因此常使用反射型光电传感器进行计数。如图 9-1 所示，产品计数系统由光电传感器和计数器组成。光电传感器对流水线上通过的每一个产品进行检测，并输出相应的脉冲信号到计数器中，每接收到一个脉冲信号，计数器就加一，并在显示器上显示相应的数值，从而实现对产品的计数。

一、光电传感器的组成

光电传感器是一种将光信号转换为电信号的传感器，它可以检测到光信号的变化，然后借助光敏元件将光信号的变化转换成电信号，进而输出到处理器中进行处理。光电传感器的组成如图 9-2 所示。

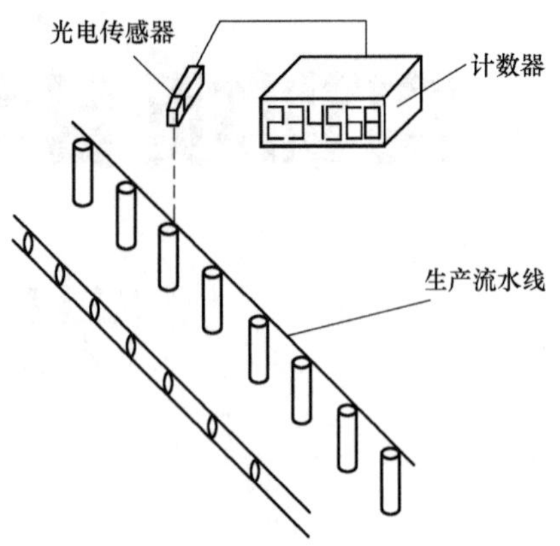

图 9-1　生产线上的产品计数系统

下面通过图 9-3 所示的光电晶体管来了解光电传感器的组成。其管芯由半导体材料制成，常作为光电传感器的敏感元件和转换元件。

光敏元件又称为光电元件，是构成光电传感器的主要部件，其工作原理是光电效应。光电效应是在光线的作用下，物体吸收光能量而产生相应电信号的一种物理现象，通常分为外光电效应、内光电效应和光生伏特效应三种类型。

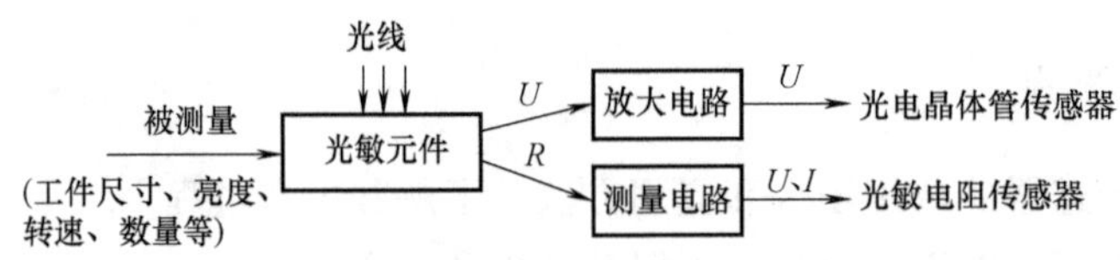

图 9-2　光电传感器的组成

在光线的作用下，电子逸出物体表面的现象称为外光电效应，基于外光电效应的光电元件有光电管和光电倍增管；在光线的作用下，物体的导电性能发生改变的现象称为内光电效应，基于内光电效应的光电元件有光敏电阻和光电晶体管等；在光线的作用下，物体产生一定方向电动势的现象称为光生伏特效应，基于光生伏特效应的光电元件有光电池等。

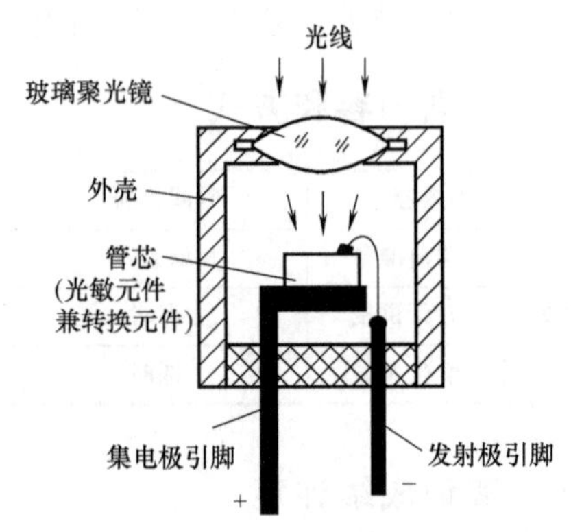

图 9-3　光电晶体管

二、光敏电阻传感器（又称光敏电阻）

光敏电阻是利用半导体的内光电效应制成的电阻值随入射光强弱的变化而变化的传感器。当入射光照射光敏电阻时，入射光越强，光敏电阻的阻值越小；入射光越弱，光敏电阻的阻值越大。在黑暗条件下，光敏电阻的阻值（暗阻）可达 1～10MΩ；在强光条件下，光敏电阻的阻值（亮阻）仅有几百至数千欧姆。光敏电阻对光的敏感性与人眼对可见光的响应很接近，只要人眼可感受的光变化，就会引起其阻值的改变。因此，光敏电阻一般用于光的测量、控制和光电转换。

1. 光敏电阻的结构

光敏材料主要是金属硫化物、金属硒化物和金属碲化物等半导体。在半导体光敏材料的两端安装上金属电极和引线，并将其封装在具有透明窗的密封壳体内，就构成了光敏电阻，其结构及电气符号如图 9-4 所示。光敏电阻通常制成薄片结构，以便吸收更多的光能。为了增加灵敏度，光敏电阻的两个电极常做成梳状。

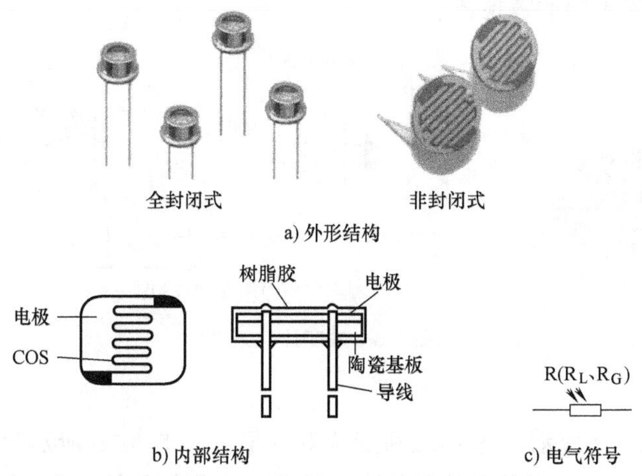

图 9-4　光敏电阻的结构及电气符号

2. 光敏电阻的工作原理

光敏电阻的工作原理基于内光电效应，如图 9-5 所示。在黑暗的环境里，光敏电阻的阻值（暗阻）很大，电路中的电流（暗电流）很小。当光敏电阻受到一定波长范围的光的照射时，它的阻值（亮阻）急剧减小，电路中的电流迅速增大，且光照越强，其阻值越低。入射光消失后，光敏电阻的阻值恢复原值。如图 9-5 所示，给光敏电阻两端的金属电极加上电压，光敏电阻中便有电流通过，且电流会随光的增强而变大，随着光的减弱而减小，从而实现光电转换。

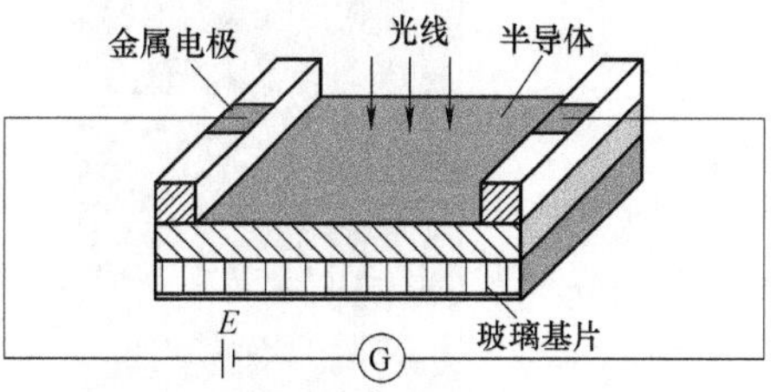

图 9-5　光敏电阻的工作原理

光敏电阻没有极性，纯粹是一个电阻元件，使用时既可加直流电压也可加交流电压。光敏电阻实际的暗阻值一般在兆欧级，亮阻值在几千欧以下。

3. 光敏电阻的应用

根据光敏电阻的光谱特性，光敏电阻可分为紫外光敏电阻、红外光敏电阻、可见光光敏电阻三类。

紫外光敏电阻主要对紫外线较灵敏，用于探测紫外线强度；红外光敏电阻则广泛用于导弹制导、天文探测、非接触测量、人体病变探测、红外光谱、红外通信等国防、科学研究和工农业生产中；可见光光敏电阻主要用于各种光电控制系统，如光电自动开关门，航标灯、路灯和其他照明系统的自动亮灭，自动给水和自动停水装置，机器上的自动保护装置和“位置检测器”，极薄零件的厚度检测器，照相机的自动曝光装置，光电计数器，烟雾报警器，光电跟踪系统等方面。

（1）浓度计

浓度计如图 9-6 所示。其中，图 9-6a 所示为其实物图，图 9-6b 所示为工作原理示意图。当将被测液体放入浓度计后，光敏电阻接收到的光信号与液体的浓度成一定的函数关系，光敏电阻将对应液体浓度的光信号转化为电信号，通过放大后驱动显示仪表。浓度计一般用于乳浊液的浓度分析、灰片密度及透光率的测量。其中，放大器及显示仪表可以根据具体的需要选用，调节 R_P 可检测不同的被检体。

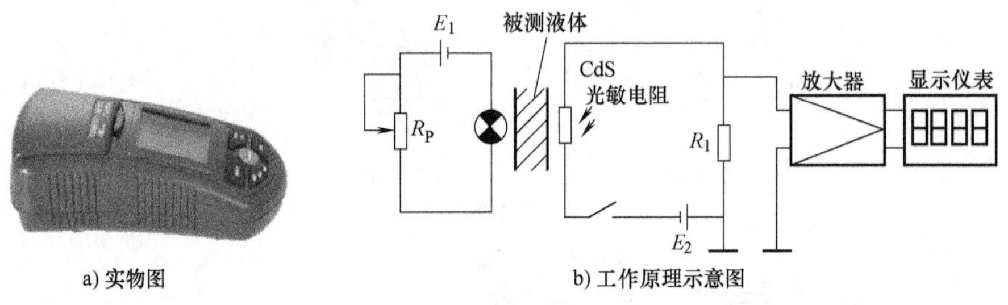

a) 实物图　　b) 工作原理示意图

图 9-6　浓度计

(2) 自动调光路灯

自动调光路灯如图 9-7 所示，图 9-7a 所示为其外形图，图 9-7b 所示为工作原理图。自动调光路灯能根据外界光线的强弱自动调节灯光亮度。外界亮度高，灯光就暗；反之，外界亮度低，灯光就亮。

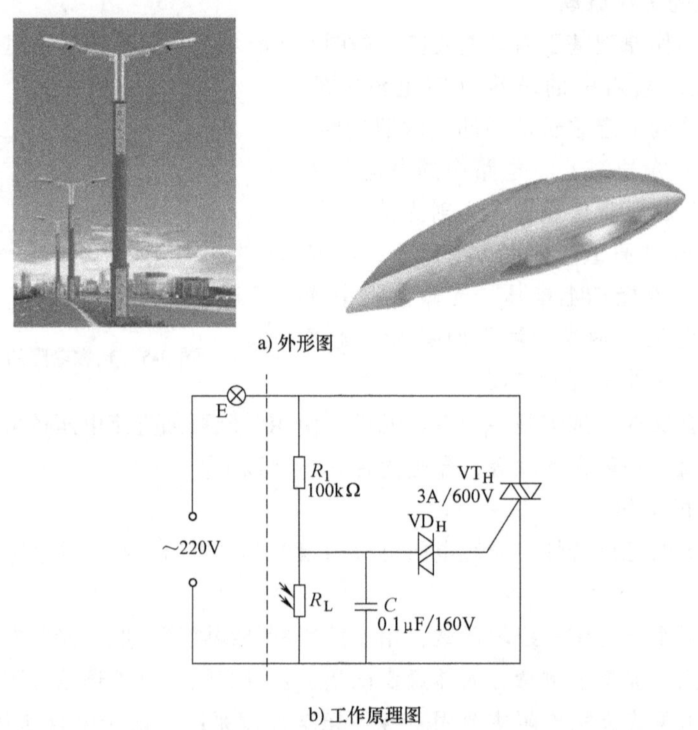

a) 外形图

b) 工作原理图

图 9-7　光控自动调光路灯

图 9-7b 所示为一个采用双向晶闸管制作的光控路灯电路，VD_H 为双向触发二极管，VT_H 为双向晶闸管，调节 R_1 可控制灯光的亮度。白天，光敏电阻 R_L 因受自然光线的照射，呈现低电阻，它与 R_1 分压后，获得的电压低于双向触发二极管 VD_H 的触发电压，故双向晶闸管 VT_H 截止，路灯 E 不亮。当夜幕来临时，R_L 上分得的电压逐渐升高，当高于 VD_H 的转折电压时，VT_H 导通，路灯 E 点亮。该电路具有软启动过程，有利于延长灯泡的使用寿

命。VD_H 可用转折电压为 20～40V 的双向触发二极管。

（3）生化分析仪

生化分析仪如图 9-8 所示，光电传感器安装在比色皿的一边，比色皿另一边安装单色光源。用单色光束照射比色皿内的被测样品，被测样品吸收了部分光（吸收光的多少与液体的成分和浓度成一定的函数关系），剩余的光照射到光电传感器上并转换成相应的电信号，该信号经放大整流转换成数字信号被送入计算机，同时计算机控制驱动部分驱动滤光片轮和样品盘，对测量数据进行处理、运算、分析、保存，同时打印结果。在测完每组样品之后，要进行比色皿的清洗。被测样品的成分、浓度会直接影响光电传感器所接收到的光信号强度。通过由光信号转换成的电信号的大小，可判断被测样品大致的成分和浓度。

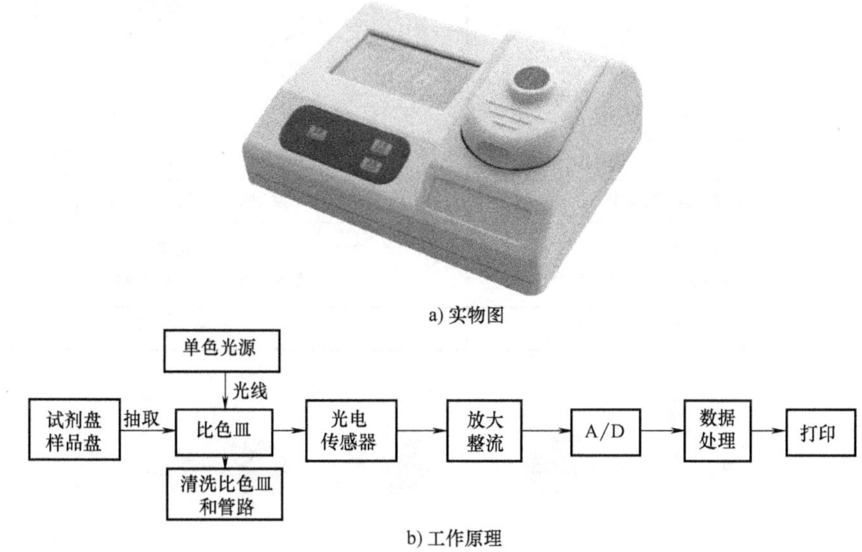

a) 实物图

b) 工作原理

图 9-8　生化分析仪

三、光电晶体管传感器

1. 光电晶体管传感器的结构

光电晶体管是光电二极管、光电三极管的总称，光电二极管与光电三极管组合可构成光电耦合器，常见的光电晶体管传感器的结构如图 9-9 所示。光电二极管与光电三极管的性能比较见表 9-1。

表 9-1　光电二极管与光电三极管的性能比较

类型	光电二极管	光电三极管
电气符号		c e 或 c e a) NPN型　　c e 或 c e b) PNP型

（续）

类型	光电二极管	光电三极管
内部结构	光 + N P −	光 c N P N e b a) NPN型 光 c P N P e b b) PNP型
原理图	R_L G 检流计 E	G 检流计 c e R_L E
工作状态	工作在反向偏置状态	发射结正偏，集电结反偏
工作原理	内光电效应 无光照时截止，有光照时导通	内光电效应 无光照时截止，有光照时导通
性能特点	响应速度快，灵敏度高	灵敏度更高

a) 光电二极管

b) 光电三极管

c) 光电耦合器

图 9-9　光电晶体管传感器

2. 光电晶体管传感器的工作原理

（1）光电二极管

光电二极管的结构与普通半导体二极管相同，都有一个 PN 结、两根电极引线，而且都是非线性器件，具有单向导电性；不同之处在于光电二极管的 PN 结装在管壳的顶部，可以直接受到光的照射。光电二极管的工作原理如图 9-10 所示，它在电路中通常处于反向偏置状态。

无光照时，光电二极管的反向电流很小，称为暗流；有光照时，PN 结及其附近激发大量电子-空穴对，称为光电载流子。在外电场的作用下，光电载流子参与导电，形成比暗流大得多的反向电流，该反向电流称为光电流。光电流的大小与光照强度成正比，在负载上能得到随光照强度变化的电信号。

光电二极管一般有两种工作状态。

1）当光电二极管上加有反向电压时，光电二极管中的反向电流随光照强度的变化而成正比变化，即光照强度越大，反向电流越大。

2）光电二极管上不加反向电压时，利用 PN 结在受光照时产生正向压降的原理，光电二极管作为微型光电池使用。通常利用该状态使之作为光检测器。

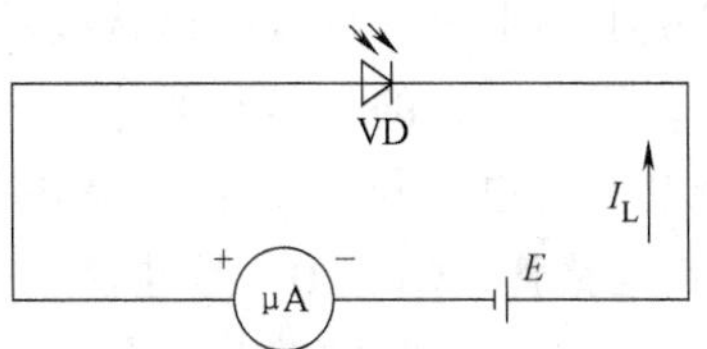

图 9-10　光电二极管的工作原理

光电二极管的电压-电流特性曲线如图 9-11 所示。其中的 *AOB* 曲线是在无光照时光电二极管的电压-电流关系。它和普通二极管一样，具有单向导电特性：当加正向电压时，二极管导通，电流随电压的升高而增大；加反向电压时，基本上处于截止状态，只有一个很小的反向饱和电流存在。

当光电二极管受到光照射时，电子和空穴急剧增加，明显地影响着其反向特性，使反向饱和电流增大，反向曲线段从 *B* 下移到 *C* 的位置。增加光照强度，曲线将继续下移到 *D* 的位置。

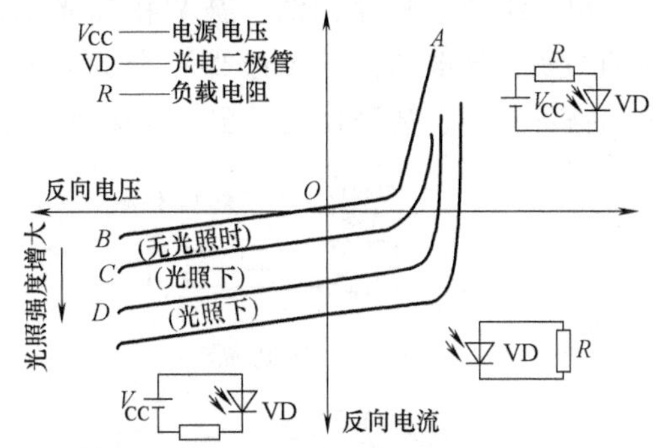

图 9-11　光电二极管的电压-电流特性曲线

（2）光电三极管

光电三极管的结构和普通三极管相似，也分 PNP 型和 NPN 型两类，NPN 型比较常见。它具有两个 PN 结，可等效成一只光电二极管与一只晶体管的结合，如图 9-12 所示。为了增大驱动功率，有时采用两只光电三极管复合连接方式，这类光电三极管的等效电路及电气符号如图 9-13 所示。

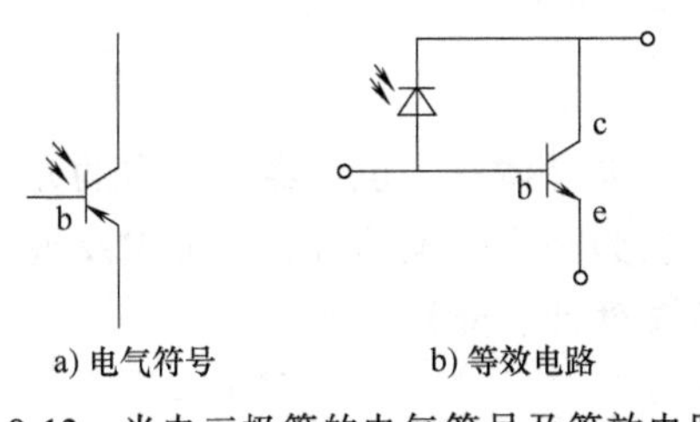

图 9-12　光电三极管的电气符号及等效电路

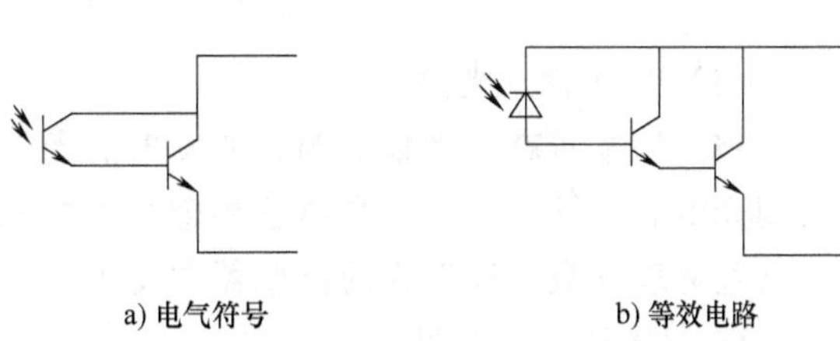

图 9-13　复合管式光电三极管的电气符号及等效电路

光电三极管在无光照射时和普通三极管一样处于截止状态。当光信号照射其基极（受光窗口）时，半导体受到光的激发作用产生很多载流子，形成光照电流，从基极输入三极管。这样，集电极流过的电流就是光照电流的数倍。很显然，光电三极管的灵敏度比光电二极管高许多，但暗流较大，响应速度慢。

光电三极管除了能将光信号转换成电信号外，还能对电信号进行放大。工作时集电结反偏，发射结正偏。无光照时，光电三极管内流过的电流（暗流）很小；有光照时，激发大量的电子—空穴对，使得基极产生的电流 I_b 增大，此刻流过光电三极管的电流称为光电流，集电极电流 $I_c=(1+\beta)I_b$，也随着成倍增大。因此，光电三极管比光电二极管具有更高的灵敏度。

光电三极管的引脚有三个的也有两个的，一般只引出两个极——发射极 e 和集电极 c，基极 b 不引出。也有引出基极的，但主要作为温度补偿用。管壳同样开有窗口，以便光线射入。因此，它的外形与光电二极管相似，只能从型号上进行区分，如 2AU 是光电二极管，3AU 是光电三极管。光电晶体管也有硅管和锗管之分，AU 是锗管，CU、DU 是硅管。

光电三极管的输出特性与一般晶体三极管的输出特性相同，差别仅在于参变量的不同。

一般晶体三极管的参变量为基极电流，而光电三极管的参变量是入射光照度，如图 9-14 所示。

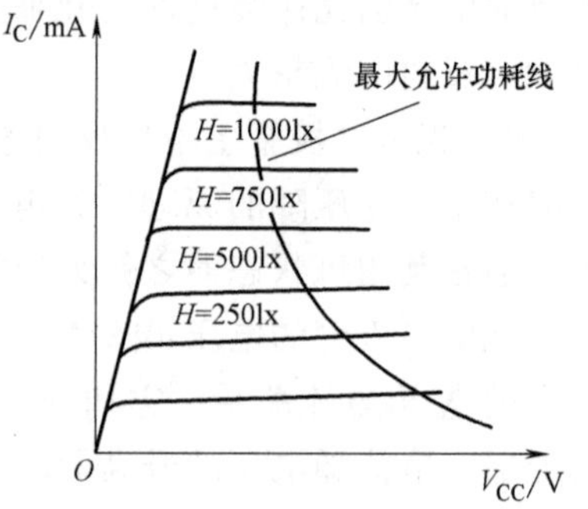

图 9-14　光电三极管的输出特性

3. 光电晶体管传感器的分类

光电晶体管传感器一般由光源、光学通路和光电晶体管三部分组成。按照光源、被测物和光电晶体管三者之间的关系，光电晶体管传感器可分为四种类型，分别是被测物发光型、被测物透光型、被测物反光型和被测物遮光型，如图 9-15 所示。

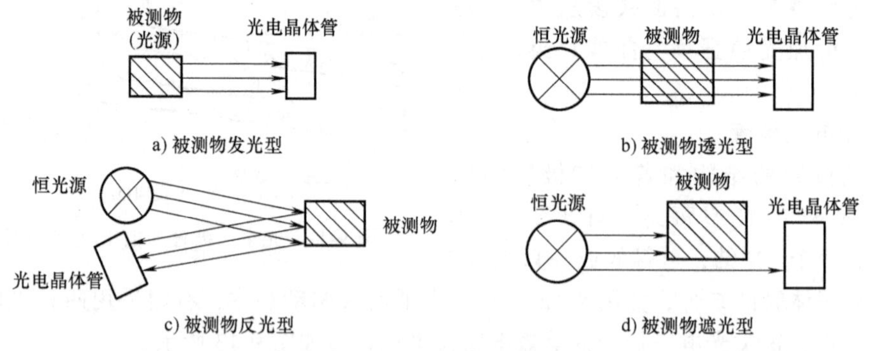

图 9-15　光电晶体管传感器的分类

（1）被测物发光型

被测物本身就是光辐射源，所发射的光直接射向光电晶体管，也可经过一定的光路后作用到光电晶体管上。光电晶体管将感受到的光信号转换为相应的电信号，其输出反映了光源的某些物理参数，该形式的传感器主要用于光电比色温度计、光照度计。

（2）被测物透光型

将被测物置于恒光源和光电晶体管之间，恒光源发出的光穿过被测物，部分被吸收后透射到光电晶体管上。透射光的强度取决于被测物吸收光的多少。被测物透明，吸收光就少；被测物浑浊，吸收光就多。该形式的传感器常用来测量液体、气体的透明度、浑浊度，也用于光电比色计等。

(3) 被测物反光型

恒光源与光电晶体管位于同一侧，恒光源发出的光投射到被测物上，从被测物表面反射后投射到光电晶体管上。反射光的强度取决于被测物表面的性质、状态及其与光源间的距离。利用此原理可测试物体表面粗糙度、纸张白度或进行位移测试等。

(4) 被测物遮光型

将被测物置于恒光源和光电晶体管之间，恒光源发出的光经过被测物时，被遮去一部分，使投射到光电晶体管上的光信号发生改变，其变化程度与被测物的尺寸及其在光路中的位置有关。该形式的传感器可用于测量物体的尺寸、位置、振动、位移等。

4. 光电晶体管传感器的应用

由于光电晶体管传感器具有结构简单、体积小、精度高、反应快、可进行非接触测量等优点，因此广泛应用于各种检测中，除了用于检测直接引起光量变化的非电量，如光强、光照度等外，也用于检测能转换成光量变化的其他非电量，如零件直径、表面粗糙度、应变、位移、振动、速度、加速度等。

(1) 光电开关

光电开关是一种利用光电效应做成的开关。将光源与光电元件按一定方式安装，当有被测物接近时，光电元件会对变化的入射光加以接收并进行光电转换，然后以开关形式输出信号。根据检测方式的不同，光电开关可分为对射式、漫反射式、镜面反射式和槽式等几种类型，见表 9-2。

表 9-2　光电开关的分类及应用

开关类型	对射式光电开关	漫反射式光电开关	镜面反射式光电开关	槽式光电开关
内部结构	光源　被测物　光电元件	光电开关　被测物	光电开关　被测物　专用反射镜	光源　被测物　光电元件　光电开关
性能特点	光源与光电元件分离，被测物位于两者之间	集光源与光电元件于一体	集光源与光电元件于一体	光源与光电元件位于 U 形槽的两边
应用	检测不透明物体	检测表面光亮或反光率高的物体	检测不透明物体	分辨透明与半透明物体

作为光控制和光检测的装置，光电开关广泛应用于工业控制、自动化生产线及安全装置中。如对流水线上的产品进行计数，如图 9-16a 所示；对装配件是否到位及装配质量进行检测，例如灌装时酒瓶盖是否压上、商标是否漏贴等，如图 9-16b 所示。

图 9-16 中采用的是反射式光电开关。反射式光电开关把光源和光电元件装入同一个装置内，利用反射原理完成光电控制。当光路上有反射率高的被测物（如流水线上的酒瓶盖、标签等）通过时，光线会从被测物表面反射回来，并被光电元件接收；反之，当流水线上的酒瓶未上盖、标签未贴上时，光线发射出去后经过酒瓶就不会反射回来，光电元件接收不到光信号。光电元件把光信号的变化转变成相应的电信号，经过转换电路输出相应的报警信号。

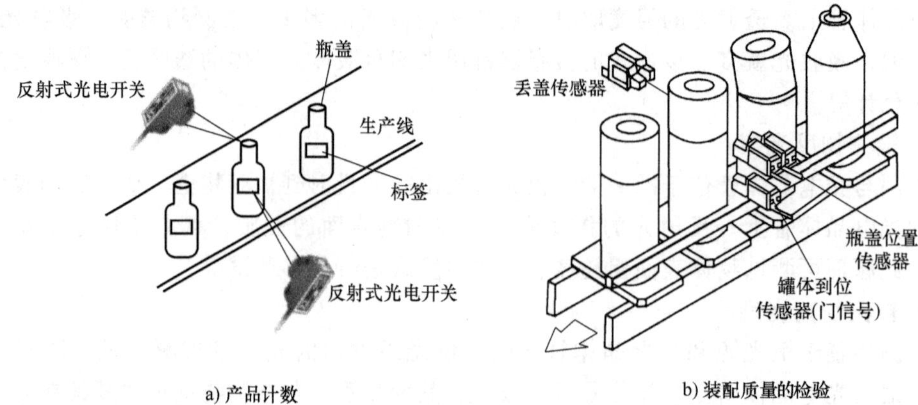

图 9-16　光电开关的应用

(2) 光电色质检测器

生产中常常需要对产品进行包装，若规定包装材料的底色为白色，则在包装产品前要先对包装材料进行色质检测，判断是否为白色。光电色质检测器的工作原理如图 9-17 所示。当包装材料的颜色为白色时，光电传感器输出的电信号经电桥、放大后，与给定色质相比较，若两者一致，输出电压为零，开关电路输出低电平，电磁阀截止；当包装材料因质量不佳泛黄时，光电晶体管接收到的光信号会发生变化，其输出的电信号也随之变化，经电桥、放大后，与给定色质相比较就有比较电压差输出，开关电路输出高电平，电磁阀接通，由压缩空气将泛黄材料吹出。

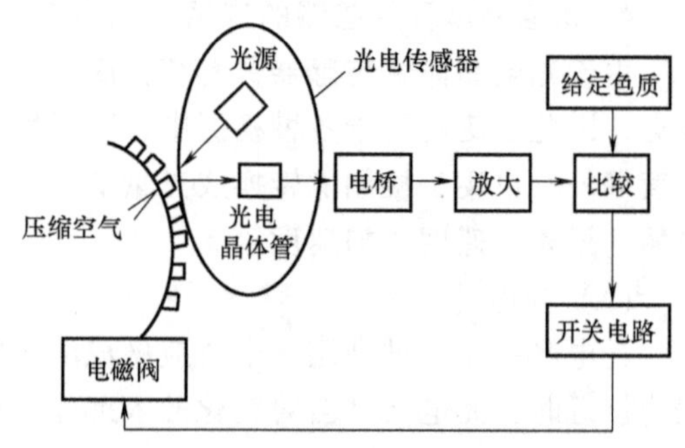

图 9-17　光电色质检测器的工作原理图

(3) 光电式转速计

光电式转速计有反射式和直射式两种基本类型，图 9-18 给出了直射式光电转速计的实物图及其工作原理图。

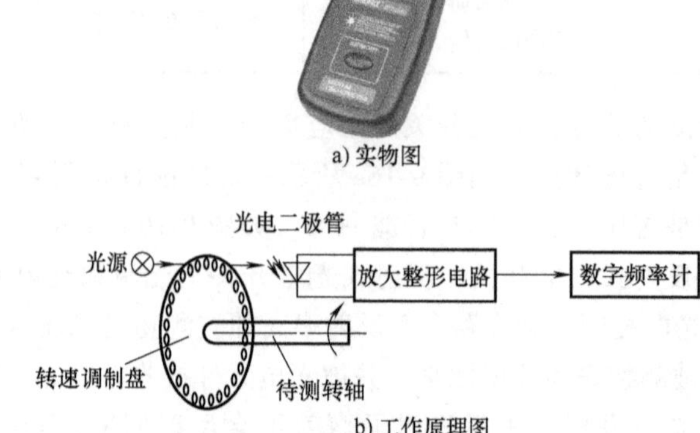

图 9-18　直射式光电转速计

在图 9-18 中，待测转轴上固定着一个带孔的转速调制盘，在调制盘的一边，由白炽灯产生的恒定光透过调制盘上的小孔到达光电二极管。转轴转动时，光电二极管能周期性地接收到光信号，并将光信号的变化转换成相应的电脉冲信号，经过放大整形电路后输出整齐的脉冲信号，由数字频率计计数并显示出来。

若调制盘上的孔（或齿）数为 Z，被测转轴的转速为 n(r/min)，频率为 f，则两者关系为

$$n=\frac{60f}{Z}$$

第三部分　技能训练

一、光电二极管特性测试

1. 光电二极管光照特性测量

1）按图 9-19 所示接线，将光电二极管装在光敏器件调节架上，并将Ⓐ和Ⓥ与实验电流表和电压表对应连接（黑 2 号接线柱接上、红接线柱接下）。

2）将实验台+15V、+5V 和模块对应连接，将 R_{P1} 向右旋转至最大值（50mA 输出），R_{P2} 向左旋转至最大值。

3）调节光学滑块在光学底座刻度尺上的位置，每调节 20mm，记录电流表和电压表的读数，并填入表 9-3 中。

4）数据处理：在 Excel 中绘制照度-电流曲线和照度-电压曲线。

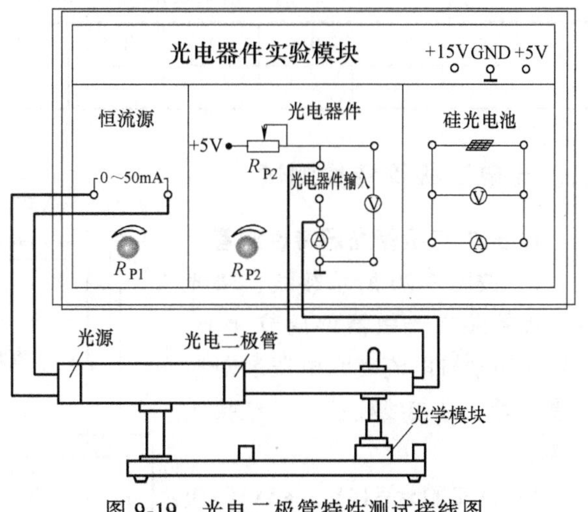

图 9-19　光电二极管特性测试接线图

表 9-3　光电二极管光照特性（电流固定选为 50mA）

光学滑块在刻度尺上的位置/mm	0	20	40	60	80	100	120	140
光照度/lx								
电流/mA								
电压/V								

2. 光电二极管伏安特性测量

1）将+5V 电源接实验台的 0～5V 可调稳压源，调节模块电流至最大值，R_{P2} 也调至最大值。

2）将光学滑块固定在刻度尺 40mm 位置。

3）调节实验台上的 0～5V 电压调节电位器，使直流电压表显示电压值为 0.5V，记录下对应的电流值，并将其填入表 9-4 中。

4）调节实验台上的 0～5V 电压调节电位器，观察每增加 0.5V 的电压值所对应的电流

表读数，并将其填入表 9-4 中。

5）改变光学滑块在刻度尺上的位置为 80mm 和 120mm，重复步骤 3）和步骤 4），将数据填入表 9-5 和表 9-6 中。

6）数据处理，在 Excel 中分别绘制 40mm、80mm、120mm 位置的电压-电流曲线，并进行分析。

表 9-4 光学滑块在刻度尺 40mm 位置时光电二极管伏安特性

电压/V	0.5	1	1.5	2	2.5	3	3.5	4	4.5
电流/mA									

表 9-5 光学滑块在刻度尺 80mm 位置时光电二极管伏安特性

电压/V	0.5	1	1.5	2	2.5	3	3.5	4	4.5
电流/mA									

表 9-6 光学滑块在刻度尺 120mm 位置时光电二极管伏安特性

输入电压/V	0.5	1	1.5	2	2.5	3	3.5	4	4.5
电流/mA									

二、光电三极管特性测试

1. 光电三极管光照特性测量

1）按图 9-20 所示接线，将光电三极管装在光敏器件调节架上，并将Ⓐ和Ⓥ与电流表和电压表对应连接（黑 2 号接线柱接上、红接线柱接下）。

2）将实验台+15V、+5V 和模块对应连接，将 R_{P1} 向右旋转至最大值（50mA 输出），R_{P2} 向左旋转至最大值。

3）调节光学滑块在光学底座刻度尺上的位置，每调节 20mm，记录电流表和电压表的读数，并填入表 9-7 中。

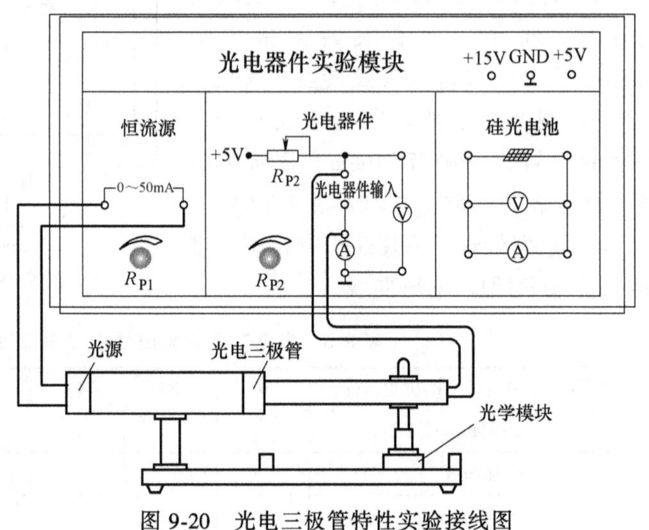

图 9-20 光电三极管特性实验接线图

表 9-7 光电三极管光照特性（电流固定选为 400mA）

光学滑块在刻度尺上的位置/mm	0	20	40	60	80	100	120	140
电流/mA								
电压/V								

2. 光电三极管伏安特性测量

1）将+5V 电源接实验台的 0～5V 可调稳压源，调节模块电流至最大值，R_{P2} 也调至最大值。

2）将光学滑块固定在刻度尺 40mm 位置。

3）调节实验台上的 0~5V 电压调节电位器，使直流电压表显示电压值为 0.5V，记录下对应的电流值，并将其填入表 9-8 中。

4）调节实验台上的 0~5V 电压调节电位器，观察每增加 0.1V 的电压值所对应的电流表读数，并将其填入表 9-8 中。

5）改变光学滑块在刻度尺上的位置为 80mm 和 120mm，重复步骤 3）和步骤 4），将数据填入表 9-9 和表 9-10 中。

6）数据处理：在 Excel 中分别绘制 40mm、80mm、120mm 位置的电压-电流曲线，并进行分析。

表 9-8　光学滑块在刻度尺 40mm 位置时光电三极管伏安特性

输入电压/V	0.5	0.6	0.7	0.8	0.9	1.0	1.1	1.2	1.3
电流/mA									
电压/V									

表 9-9　光学滑块在刻度尺 80mm 位置时光电三极管伏安特性

输入电压/V	0.5	0.6	0.7	0.8	0.9	1.0	1.1	1.2	1.3
电流/mA									
电压/V									

表 9-10　光学滑块在刻度尺 120mm 位置时光电三极管伏安特性

输入电压/V	0.5	0.6	0.7	0.8	0.9	1.0	1.1	1.2	1.3
电流/mA									
电压/V									

三、光敏电阻特性测试

1）光敏电阻（R_G）置于光电传感器模块上的暗盒内，将其两个引脚引出到面板上。暗盒的另一端装有发光二极管，通过驱动电流控制暗盒内的光照度。

2）连接主控台 0~20mA 恒流源输出到光电传感器模块驱动 LED，电流大小通过直流毫安表检测，用万用表的欧姆档测量光敏电阻阻值 R_G。

3）开启主控台电源，通过改变 LED 的驱动电流，按表 9-11 调节驱动电流的大小，并将光敏电阻阻值 R_G 记录下来。

4）数据处理，在 Excel 中分别绘制光敏电阻的电流-电阻曲线

表 9-11　LED 的驱动电流与光敏电阻阻值的关系特性测定

I/mA	0.5	1.0	1.5	2.0	2.5	3.0	3.5	4.0	4.5	5.0
R_G/Ω										

四、硅光电池特性测试

1）光电二极管置于光电传感器模块上的暗盒内，将其两个引脚引到面板上，用实验导线将光电二极管接到光电流/电压转换电路的 VD 两端，光电流/电压转换输出端接直流电压表 20V 档。

2）打开主控台电源，将+15V 电源接入传感器应用实验模块，将光电二极管“+”极接地。

3）将 0~20mA 恒流源接 LED 两端，通过调节 LED 驱动电流来改变暗盒内的光照度，记录光电流/电压转换输出 U_{o1}（档位选择 200mV），并将其填入表 9-12 中。

4）将光电二极管“+”极接-15V，重复步骤 3），记录光电流/电压转换输出 U_{o2}，并将其填入表 9-12 中。

5）数据处理：在 Excel 中分别绘制硅光电池零偏和负偏时的电流-电压曲线。

表 9-12　实验结果记录表

驱动电流 I/mA												
零偏 U_{o1}/V												
负偏 U_{o2}/V												

第四部分　复习与思考

一、复习总结

光电传感器以各种类型的________作为传感元件，通过传感元件将光信号的变化转换为电信号的变化，再经相应的转换电路输出控制信号。

光敏元件又称为________元件，是构成光电传感器的主要部件，是将________转变成为________的一种传感器件，其工作原理是________效应。在光线作用下，物体吸收光能量而产生相应的光电效应的一种物理现象，通常可分为________、________和________三种类型。

光敏电阻是利用________材料制成的一种电阻值随入射光的强弱变化而改变的传感器。光电二极管和光电三极管也是用于光电转换的半导体器件，与光敏电阻相比具有灵敏度高、响应速度快、高频性能好等优点。

光电晶体管传感器一般由光源、光敏元件和测量电路三部分组成，光源对准被测物发射光束，光敏元件将接收到的光信号转换为电信号。按照光源、被测物和光敏元件三者之间的关系，光电晶体管传感器可分为四种类型，分别是________、________、________和________。

由于光电传感器具有结构简单、体积小、精度高、反应快、非接触测量等优点，因此广泛应用于各种检测技术。除了用于检测直接引起光量变化的非电量，如光强、光照度等外，也用于检测能转换成光量变化的其他非电量，如零件直径、表面粗糙度、应变、位移、振动、速度、加速度等。

二、测试题

1. 填空题

（1）光电传感器的工作原理是________效应，能将光信号的变化转换为电信号的变化。

（2）按照工作原理的不同，光电晶体管传感器可分为________、________、________和________四种类型。

（3）光电效应通常分为________、________和________三种类型。

（4）常见的基于内光电效应的光敏元件有________和________。

（5）光电开关是一种利用光电效应做成的开关。根据检测方式的不同，光电开关可分为________、________、________和________四种类型。

（6）光电晶体管传感器是________、________和________的总称。

（7）光电传感器可以检测出所接收到的光信号的变化，然后借助________元件将光信号的变化转换成________信号，进而输出到处理器中进行处理以实现控制。

（8）光电色质检测器中的传感器属于________类型的传感器。

（9）光电二极管工作在反向偏置状态下，即光电二极管的正极接电源________极，光电二极管的负极接电源________极。

（10）光电三极管工作时集电结________偏，发射结________偏。

2. 选择题

（1）光敏电阻的工作原理是（　　）效应。

A. 外光电效应　　B. 内光电效应　　C. 光生伏特效应

（2）光敏电阻在光照下阻值（　　）。

A. 变小　　B. 变大　　C. 不变

（3）光电二极管工作在（　　）偏置状态，无光照时（　　），有光照时（　　）。

A. 正向　　B. 反向　　C. 截止　　D. 导通

（4）光电三极管与光电二极管相比，灵敏度（　　）。

A. 高　　B. 低　　C. 相同

（5）以下元件中，属于光源的有（　　），属于光敏元件的有（　　）。

A. 发光二极管　　B. 光电三极管　　C. 光电池

D. 激光二极管　　E. 红外发射二极管　　F. 光电二极管

（6）光敏电阻上可以加直流电压，也可以加交流电压。加上电压后，无光照射时，由于光敏电阻的阻值（　　），电路中只有很（　　）的暗流；当有适当波长的光照射时，光敏电阻的阻值变（　　），电路中电流也随之变（　　），称为光电流。根据光电流的大小，即可推算出入射光的强弱。

A. 大　　B. 小　　C. 相同

（7）在光线作用下，半导体电导率增加的现象属于（　　）。

A. 外光电效应　　B. 内光电效应　　C. 光电发射

（8）（　　）一般用于光的测量、控制和光电转换。

A. 发光二极管　　B. 光敏电阻　　C. 光电池　　D. 激光二极管

（9）自动调光台灯中使用的光敏元件是（　　）。

A. 发光二极管　　　　B. 光电二极管

C. 光电三极管　　　　D. 光敏电阻

(10) 光电传感器属于（　　）传感器。

A. 接触式　　　　B. 非接触式

3. 简答题

(1) 光电传感器可分为哪几类？分别举出几个例子加以说明。

(2) 光电效应有哪几种？与之对应的光敏元件有哪些？

(3) 造纸厂经常需要测量纸张的"白度"以提高产品质量，请设计一个自动检测纸张"白度"的仪器，要求如下：

1) 画出传感器光路图。

2) 画出转换电路图。

3) 简要说明工作原理。

(4) 图 9-21 给出了光电式鼠标的外形结构和工作原理，鼠标内部安置了两个相互垂直的滚轴，分别是 X 方向的滚轴和 Y 方向的滚轴，这两个滚轴都与一个可以滚动的小球接触，小球滚动时会带动两个滚轴转动，试分析其工作过程。

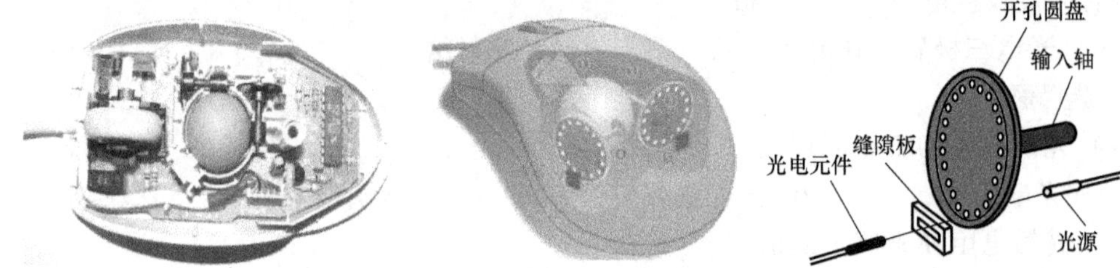

图 9-21　光电式鼠标的外形结构和工作原理图

(5) 如图 9-22 所示，说明光电传感器的工作原理。

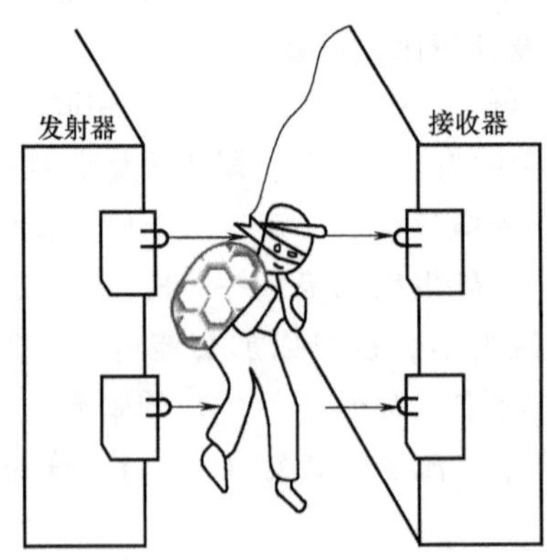

图 9-22　光电传感器的工作原理

实训项目十 超声波传感器

第一部分 教学要求

一、实训目的和要求

1）了解超声波在介质中的传播特性。

2）了解超声波传感器测量距离的原理与结构。

3）掌握超声波传感器及其转换电路的工作原理。

二、实训工具和器材

超声波传感器实验模块、超声波发射接收器、反射板、直流电源适配器（5V/2A）、钢直尺。

三、实训内容和方式

实训内容		时间安排	实训方式
1	课前准备	课余	阅读教材
2	教师讲授	1 课时	重点讲授(超声波传感器的工作原理及应用,超声波检测的方法)
3	学生实操	1 课时	学生实操,教师指导(课堂上不能完成,可在课下完成)

四、实训成绩评定

技能训练成绩		教师签名	

第二部分 教学内容

倒车雷达是汽车泊车或者倒车时的安全辅助装置，能以声音或者方向更为直观的视频显示告知驾驶人周围障碍物的情况，解除了驾驶人泊车、倒车和起动车辆时需探视前、后、左、右方向所引起的困扰，并帮助驾驶人扫除视野死角和视线模糊的缺陷，提高了驾驶的安全性。图 10-1 所示为汽车倒车雷达的示意图，4 个传感器安装在汽车尾部。

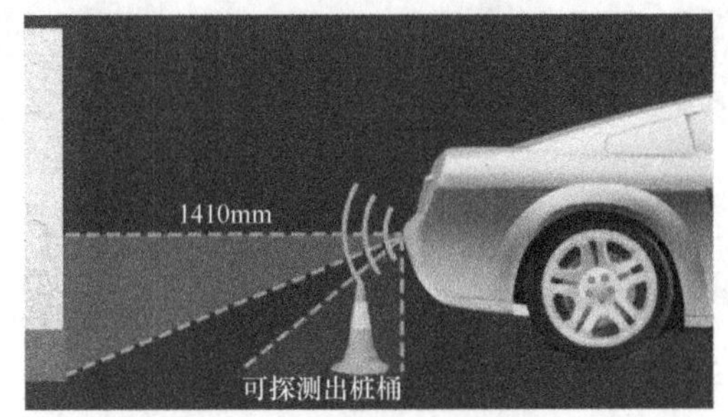

图 10-1 汽车倒车雷达的示意图

倒车雷达通常由超声波传感器、控制器和显示器（或蜂鸣器）等部分构成，如图 10-2 所示。汽车在倒车时，安装在车尾保险杠上的超声波发射探头发射的超声波遇到障碍物后产生反射信号，超声波接收探头接收到此信号后，由控制器进行数据处理，判断出障碍物的位置，然后由显示器显示障碍物的距离和方位并发出其他报警信号，及时示警，使倒车变得轻松。

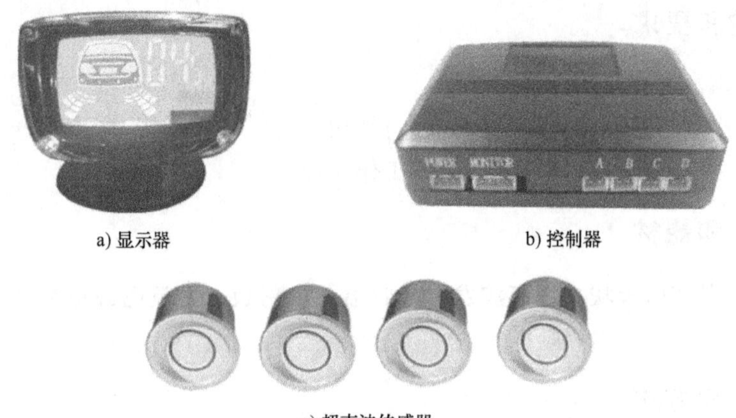

a) 显示器　　b) 控制器

c) 超声波传感器

图 10-2 倒车雷达的实物图

一、超声波传感器的组成

超声波传感器是指产生超声波和接收超声波的装置，习惯上称为超声波换能器或超声波探头。超声波传感器利用压电晶体的压电效应和电致伸缩效应，将机械能与电能相互转换，并利用波的传输特性，实现对各种参量的测量，属于典型的双向传感器。因此，超声波传感器由发射传感器（简称发射探头）和接收传感器（简称接收探头）两部分组成，如图 10-3 所示。

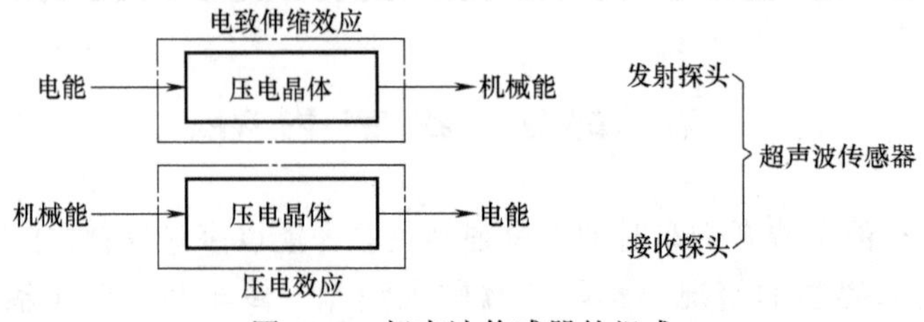

图 10-3 超声波传感器的组成

下面通过倒车雷达中的超声波传感器来了解该传感器的组成，如图 10-4 所示。

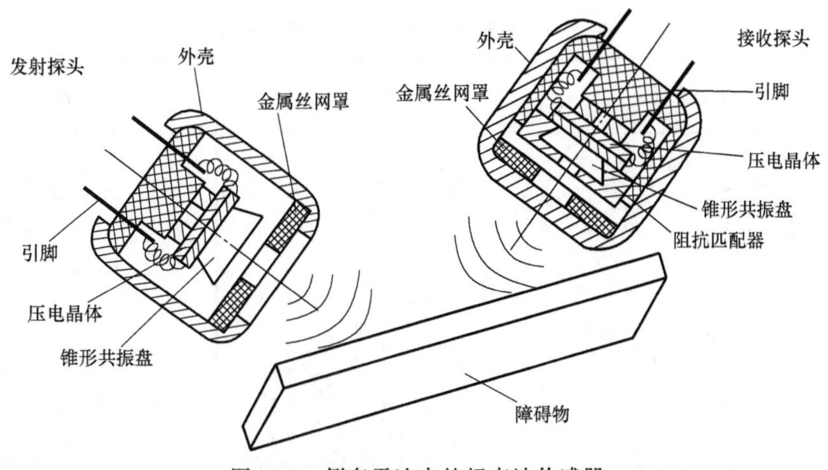

图 10-4　倒车雷达中的超声波传感器

二、超声波传感器的结构及工作原理

1. 超声波传感器的结构

超声波传感器的品种很多，其外形结构如图 10-5 所示。

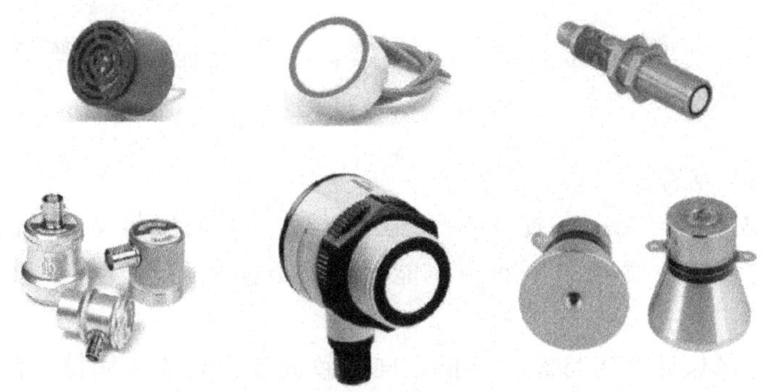

图 10-5　超声波传感器的外形结构

超声波传感器有许多不同的结构，如直探头、斜探头、双探头、表面波探头、聚焦探头、冲水探头、水浸探头、空气传导探头以及其他专用探头等，表 10-1 仅对三种常用的探头进行比较。

2. 超声波传感器的工作原理

超声波传感器利用某种待测的非声量（如密度、流量、液位、厚度、缺陷等）与某些描述介质声学特性的超声量（如声速、衰减、声阻抗等）之间存在着的直接或间接关系，通过检测超声量来确定那些待测的非声量。

（1）超声波

声波是一种机械波。当发声体产生机械振动时，周围弹性介质中的质点随之振动，这种振动由近至远进行传播，就是声波。人能听见声波的频率为 20Hz～20kHz，超出此频率范围的声音，即 20Hz 以下的声波称为次声波，20kHz 以上的声波为超声波。超声波的频率可以高达 10^{11}Hz，而次声波的频率可以低至 8Hz。声波频率范围如图 10-6 所示。

表 10-1　三种常用超声波传感器的比较

超声波传感器类型	单晶直探头	双晶直探头	斜探头
结构	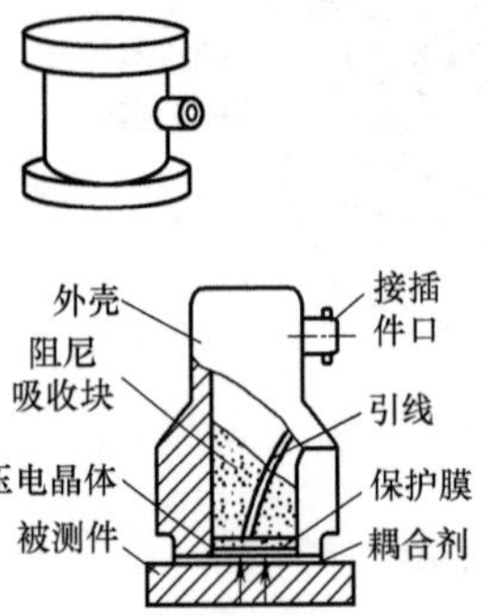 外壳、阻尼吸收块、压电晶体、被测件、接插件口、引线、保护膜、耦合剂	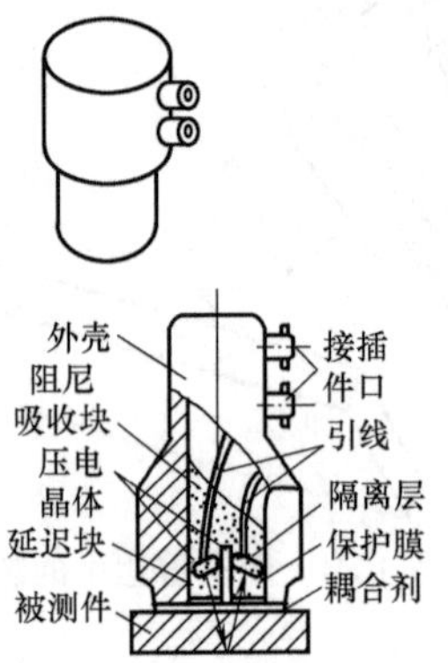 外壳、阻尼吸收块、压电晶体、延迟块、被测件、接插件口、引线、隔离层、保护膜、耦合剂	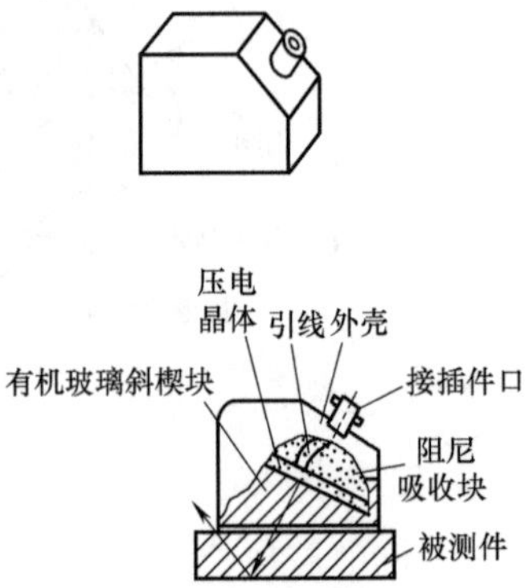 压电晶体、引线、外壳、有机玻璃斜楔块、接插件口、阻尼吸收块、被测件
工作原理	发射：电致伸缩效应 接收：压电效应	发射：电致伸缩效应 接收：压电效应	发射：电致伸缩效应 接收：压电效应
工作特点	发射、接收分时工作，测量精度低，控制电路复杂	发射、接收同时工作，测量精度高，控制电路简单	发射、接收同时工作，测量精度高，控制电路简单

次声波频段　20Hz　声波频段　20kHz　超声波频段

图 10-6　声波频率范围

（2）超声波的基本特性

1）超声波的波形。声源在介质中施力的方向与波在介质中传播的方向不同，声波的波形则不同。依据超声场中质点的振动与声能量传播方向的不同，超声波的波形一般分为三种。

① 纵波：质点的振动方向与波的传播方向一致的波，它能在固体、液体和气体介质中传播。

② 横波：质点的振动方向垂直于波的传播方向的波，它只能在固体介质中传播。

③ 表面波：质点的振动方向介于纵波和横波之间的波。表面波沿着介质表面传播，其振幅随传播深度的增加而迅速衰减。表面波只在固体的表面传播。

2）波速。超声波在不同的介质（气体、液体、固体）中的传播速度是不同的，传播速度与介质密度和弹性系数以及声阻抗有关。不同波形超声波的传播速度也不相同：在固体中，纵波、横波、表面波三者的声速有一定的关系，通常可认为横波的声速为纵波的一半，表面波的声速为横波声速的 90%；在气体中，纵波的声速为 344m/s；在液体中，纵波的声速为 900~1900m/s。

3）超声波的反射和折射。当超声波从一种介质传播到另一种介质时，在两介质的分界面上将发生反射和折射，如图 10-7 所示。其中，能返回原介质的称为反射波；透过介质表面，能在另一种介质内继续传播的称为折射波。在某种情况下，超声波还能产生表面波。各种波形都符合反射和折射定律。

4）超声波的衰减。超声波在介质中传播时，随着距离的增加，能量逐渐衰减，衰减的程度与超声波的扩散、散射及吸收等因素有关。

（3）超声波传感器的工作原理

当从超声波发射探头输入频率为40kHz的脉冲电信号时，压电晶体因变形而产生振动，振动频率在20kHz以上，由此形成了超声波。该超声波经锥形共振盘共振放大后定向发射出去；接收探头接收到发射来的超声波信号后，促使压电晶片变形而产生电信号，并通过放大器放大电信号。

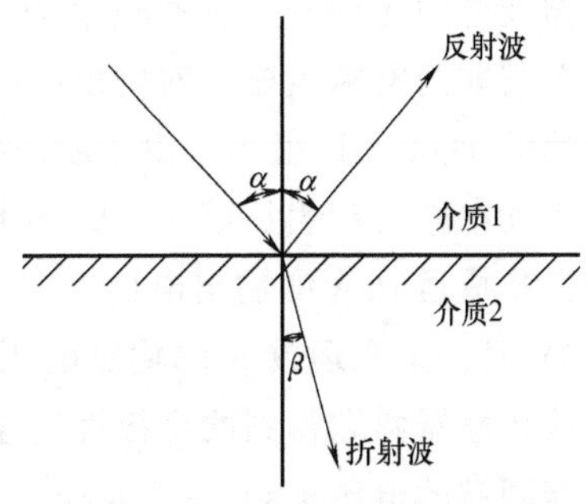

图10-7　超声波的反射和折射

三、超声波传感器的测量电路

1. 超声波传感器的等效电路

超声波传感器的等效电路如图10-8所示。其中，图10-8a所示为超声波传感器的电气符号，图10-8b所示为超声波传感器的等效电路，R_a为介电损耗内电阻，C_a为压电元件两表面间的极间电容，C_g、L_g、R_g分别为机械共振回路的等效电容、电感和电阻。

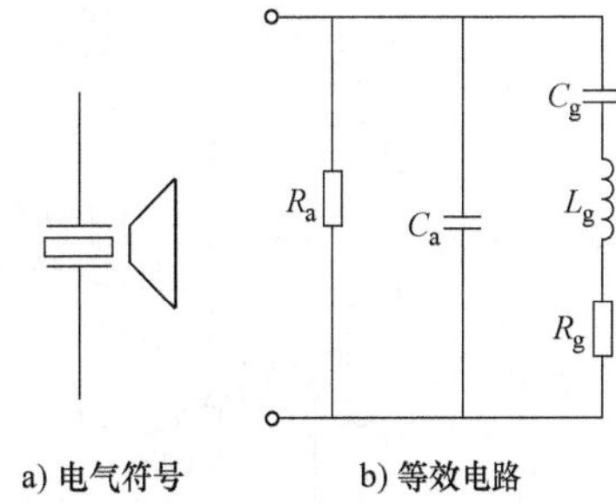

图10-8　超声波传感器的等效电路

2. 超声波传感器的发射电路与接收电路

超声波传感器发射电路如图10-9所示，主要由脉冲调制信号产生电路、隔离电路和驱动电路组成，用来为超声波传感器提供发送信号。该电路工作时，由555定

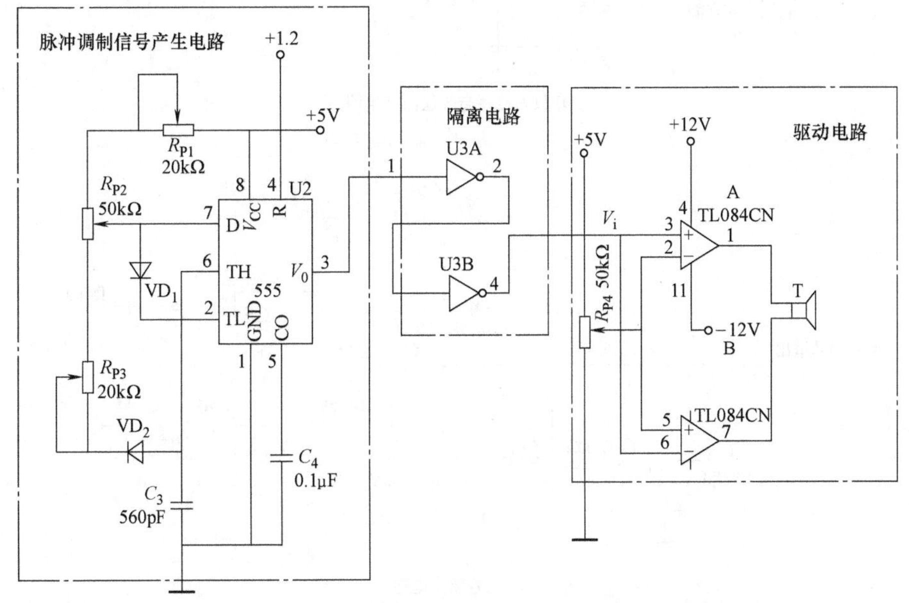

图10-9　超声波传感器的发射电路

时器及外围元件产生脉冲频率为 40kHz、周期为 25μs 的脉冲调制信号。隔离电路主要是由两个与非门电路组成，对输出级与脉冲调制信号产生电路进行隔离。输出级由两个通用型集成运放 TL084CN 组成。由于超声波传感器的发射距离与其两端所加的电压成正比，因此要求驱动电路要产生足够大的驱动电压，其基本原理就是一个比较电路：当输入信号 $V_i>2.5V$ 时，集成运放 A 的输出电压 $V_A=+12V$，集成运放 B 的输出电压 $V_B=-12V$；当输入信号 $V_i<2.5V$ 时，集成运放 A 的输出电压 $V_A=-12V$，集成运放 B 的输出电压 $V_B=+12V$，所以在超声波传感器两端得到两个极性完全相反的对称波形，即 $V_B=-V_A$。进一步讲，加在超声波传感器两端的电压 $V=V_A-V_B=2V_A$，可达到 24V，从而保证超声波能够发送较长的距离，提高了测量量程。

超声波传感器接收电路由放大电路、带通滤波电路及信号变换电路组成。放大电路与带通滤波电路如图 10-10a 所示。由于超声波信号在空气中传播时有很大程度的衰减，因此反射回的超声波信号非常微弱，不能直接送到后级电路进行处理，必须由放大电路将信号放大到足够的幅度，才能使后级电路对信号进行正确处理。带通滤波器采用二阶 RC 有源滤波

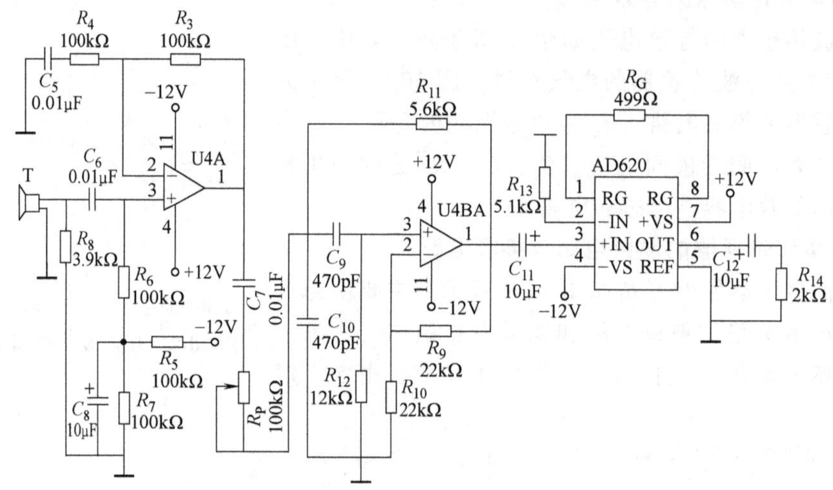

a) 放大电路与带通滤波电路

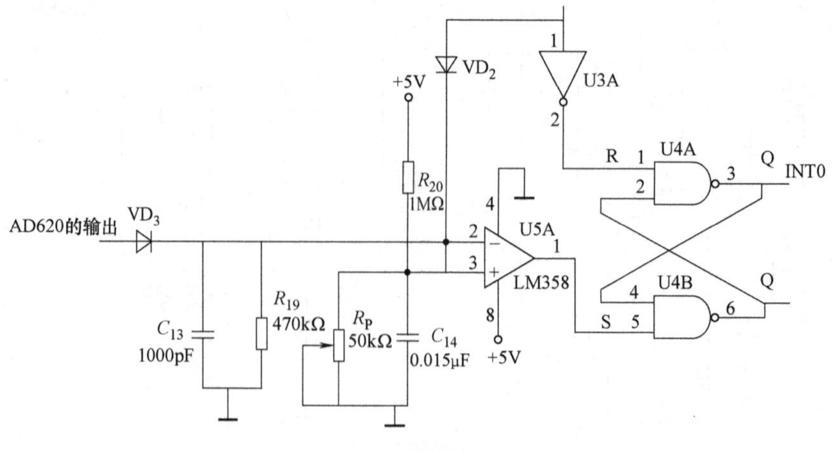

b) 信号变换电路

图 10-10　超声波传感器的接收电路

器，用于消除超声波在传播过程中受到的干扰信号的影响。集成运放和电阻 R_9、R_{10} 一起组成同相比例放大器。为了使电路能够稳定工作，必须保证同相比例放大器的增益 $A_V<3$，带通滤波器的中心频率为 40kHz，电路参数可通过 $A_V=-1+R_9/R_{10}$ 和 $\omega_0=1/[R_{12}C_2(1/R_P+1/R_{13})]$ 确定。经过带通滤波后的信号经专用仪表放大器 AD620 进行放大，然后送到信号变换电路。

信号变换电路的主要作用是将接收到的包络信号变换成单片机的中断触发信号。它由包络检波电路、电压比较器和 RS 触发器组成，如图 10-10b 所示。包络检波电路由二极管 VD_3、电阻 R_{19} 和电容 C_{13} 组成，电压比较器由集成运放和电容电阻组成，二极管 VD_3 起隔离作用，通过隔离消除发射探头对反射回来的信号的干扰。

四、超声波传感器的应用

根据超声波的传播方向，超声波传感器有两种基本类型：当超声波发射器与接收器分别置于被测物的两侧时，称为透射型，透射型超声波传感器可用于遥控器、防盗报警器、接近开关等；当超声波发射器与接收器置于被测物的同侧时，属于反射型，反射型超声波传感器可用于接近开关、测距、测液位或料位、金属探伤以及测厚等。各类型超声波传感器的原理如图 10-11 所示。

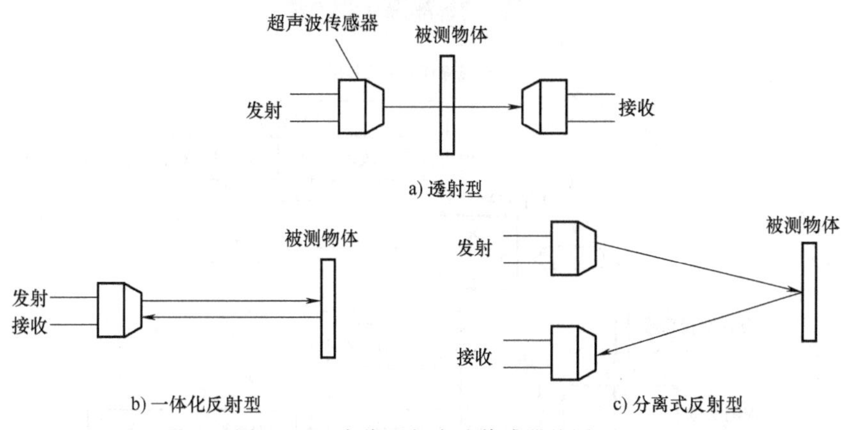

图 10-11 各类型超声波传感器的原理

1. 超声波测厚仪

超声波测厚仪常用脉冲回波法，即根据超声波的脉冲反射原理来测量厚度。根据超声波在工件中的传播速度与通过工件的时间的一半的乘积便可知工件的厚度。如果超声波在工件中的声速 c 已知，设工件厚度为 δ，那么通过测量脉冲波从发射到返回的时间间隔 t 可以求出工件厚度

$$\delta=\frac{1}{2}ct \tag{10-1}$$

按此原理设计的测厚仪可对各种板材和各种加工零件进行精确的测量，也可监测生产设备中各种管道和压力容器的壁厚，监测它们在使用过程中受腐蚀后的减薄程度，现广泛应用于石油、化工、冶金、造船、机械、电力、原子能、航空、航天等各个领域。

超声波测厚仪主要由主机和探头两部分组成，主机电路包括发射电路、接收电路、同步

电路、计数电路四部分，如图 10-12 所示。

将超声波传感器放在被测物体的表面上，由发射电路产生一定频率的脉冲信号，通过功率放大器来激励超声波发射探头，超声波发射探头发射的超声波传导至被测物体另一侧的表面上，经反射后被超声波接收探头接收，接收探头将超声波信号转换为电信号并输入到脉冲放大器中进行放大，放大后的信号触发多谐振荡器，振荡器输出的信号通过计时电路计时并处理后，经液晶显示器显示厚度数值。由于超声波传感器为单晶探头，探头必须分时工作，由同步电路控制其发射和接收；同步电路还同时控制脉冲发生器和计时电路，以保证发射与接收的超声波频率相同。

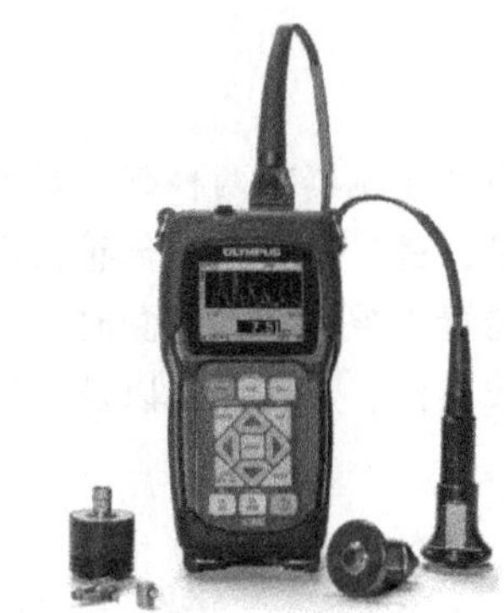

a) 测厚仪的主机和探头

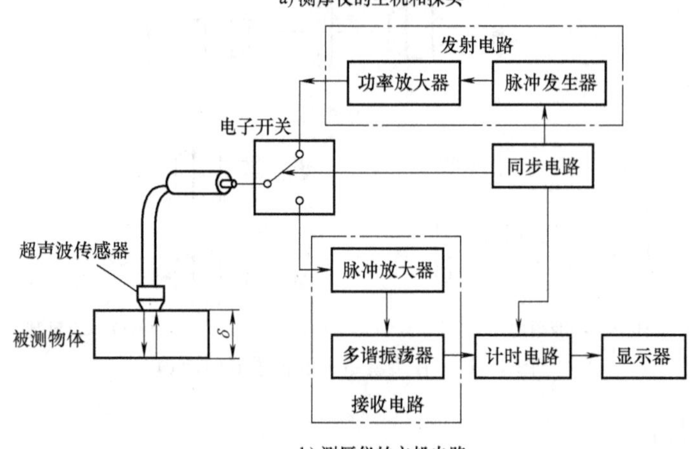

b) 测厚仪的主机电路

图 10-12　超声波测厚仪

2. 超声波探伤仪

超声波探伤是无损探伤技术中的一种主要检测手段，具有检测灵敏度高、速度快、成本低等优点，在生产实践中应用广泛。超声波探伤仪主要用于检测各类材料（金属、非金属等）、各种工件（焊接件、锻件、铸件等）、各种工程（道路建设、水坝建设、桥梁建设、机场建设等）中所用材料的缺陷（如裂缝、夹渣、气孔等），判断工件内是否存在缺陷，以及缺陷的大小、性质及位置。图 10-13a 所示为超声波探伤仪的实物图，图 10-13b 所示为超声波探伤的工作原理图。

将超声波传感器放在工件上，并在工件上来回移动检测。发射探头发出的超声波以一定的速度在工件内部传播，如果工件没有缺陷，超声波则传到工件底部才产生反射，示波器显

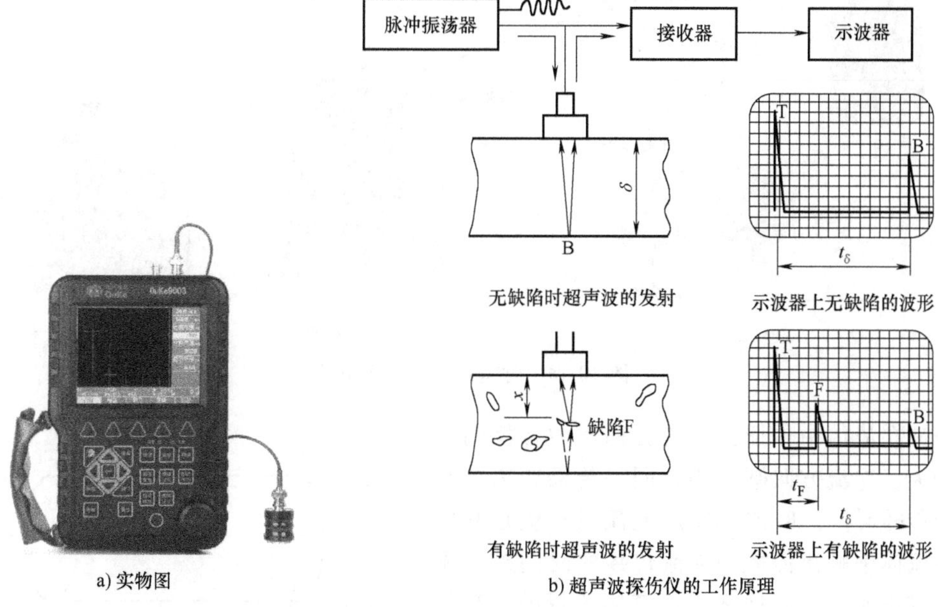

a) 实物图　　b) 超声波探伤仪的工作原理

图 10-13　超声波探伤仪

示始脉冲 T（t_T 处）和底脉冲 R（t_R 处）；若工件内部存在缺陷，那么一部分超声波在缺陷 F 处出现反射，反射脉冲又被接收探头接收，在显示屏幕上横坐标的一定位置（t_F 处）上显示一个反射波波形，反射波横坐标的位置表明缺陷在工件中的深度，反射波纵坐标的高度反映缺陷的宽度。由此看出，工件中若存在缺陷，示波器可观察到始脉冲 T、底脉冲 R 以及缺陷脉冲 F 三个波形。根据始脉冲 T 和底脉冲 R 的横坐标差值可以判断工件材料的厚度，由始脉冲 T 到缺陷脉冲 F 的时间间隔可以判断缺陷在工件内的位置，通过缺陷脉冲幅值的高低可判断缺陷面积的大小，缺陷面积越大，脉冲幅度越高；通过移动探头，还可确定缺陷的大致长度。

3. 超声波流量计

超声波流量计是一种利用超声波脉冲来测量流体流量的仪表，一般安装在管道外面，属非接触测量仪表。由于在流体中不插入任何元件，不影响流速，也没有压力损失，因此超声波流量计能测量任何液体，特别是具有高黏度、强腐蚀、非导电性等的介质。如果在现场配以温度仪表和压力仪表，经过密度补偿，还可以求得液体的质量流量。

根据测量原理的不同，超声波流量计有很多种类，目前最常采用的主要有时差式超声波流量计和多普勒式超声波流量计。多普勒式超声波流量计依靠水中杂质的反射来测量水的流速，适用于杂质含量较多的脏水和浆体的测量，如城市污水、污泥、工厂排放液、杂质含量稳定的工厂过程液等的测量，而且可以测量连续混入气泡的液体；时差式超声波流量计主要用来测量洁净的流体流量，在居民用水和工业用水领域得到广泛应用。此外，时差式超声波流量计也可以测量杂质含量不高（杂质含量小于 10g/L，粒径小于 1mm）的均匀流体，如污水等的流量，而且测量精度可达±1.5%。时差式超声波流量计由超声波换能器、电子线路及流量显示和累积系统三部分组成。图 10-14a 所示为探头分离式，可在恶劣环境中使用，图 10-14b 和图 10-14c 所示类型适合一般的环境。

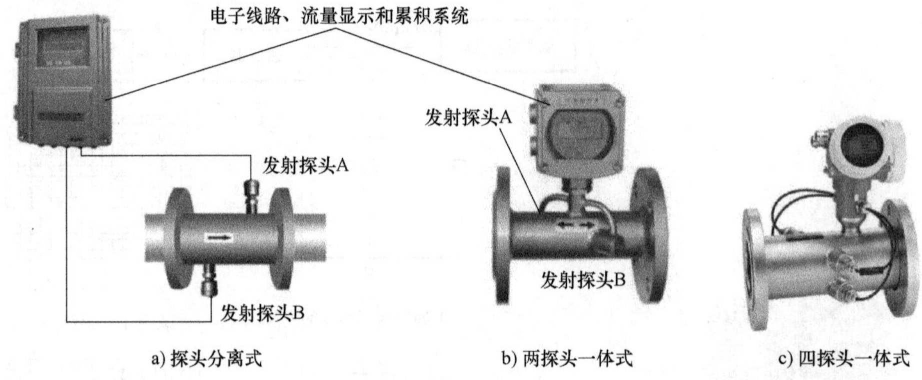

a) 探头分离式　　b) 两探头一体式　　c) 四探头一体式

图 10-14　时差式超声波流量计

声波在流体中传播，顺流方向声波传播的速度会增大，逆流方向则减小，同一传播距离就有不同的传播时间。时差式超声波流量计就是利用声波在流体中顺流传播和逆流传播的时间差与流体流速成正比这一原理来测量流体流量的，其测量原理如图 10-15 所示。

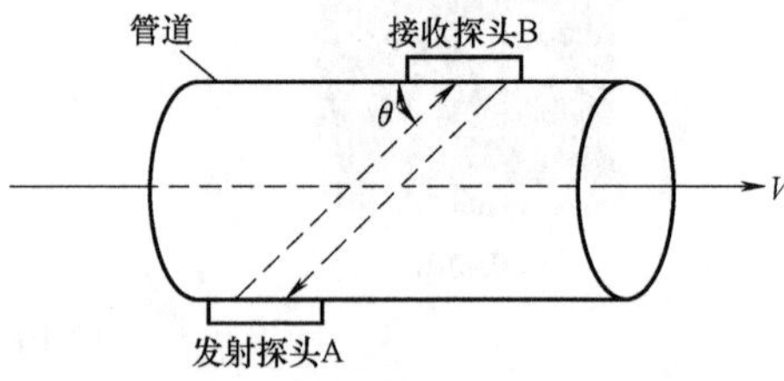

图 10-15　时差式超声波流量计的测量原理

发射探头 A 向接收探头 B 发射超声波信号，这是顺流方向，传播速度计算公式为

$$\frac{L}{t_{BA}}=c+v\left(\frac{x}{L}\right) \tag{10-2}$$

反之，逆流方向的传播速度计算公式为

$$\frac{L}{t_{AB}}=c-v\left(\frac{x}{L}\right) \tag{10-3}$$

式（10-2）减去式（10-3），并整理，得流体流速为

$$v=\frac{L}{2x}\left(\frac{L}{t_{BA}}-\frac{L}{t_{AB}}\right)=\frac{L}{2\sin\theta}\left(\frac{1}{t_{BA}}-\frac{1}{t_{AB}}\right) \tag{10-4}$$

式中　L——超声波在两传感器间的传播距离；

x——轴向传播的分量；

t_{AB}、t_{BA}——从传感器 A 到传感器 B 和从传感器 B 到传感器 A 的传播时间；

c——超声波在静止流体中的传播速度；

v——流体通过传感器 A、B 的平均速度。

在安装方式上，多普勒式超声波流量计采用对贴安装方式，时差式超声波流量计采用 V 形安装方式和 Z 形安装方式，如图 10-16 所示。通常情况下，管径小于 300mm 时采用 V 形

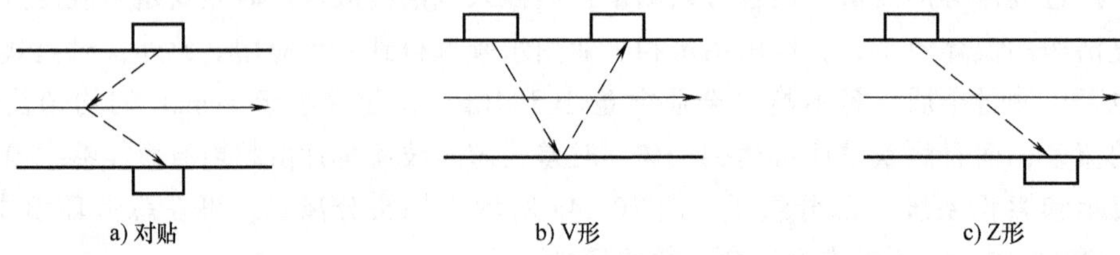

a) 对贴　　b) V形　　c) Z形

图 10-16　超声波流量计的安装方式

安装方式，管径大于 200mm 时采用 Z 形安装方式。对于既可以采用 V 形安装方式又可以采用 Z 形安装方式的传感器，应尽量选用 Z 形安装方式。实践表明，采用 Z 形安装方式的传感器，超声波信号的强度高、测量的稳定性好。如安装不合理，超声波流量计则不能正常工作。

4. 超声波液位计

超声波液位计是由计算机监控系统控制的数字物位仪表，如图 10-17 所示。图 10-17a 所示为超声波液位计实物图。在测量中，由传感器发出超声波，超声波经物体表面反射后被同一传感器或不同传感器接收，通过压电效应被转换成电信号，并由声波的发射和接收时间来计算传感器到被测物体的距离。采用超声波传感器测量液位具有精度高和使用寿命长的特点，但若液体中有气泡或液面发生波动，便会产生较大的误差。

超声波液位测量系统由超声波液位计、液位显示仪和计算机监控系统组成，如图 10-17b 所示。

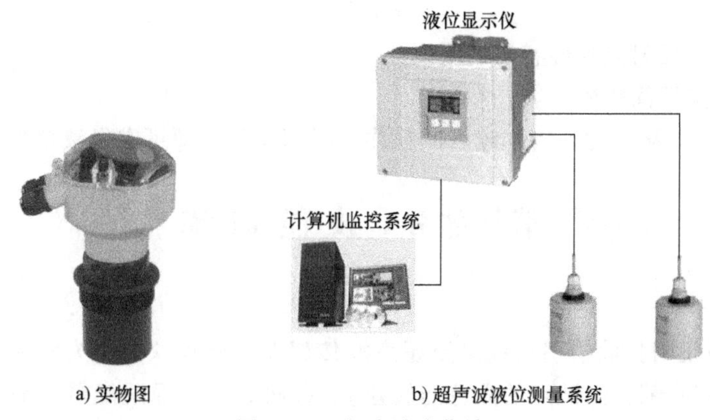

a) 实物图　　b) 超声波液位测量系统

图 10-17　超声波液位计

图 10-18 给出了几种超声波液位计的安装方式，将超声波发射探头和接收探头安装在液罐的底部，超声波在液体中的衰减比较小，即使发生的超声波脉冲幅度较小也可以传播，如

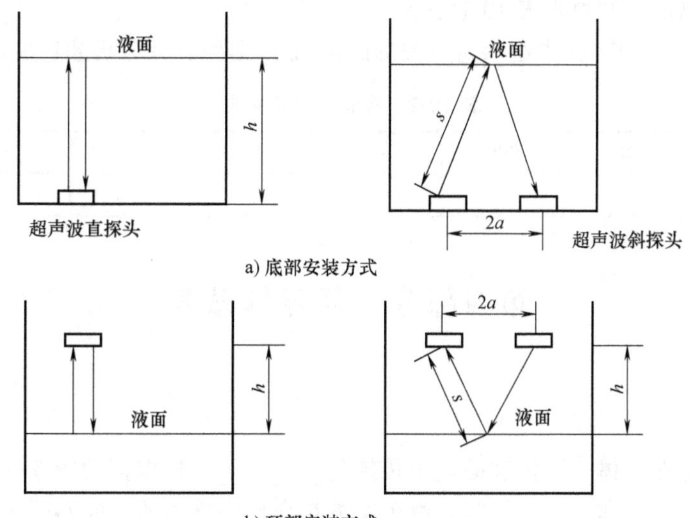

a) 底部安装方式

b) 顶部安装方式

图 10-18　超声波液位计的安装方式

图 10-18a 所示；另一种是将超声波发射探头和接收探头安装在液罐的上方，这种安装方式便于安装和维修，但超声波在空气中传播的衰减程度比较大，如图 10-18b 所示。

对于单探头，超声波传输的距离为

$$h=\frac{vt}{2} \tag{10-5}$$

式中 h——探头距液面的距离；

v——超声波在液体中传播的速度；

t——超声波从发射到反射回来的时间。

对于双探头，超声波从发射到被接收经过的路程为 $2s$，则

$$s=\frac{vt}{2} \tag{10-6}$$

液位高度为

$$h=\sqrt{s^2-a^2} \tag{10-7}$$

式中 s——超声波反射点到传感器的距离；

a——两传感器间距的一半。

因此，只要测得从发射到接收超声波脉冲的时间间隔，便可求得液位高度。

第三部分　技能训练

超声波测距

1）将超声波发射接收器引出线接至超声波传感器实验模块（T 为发射，R 为接收，上正下负，地线接接收部分测试点的黑色防转座），并将直流电源适配器（5V/2A）接到超声波传感器实验模块上。

2）打开电源，将反射板正对超声波发射接收器并逐渐远离超声波发射接收器。用钢直尺测量超声波发射接收器到反射板的距离，从 20~80cm 每隔 10cm 记录一次超声波传感器实验模块显示的距离值，并填入表 10-1 中。

3）数据处理：在 Excel 中绘制超声波的距离-显示曲线，并分析超声波测距的误差。

表 10-2　实验结果记录表

距离/cm	20	30	40	50	60	70	80
显示/cm							

第四部分　复习与思考

一、复习总结

声波是一种能在气体、液体和固体中传播的________。根据振动频率的不同，声波可分为________、________和________等。由于声波在介质中施力的方向不同于声波在介质中的传播方向，声波的波形也不同，通常有________、________和表面波。

超声波具有________、________、________的特性，在不同的介质中，其传播速度________。

超声波探头主要由压电晶体组成，它既可以________超声波，也可以________超声波。

二、测试题

1. 填空题

（1）超声波的振动频率高于________时，人耳是听不到的。

（2）超声波在均匀介质中按________方向传播，但到达界面或者遇到另一种介质时，也像光波一样产生反射和折射。超声波的发射，依据压电晶体的________效应；超声波的接收，依据压电晶体的________效应。

（3）超声波探头是实现________能和________能相互转换的一种换能元件。按其结构的不同可分为________探头、________探头、________双探头和________探头等。

（4）超声波有________、________和________以及________的特性。

（5）超声波发射探头应用的是________效应，是一种将________能转换为________能的能量装置；超声波接收探头应用的是________效应，是一种将________能转换为________能的能量装置。

（6）超声波传感器对物位的测量是根据超声波在两个分界面上的________特性而进行的。

2. 选择题

（1）单晶直探头发射超声波时是利用压电晶体的（　　），而接收超声波时是利用压电晶体的（　　），发射在（　　），接收在（　　）。

A. 压电效应　　B. 逆压电效应　　C. 电涡流效应

D. 先　　E. 后　　F. 同时

（2）在超声波探伤仪探伤中，F 波幅度较高，与 T 波的距离较接近，说明（　　）。

A. 缺陷的横截面积较大，且较接近探测表面

B. 缺陷的横截面积较大，且较接近底面

C. 缺陷的横截面积较小，但较接近探测表面

D. 缺陷的横截面积较小，但较接近底面

（3）超声波传感器属于（　　）测量。

A. 接触　　B. 非接触

（4）以下的（　　）属于用超声波测流量的方法。

A. 时差法　　B. 频率差法　　C. 相位差法

（5）用超声波单晶直探头测厚是利用超声波的（　　）特性。

A. 投射　　B. 折射　　C. 反射　　D. 衰减

3. 简答题

（1）简述超声波传感器的发射和接收原理。

（2）超声波液位计有哪几种安装方式？各有什么特点？

（3）超声波有哪些特性？利用超声波传感器可以测量哪些物理量？

（4）图 10-19 所示为汽车倒车防碰装置的示意图。请根据学过的知识分析该装置的工作

原理，并说明该装置还可以有其他哪些用途。

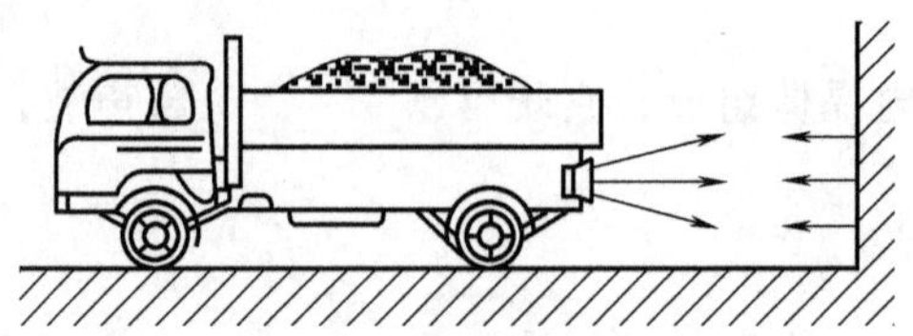

图 10-19　汽车倒车防碰装置的示意图

附录 

传感器综合实训台实训指导书

实验一　移　　相

一、实验目的

了解移相电路的原理和应用。

二、实验仪器

移相器、相敏检波和低通滤波模块。

三、实验原理

由运算放大器构成的移相器电路原理如附图 1 所示。

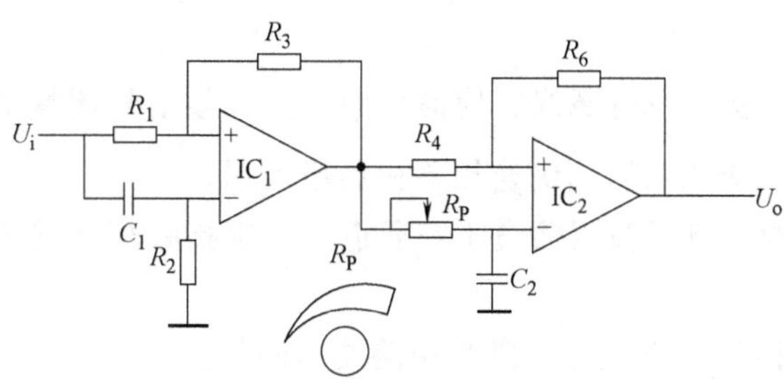

附图 1　移相器电路原理图

由附图 1 可求得该电路的闭环增益 $G(S)$ 为

$$G(S)=\frac{1}{R_1R_4}\left[\frac{R_4+R_6}{R_PC_2S+1}-R_6\right]\cdot\left[\frac{R_2C_1S(R_3+R_1)}{R_2C_1S+1}-R_3\right]$$

$$G(\mathrm{j}\omega)=\frac{1}{R_1R_4}\left[\frac{R_4+R_6}{\mathrm{j}\omega R_PC_2+1}-R_6\right]\cdot\left[\frac{\mathrm{j}\omega R_2C_1(R_3+R_1)}{\mathrm{j}\omega R_2C_1+1}-R_3\right]$$

其中，S 为时间，$\mathrm{j}\omega$ 为角动量。在实验电路中，常设定幅频特性 $|G(\mathrm{j}\omega)|=1$，为此选

择参数 $R_1=R_3$、$R_4=R_6$，则输出幅度与频率无关，闭环增益可简化为

$$G(\mathrm{j}\omega)=\frac{1-\mathrm{j}\omega R_{\mathrm{P}}C_2}{1+\mathrm{j}\omega R_{\mathrm{P}}C_2}\cdot\frac{\mathrm{j}\omega R_2C_1-1}{\mathrm{j}\omega R_2C_1-1}$$

则有

$$|G(\mathrm{j}\omega)|=1$$

$$\tan\psi=\frac{2\left(\dfrac{1-\omega^2R_{\mathrm{P}}R_2C_1C_2}{\omega R_{\mathrm{P}}C_2+\omega R_2C_1}\right)}{1-\left(\dfrac{\omega^2R_{\mathrm{P}}R_2C_1C_2-1}{R_2C_1\omega+R_{\mathrm{P}}C_2\omega}\right)^2}$$

由正切三角函数半角公式 $\tan\psi=\dfrac{2\tan\dfrac{\psi}{2}}{1-\tan^2\dfrac{\psi}{2}}$可得

$$\psi=2\arctan\left(\frac{1-\omega^2R_{\mathrm{P}}R_2C_1C_2}{\omega R_{\mathrm{P}}C_2+\omega R_2C_1}\right)$$

其中，ω 为角频率，ψ 为相位角。当 $R_{\mathrm{P}}>\dfrac{1}{\omega^2R_2C_1C_2}$时，输出相位滞后于输入相位；当 $R_{\mathrm{P}}<\dfrac{1}{\omega^2R_2C_1C_2}$时，输出相位超前于输入相位。

四、实验步骤

1）连接主控台与实验模块电源线，使信号源 U_{S1} 音频信号源幅值调节旋钮居中，频率调节旋钮旋至最小，信号输出端 $U_{\mathrm{S1}}0°$连接移相器输入端。

2）打开主控台电源，将示波器通道 1 和通道 2 分别接移相器输入与输出端，调整示波器，观察两路波形。

3）调节移相器“移相”电位器，观察两路波形的相位差。

4）改变音频信号源频率（用频率转速表的频率档监测），观察频率不同时移相器移相范围的变化。

5）实验结束后，关闭电源，整理好实验设备。

五、实验报告

根据实验所得的数据，对照移相器电路图分析其工作原理。

六、注意事项

实验过程中正弦信号通过移相器后波形局部有失真，这并非仪器故障。

实验二　相敏检波

一、实验目的

了解相敏检波电路的原理和应用。

二、实验仪器

移相器、相敏检波和低通滤波模块。

三、实验原理

相敏检波器电路原理如附图 2 所示。

图中 U_i 为输入信号端，AC 为交流参考电压输入端，U_o 为检波信号输出端，DC 为直流参考电压输入端。

当 AC、DC 端输入控制电压信号时，通过差动电路的作用使 VD_1 和 V_1 处于开或关的状态，从而把 U_i 端输入的正弦信号转换成全波整流信号。

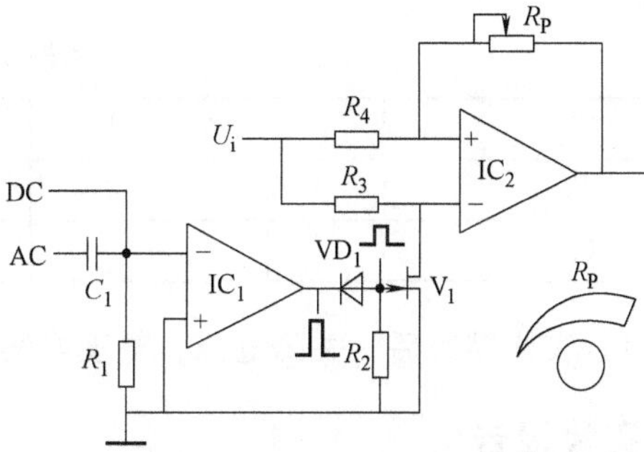

附图 2　相敏检波器电路原理图

四、实验步骤

1）连接主控台与实验模块电源线，信号源 U_{S1} 0°音频信号输出为 1kHz、$U_{p\text{-}p}=2V$ 的正弦信号，将正弦信号接到相敏检波输入端 U_i，调节相敏检波模块电位器 R_P 至中间位置。

2）直流稳压电源 2V 档输出（正或负均可）接相敏检波器 DC 端。

3）示波器两通道分别接相敏检波器输入、输出端，观察输入、输出波形的相位关系和幅值关系。

4）改变 DC 端参考电压的极性，观察输入、输出波形的相位和幅值关系。

5）由此可以得出结论：当参考电压为正时，输入波形与输出波形同相；当参考电压为负时，输入波形与输出波形反相。

6）去掉 DC 端连线，将信号源音频信号 U_{S1}0°端输出 1kHz、$U_{p\text{-}p}=2V$ 的正弦信号送入移相器输入端，移相器的输出端与相敏检波器的参考输入端 AC 连接，相敏检波器的信号输入端 U_i 同时接到信号源音频信号 U_{S1}0°输出端。

7）用示波器两通道观察附加观察插口┐┌、┌┐的波形。可以看出，相敏检波器中整流电路的作用是将输入的正弦波转换成方波，使相敏检波器中的电子开关能正常工作。

8）将相敏检波器的输出端与低通滤波器的输入端连接，如附图 3 所示，低通输出端接数字电压表 20V 档。

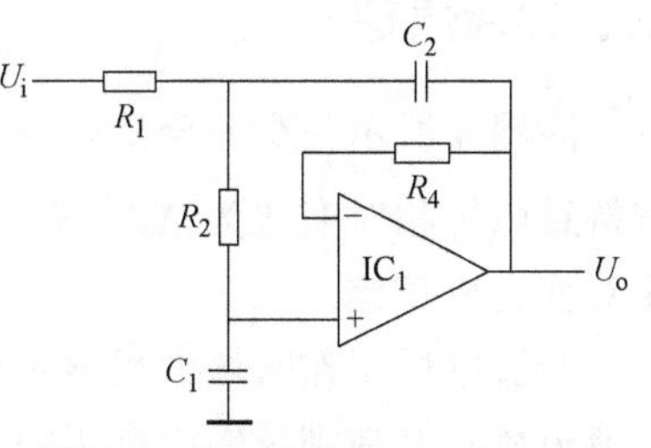

附图 3　低通滤波器电路原理图

9）示波器两通道分别接相敏检波器输入、输出端。

10）适当调节音频振荡器幅值旋钮和移相器“移相”旋钮，观察示波器中波形的变化和电压表电压值的变化，然后将相敏检波器的输入端 U_i 改接至音频振荡器 U_{S1}180°输出端，观察示波器和电压表的变化。

11）由以上可以看出，当相敏检波器的输入信号与开关信号同相时，输出为正极性的全波整流波形，电压表指示正极性方向最大值；反之，则输出负极性的全波整流波形，电压表指示负极性的最大值。

12）将 U_{S1} 0°接入相敏检波器的输入端 U_i，调节移相器“移相”旋钮，使直流电压表输出最大，利用示波器和电压表，测出相敏检波器的输入 U_{p-p} 值与输出直流电压 U_o。

13）将 U_{S1} 180°接入相敏检波器的输入端 U_i，调节移相器“移相”旋钮，使直流电压表输出最大，利用示波器和电压表，测出相敏检波器的输入 U_{p-p} 值与输出直流电压 U_{o1}，并填入附表 1。

附表 1　实验记录

U_{p-p}/V	1	2	3	4	5	6	7	8	9	10
U_o/V										
U_{o1}/V										

14）实验结束后，关闭电源，整理好实验设备。

五、实验报告

根据实验所得的数据，作相敏检波器输入-输出（U_{p-p}-U_o）曲线，对照移相器、相敏检波器电路图分析其工作原理，并得出相敏检波器最佳的工作频率。

实验三　金属箔式应变片——交流全桥电路性能测试

一、实验目的

了解交流全桥电路的原理。

二、实验仪器

移相器、相敏检波和低通滤波模块，应变传感器实验模块。

三、实验原理

附图 4 所示为交流全桥电路的一般形式。当电桥平衡时，$Z_1Z_4=Z_2Z_3$，电桥输出为零。若桥臂阻抗相对变化为 $\Delta Z_1/Z_1$、$\Delta Z_2/Z_2$、$\Delta Z_3/Z_3$、$\Delta Z_4/Z_4$，则电桥的输出与桥臂阻抗的相对变化成正比。

交流电桥工作时增大相角差可以提高灵敏度，其传感器最好是纯电阻性或纯电抗性的。交流电桥只有在满足输出电压的实部和虚部均为零的条件下才会平衡。

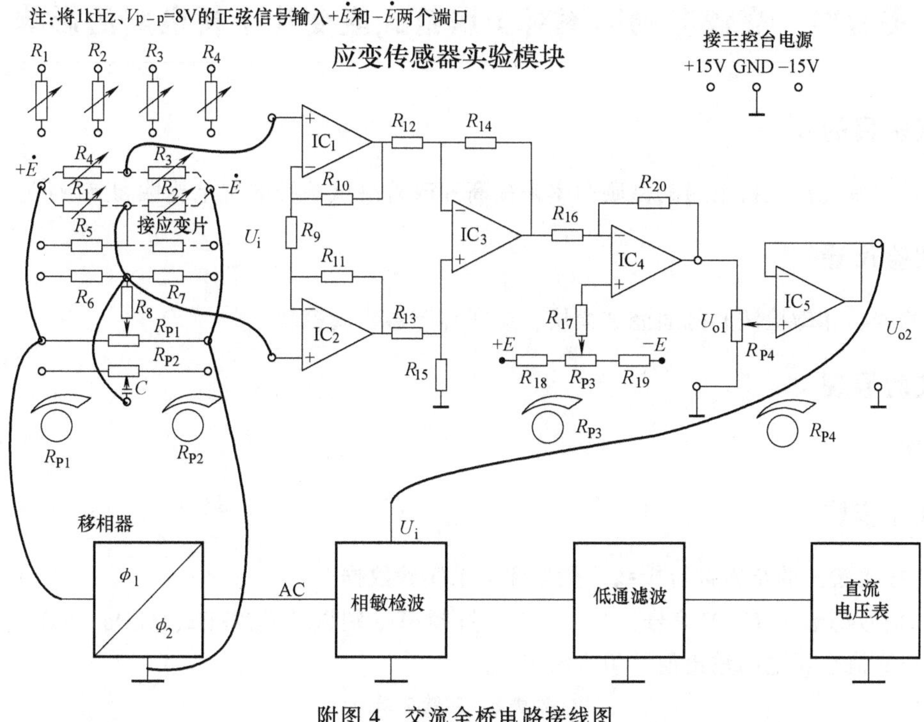

附图 4　交流全桥电路接线图

四、实验步骤

1）连接主控台与实验模块的电源线，开启主控台电源，调节 R_{P4} 到最大（沿顺时针方向旋到底），将差分放大电路输入短路，调节 R_{P3} 使 U_{o2} 输出为零。调节音频信号源输出 U_{S1}0°输出 1kHz、$U_{p\text{-}p}=8V$ 的正弦信号，按附图 4 所示正确接线。

2）调节移相旋钮，使相敏检波器 U_o 端输出正负幅值相等的波形（直流电压表显示大致为 0），再调节电位器 R_{P1} 和 R_{P2}，使系统输出电压为零。

3）装上砝码盘，从 20g 起每次增加 20g 砝码（选择 200mV 档），将测得数据填入附表 2。

附表 2　实验记录

m/g											
U/mV											

4）实验结束后，关闭电源，整理好实验设备。

五、实验报告

根据实验所得的数据，作 m-U 曲线，求出灵敏度，并与直流电桥称重系统进行比较。

实验四　交流激励频率对金属箔式应变片全桥电路的影响

一、实验目的

通过改变交流全桥电路的激励频率来提高和改善测试系统的抗干扰性和灵敏度。

二、实验仪器

移相器、相敏检波和低通滤波模块，应变传感器实验模块。

三、实验原理

同实验三。

四、实验步骤

1）按实验三的步骤进行接线、操作和记录实验数据。

2）信号源输出 U_{S1}0°信号，$U_{p-p}=8V$，将频率分别调节成 2kHz、4kHz、6kHz、8kHz，分别测出交流全桥电路输出值，填入附表 3。

附表 3　实验记录

m/g		20g	40g	60g	80g	100g	120g	140g	160g	180g	200g
U/mV	2kHz										
	4kHz										
	6kHz										
	8kHz										

3）实验结束后，关闭电源，整理好实验设备。

五、实验报告

根据实验所得的数据，作不同激励频率下的 *m*-*U* 曲线，比较灵敏度，观察系统工作的稳定性，并由此得出结论，此系统工作在哪个频率区段中较为合适。

实验五　金属箔式应变片——用交流全桥电路测量振幅

一、实验目的

了解用交流全桥电路测量动态应变参数的原理与方法。

二、实验仪器

应变传感器实验模块，移相器、相敏检波和低通滤波模块，振动源。

三、实验原理

将应变传感器模块电桥的直流电源 E 换成交流电源 $\dot{E}$，则构成交流全桥电路，其输出 $u=\dot{E}\dfrac{\Delta R}{R}$。用交流电桥电路测量交流应变信号时，桥路输出为调制波。当双平行振动梁被不同频率的信号激励时，起振幅度不同，贴于应变梁表面的应变片所受应力不同，电桥输出信号大小也不同。若激励频率与梁的固有频率相同，则产生谐振，此时电桥电路输出信号最大。根据这一原理，可以找出梁的固有频率。

四、实验内容与步骤

1）不用模块上的应变电阻，改用振动梁上的应变片，通过导线连接到振动源的应变输出端。四个应变电阻通过导线接到了应变传感器模块的虚线全桥电路上。

2）按交流全桥电路性能测试实验连接电路（见附图 4），并按其实验步骤 1）、2）将系统输出电压调为 0。

3）将信号源 U_{S2} 低频振荡器输出端接入振动源的低频信号输入端，调节低频输出幅度和频率，使振动源（圆盘）明显有振动。

4）保持低频振荡器幅度调节不变，改变低频振荡器输出信号的频率（用频率/转速表监测），用上位机检测频率改变时低通滤波器输出波形的幅值，找到振幅最大时的频率（振动源的共振频率）。

5）实验结束后，关闭电源，整理好实验设备。

五、实验报告

找出振动梁的共振频率。

六、注意事项

进行此实验时低频信号源幅值旋钮旋至约 3/4 位置为宜。

实验六　用扩散硅压阻式压力传感器测量压力

一、实验目的

了解用扩散硅压阻式压力传感器测量压力的原理与方法。

二、实验仪器

压力传感器模块。

三、实验原理

摩托罗拉公司在具有压阻效应的半导体材料上用扩散或离子注入法设计出了 X 形扩散硅压阻式压力传感器，如附图 5 所示，在单晶硅膜片表面形成 4 个阻值相等的电阻条，将它们连接成惠斯通电桥，电桥电源端和输出端引出，用制造集成电路的方法封装起来，制成扩散硅压阻式压力传感器。

扩散硅压阻式压力传感器的工作原理：在 X 形扩散硅压阻式压力传感器的电源端加偏置电压形成电流 i，当敏感芯片没有外加压力作用时，内部电桥处于平衡状态；当有剪切力作用时，在垂直电流方向将会产生电场变化，$E=\Delta\rho i$，该电场的变化引起电位变化，则在传感器输出端可得到因外加压力引起的输出电压 U_o

$$U_o = dE = d\Delta\rho i$$

式中 d——元件两端的距离；

$\Delta\rho$——电阻率的变化量。

实验接线图如附图 6 所示，MPX10 有 4 个引出脚，1 脚接地、2 脚为 U_o+、3 脚接+5V 电源、4 脚为 U_o-；当压力 $p_1>p_2$ 时，输出为正；当压力 $p_1<p_2$ 时，输出为负。

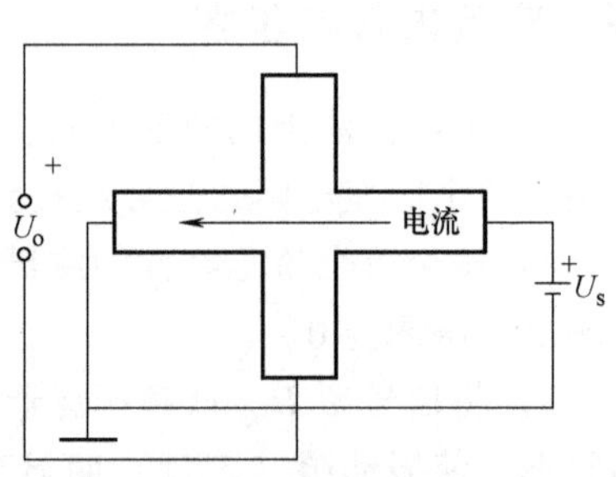

附图 5　扩散硅压阻式压力传感器原理图

四、实验内容与步骤

1）接入+5V、±15V 直流稳压电源，模块输出端 U_{o2} 接主控台直流电压表，选择 20V 档，打开主控台总电源。

2）调节 R_{P3} 到适当位置并保持不动，用导线将差动放大器的输入端 U_i 短路，然后调节 R_{P2} 使直流电压表 200mV 档显示为零，取下短路导线。

3）气室 1、2 的两个活塞退回到刻度“17”的小孔后，使两个气室的压力相对大气压均为 0，气压计指在零刻度处，将 MPX10 的输出接到差动放大器的输入端 U_i（见附图 6），调节 R_{P1} 使直流电压表 200mV 档显示为零。

4）保持负压力输入 p_2 不变，增大正压力 p_1 的压力至 0.01MPa，每隔 0.005MPa 记下模块输出 U_{o2} 的电压值，直到 p_1 的压力达到 0.095MPa，填写附表 4。

附表 4　实验记录

p/kPa									
U_{o2}/V									

5）保持正压力输入 p_1 为 0.095MPa 不变，增大负压力输入 p_2，从 0.01MPa 每隔 0.005MPa 记下模块输出 U_{o2} 的电压值，直到 p_2 的压力达到 0.095MPa，填写附表 5。

附表 5　实验记录

p/kPa									
U_{o2}/V									

6）保持负压力输入 p_2 为 0.095MPa 不变，减小正压力输入 p_1 的压力，每隔 0.005MPa 记下模块输出 U_{o2} 的电压值，直到 p_1 的压力为 0.005MPa，填写附表 6。

附表 6　实验记录

p/kPa									
U_{o2}/V									

7）保持负压力输入 p_1 为 0MPa 不变，减小正压力输入 p_2 的压力，每隔 0.005MPa 记下模块输出 U_{o2} 的电压值，直到 p_2 的压力为 0.005MPa，填写附表 7。

附表 7　实验记录

p/kPa									
U_{o2}/V									

8）实验结束后，关闭电源，整理好实验设备。

五、实验报告

根据实验所得数据，计算压力传感器输入 $p(p_1-p_2)$-U_{o2} 曲线，计算灵敏度 $L=\Delta U/\Delta P$，非线性误差 δ_f。

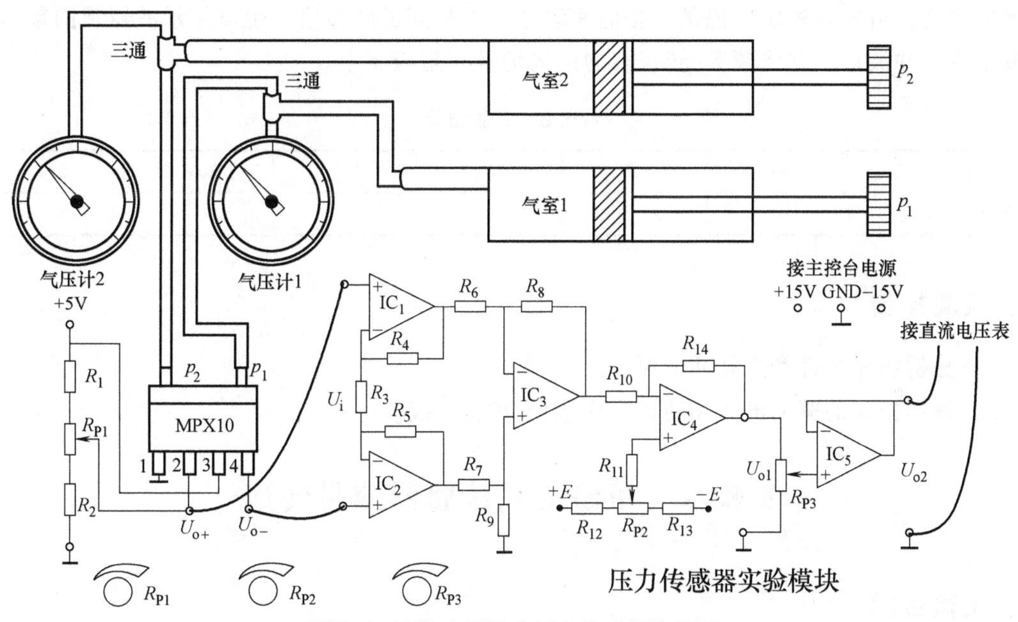

附图 6　扩散硅压阻式压力传感器接线图

实验七　用霍尔组件测量转速

一、实验目的

了解霍尔组件的应用——测量转速。

二、实验仪器

转动源。

三、实验原理

利用霍尔效应表达式：$U_H=K_H IB$，当在被测圆盘上装上 N 只磁性体时，转盘每转一周

磁场变化 N 次，霍尔电压也变化 N 次，输出电压通过放大、整流和计数电路就可以测出被测旋转物的转速。

四、实验内容与步骤

1）根据附图 7，霍尔传感器已安装于传感器支架上，且霍尔组件正对着转盘上的磁钢。

2）将+5V 电源接到转动源上“霍尔”输出的电源端，“霍尔”输出端接频率/转速表（切换到测转速位置）。

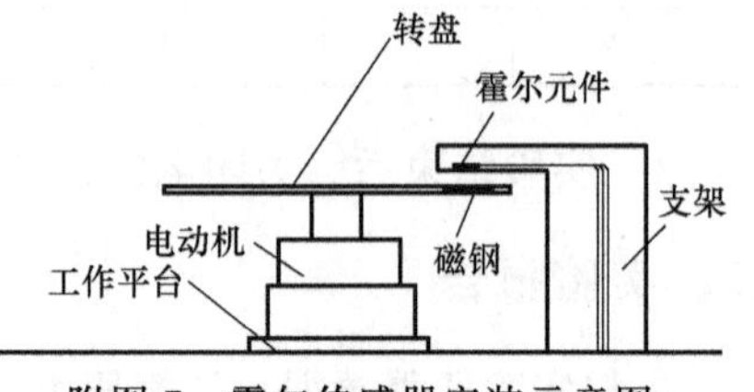

附图 7　霍尔传感器安装示意图

3）打开主控台电源，选择 8V、10V、12V、16V、20V、24V 电源驱动转动源，可以观察到转动源转速的变化。待转速稳定后记录在相应驱动电压下得到的转速值，也可用示波器观测霍尔组件输出的脉冲波形，并将频率/转速表的读数记录在附表 8 中。

附表 8　实验记录

电压/V	8V	10V	12V	16V	20V	24V
转速/(r/min)						

五、实验报告

1）分析霍尔组件产生脉冲的原理。

2）根据记录的驱动电压和转速，作电压-转速曲线。

实验八　用磁电式传感器测量转速

一、实验目的

了解磁电式传感器的原理及应用。

二、实验仪器

转动源、磁电式传感器。

三、实验原理

磁电式传感器是以电磁感应原理为基础制成的。根据电磁感应定律，线圈两端的感应电动势正比于线圈所包围的磁通对时间的变化率，即 $e=-W\frac{\mathrm{d}\Phi}{\mathrm{d}t}$。其中，$W$ 为线圈匝数，Φ 为线圈所包围的磁通量。若线圈相对磁场的运动速度为 v 或角速度为 ω，则上式可改写为 $e=-WBLv$ 或者 $e=-WBS\omega$。其中，L 为每匝线圈的平均长度，B 为线圈所在磁场的磁感应强度，S 为每匝线圈的平均截面积。

四、实验内容与步骤

1）按附图 8 所示安装磁电式传感器。传感器底部距离转动源 4~5mm（目测），传感器的两根输出线接频率/转速表。

2）打开主控台电源，选择 8V、10V、12V、16V、20V、24V 电源驱动转盘（注意正负极不能接错，否则会烧坏电动机），可以观察到转盘转速的变化。待转盘转速稳定后，记录对应的转速，也可用示波器观测磁电式传感器的输出波形，并将频率/转速表的读数记录在附表 9 中。

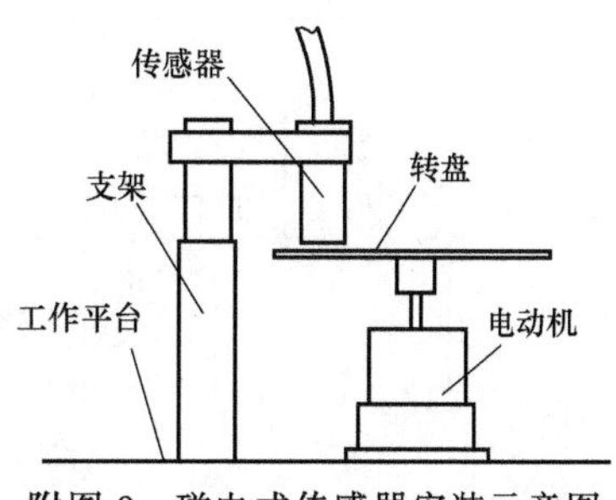

附图 8　磁电式传感器安装示意图

附表 9　实验记录

电压/V	8V	10V	12V	16V	20V	24V
转速/(r/min)						

五、实验报告

1）分析用磁电式传感器测量转速的原理。

2）根据记录的驱动电压和转速，作电压-转速曲线。

实验九　用压电式传感器测量振动

一、实验目的

了解用压电式传感器测量振动的原理和方法。

二、实验仪器

振动、压电式传感器模块、压电式传感器、移相器、相敏检波和低通滤波模块。

三、实验原理

压电式传感器由惯性质量块和压电陶瓷片等组成（观察实验用压电式加速度计的结构），工作时传感器感受与被测件相同频率的振动，质量块便产生正比于加速度的交变力作用在压电陶瓷片上，由于压电效应，压电陶瓷片便产生正比于加速度的表面电荷。

四、实验内容与步骤

1）将压电式传感器安装在振动梁的圆盘上。

2）将信号源的低频输出“U_{S2}”接到振动源的低频信号输入端，并按附图 9 所示接线，合上主控台电源开关，调节低频调幅到最大、低频调频到适当位置，使振动梁的振动频率逐渐增大。

3）将压电式传感器的输出端接到压电式传感器模块的输入端 U_{i1}，U_{o1} 接 U_{i2}，U_{o2} 接低通滤波器输入端 U_i，输出端 U_o 接示波器，观察压电式传感器的输出波形 U_o。

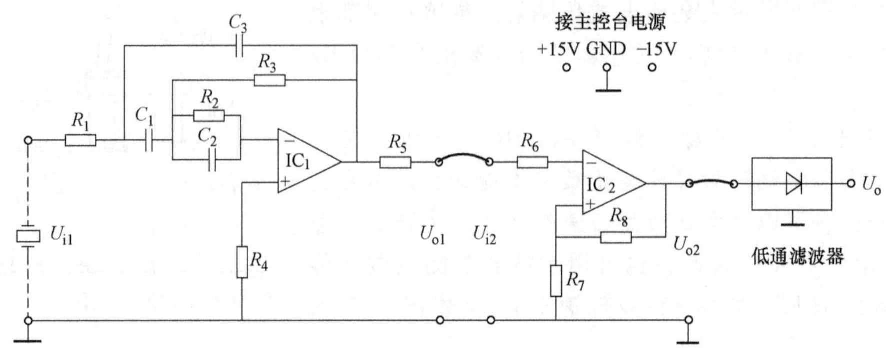

附图 9　压电式传感器振动实验接线图

五、实验报告

改变低频输出信号的频率，记录振动源在不同振动幅度下压电式传感器输出波形的频率和幅值，填写附表 10，并由此得出振动系统的共振频率。

附表 10　实验记录

振动频率/Hz	10.0	10.2	10.4	10.6	10.8	11.0	11.2	11.4	11.6	11.8
$U_{p\text{-}p}$/V										

实验十　光纤位移传感器特性测试

一、实验目的

了解反射式光纤位移传感器的原理与应用。

二、实验仪器

光纤位移传感器模块、Y 型光纤位移传感器、千分尺、铁圆盘（反射面）。

三、实验原理

反射式光纤位移传感器是一种传输型光纤传感器，其工作原理如附图 10 所示：光纤采用 Y 型结构，两束光纤一端合并在一起组成光纤探头，另一端分为两支，分别作为光源光纤和接收光纤。光从光源耦合到光源光纤，通过光纤传输，射向反射面，再被反射到接收光纤，最后由光电转换器接收，转换器接收到的光源与反射面的性质及反射面到光纤探头的距离有关。当反射面位置确定后，接收到的反射光光强随光纤探头与反射面间的距离的变化而变化。显然，当光纤探头紧贴反射面时，接收器接收到的光强为零。随着光纤探头离反射面距离的增加，接收到的光强逐渐增加，到达最大值后又随两者间的距离的增加而减小。反射式光纤位移传感器是一种非接触式测量，具有探头小，响应速度快，测量线性化（在小位移范围内）等优点，可在小位移范围内进行高速位移检测。

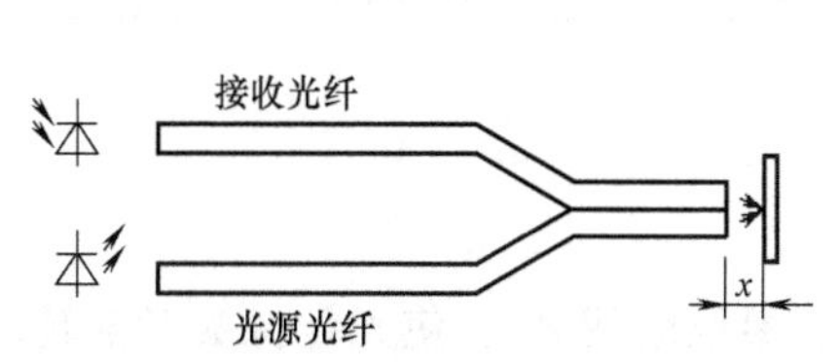

附图 10　反射式光纤位移传感器的工作原理

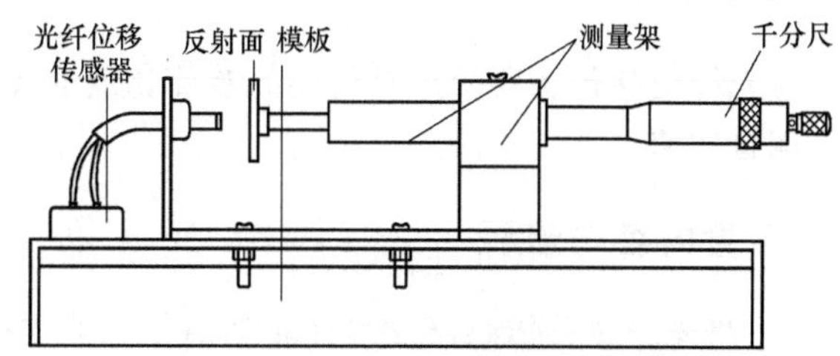

附图 11　光纤位移传感器安装示意图

四、实验内容与步骤

1）光纤位移传感器的安装如附图 11 所示，将 Y 型光纤安装在光纤位移传感器实验模块上，探头对准镀铬反射面，调节光纤探头端面与反射面使其平行，距离适中；固定千分尺，接通电源预热数分钟。

2）将千分尺起始位置调到 14cm 处，手动使反射面与光纤探头端面紧密接触，固定千分尺。

3）将实验模块从主控台接入±15V 电源，打开主控台电源。

4）将模块输出“U_o”接直流电压表（20V 档），仔细调节电位器 R_P，使直流电压表显示为零。

5）旋动千分尺微分筒，使反射面与光纤探头端面距离增大，每隔 0. 1mm 读一次输出电压 U_o 值，填入附表 11 中。

附表 11　实验记录

X/mm										
U_o/V										

五、实验报告

根据所得的实验数据，确定光纤位移传感器大致的线性范围，并给出其灵敏度和非线性误差。

实验十一　用光纤位移传感器测量转速

一、实验目的

了解用光纤位移传感器测量转速的方法。

二、实验仪器

光纤位移传感器模块、Y 型光纤位移传感器、转动源。

三、实验原理

对光纤位移传感器探头对旋转的被测物反射光的明显变化产生的电脉冲进行电路处理，即可测量转速。

四、实验内容与步骤

1）将光纤位移传感器安装在转动源传感器支架上（参照附图 8），使光纤探头对准转动盘边缘的反射点，探头距离反射点 1mm 左右（在光纤位移传感器的线性区域内）。

2）用手拨动一下转动盘，使探头避开反射面（避免产生暗电流），接好实验模块±15V 电源，模块输出 U_o 接直流电压表输入端，调节 R_P 使直流电压表显示为零（R_P 确定后不能改动）。

3）将模块输出 U_o 接到频率/转速表的输入端。

4）合上主控台电源，选择 8V、10V、12V、16V、20V、24V 电源驱动转动源，可以观察到转动源转速的变化，并将数据填入附表 12，也可用示波器观测光纤位移传感器模块的输出波形。

附表 12　实验记录

驱动电压/V	8V	10V	12V	16V	20V	24V
转速/(r/min)						

五、实验报告

1）分析用光纤位移传感器测量转速的原理。

2）根据记录的驱动电压和转速，作电压-转速曲线。

六、注意事项

请勿将光纤成锐角弯折，以免造成其内部断裂，尤其要注意保护端面，否则会因为光通量损耗加大而造成传感器灵敏度下降。

实验十二　用光纤位移传感器测量振动

一、实验目的

了解光纤位移传感器的动态位移性能。

二、实验仪器

光纤位移传感器、光纤位移传感器模块、振动源、铁圆盘（反射面）。

三、实验原理

利用光纤位移传感器的位移特性和其较高的频率响应，采用合适的测量电路即可测量振动。

四、实验内容与步骤

1）接好模块±15V 电源，模块输出端接示波器。信号源的 U_{S2} 输出接振动源的低频信号输入端，并把 U_{S2} 幅度调节旋钮旋至 3/4 位置，U_{S2} 频率调节旋钮旋至最小位置，将反射面平放到振动梁最左端位置，按附图 12 所示安装光纤位移传感器，使光纤探头对准振动梁的反射面。

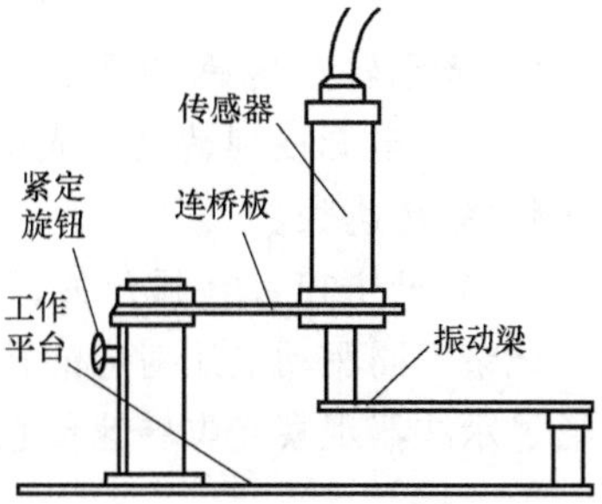

2）打开主控台电源，调节 U_{S2} 频率旋钮，使振动源振幅达到最大（目测），调节传感器支架的高度，使光纤位移传感器探头刚好不碰到振动梁。

3）将光纤位移传感器另一端的两根光纤插到光纤位移传感器实验模块上。

附图 12　用光纤位移传感器测量振动安装示意图

4）改变 U_{S2} 输出频率（用转速/频率表的转速档检测。注：转速档显示的也是频率，且精度比频率档高），通过示波器观察输出波形，并记下输出波形，将其幅值填入附表 13。

附表 13　实验记录

f/Hz	3	5	7	8	9	10	11	12	13	14	15	16	17	18	19	20	30
$U_{p\text{-}p}$/V																	

五、实验报告

分析用光纤位移传感器测量振动的波形，作 $f\text{-}U_{p\text{-}p}$ 曲线，找出振动源的固有频率。

六、注意事项

在激励信号频率达到振动源固有频率点附近可以多测量几个点。

实验十三　用光电转速传感器测量转速

一、实验目的

了解用光电转速传感器测量转速的原理及方法。

二、实验仪器

转动源。

三、实验原理

光电转速传感器有反射型和透射型两种，本实验装置是透射型的，传感器端部有发光管和光电池，发光管发出的光源通过转盘上的孔透射到光电管上，并转换成电信号。由于转盘上有等间距的 6 个透射孔，转动时将获得与转速及透射孔数有关的脉冲，处理电脉冲数即可得到转速值。

四、实验内容与步骤

1）光电转速传感器已安装在转盘上，如附图 13 所示。将+5V 电源接到转盘“光电”输出的电源端，光电输出接频率/转速表。

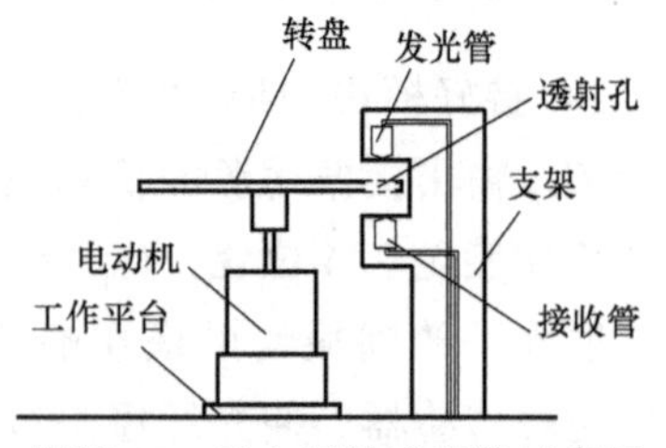

附图 13　光电测转速安装示意图

2）打开主控台电源开关，用不同的电源驱动转盘转动，记录不同驱动电压对应的转速，并填入附表 14，同时可通过示波器观察光电转速传感器的输出波形。

附表 14

驱动电压/V	8V	10V	12V	16V	20V	24V
转速/(r/min)						

五、实验报告

根据测得的驱动电压和转速，作电压-转速曲线。并与用其他传感器测得的曲线进行比较。

实验十四　用磁敏元件测量转速

一、实验目的

了解半导体磁敏传感器的原理与应用。

二、实验仪器

磁敏传感器、转动源、应变传感器模块、多圈电位器。

三、实验原理

磁场中运动的载流子因受到洛伦兹力的作用而发生偏转，载流子运动方向的偏转起了加大电阻的作用，且磁场越强，其增大电阻的作用就越强。外加磁场使半导体（或导体）的电阻随磁场增大而增加的现象称为磁阻效应。

由于霍尔电场的作用抵消了洛伦兹力，使载流子恢复直线运动方向。但导体中导电的载流子运动速度各不相同，有的快、有的慢，形成一定分布，所以霍尔电场力和洛伦兹力在总的效果上使横向电流抵消掉了。对个别载流子来说，只要具有某一特定速度的那些载流子真正按直线运动，比这一速度快或慢的载流子仍然会发生偏转，因此在霍尔电场存在的情况下，磁阻效应仍然存在，只是被大大地削弱了。为了获得大的磁阻效应，就要设法消除霍尔电场的影响。

如附图 14a 所示为 $L \gg W$ 的纵长方形片，由于电子的运动偏向一侧，必然产生霍尔效

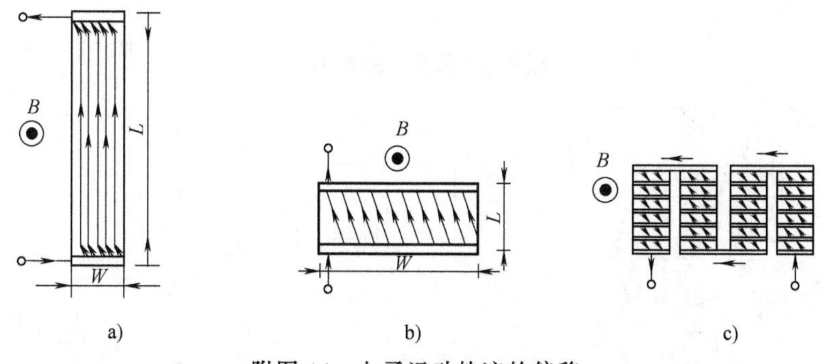

附图 14　电子运动轨迹的偏移

应。当霍尔电场施加的电场力和磁场对电子施加的洛伦兹力平衡时，电子的运动轨迹就不再偏移，所以片中段的电子运动方向与 L 平行，只有两端才有所偏移。这样，电子的运动路径增长并不多，电阻加大也不多。

附图 14b 所示为 $L \ll W$ 的横长方形片，其增大电阻的效果比前者明显。实验表明，当 $B=1\mathrm{T}$ 时，电阻可增大 10 倍（因为来不及形成较大的霍尔电场）。

附图 14c 所示为按附图 14b 的原理把多个横长方形片串联而成，片和片之间的金属导体把霍尔电压短路掉，使之不能形成电场，于是电子的运动总是偏转的，电阻增加得比较多。

本实验所采用的传感器是一种 N 型的 InSb（锑化铟）半导体材料做成的磁敏元件。如附图 15 所示，在其背面加了一偏置磁场。所以，当被检测铁磁性物质或磁钢经过其检测区域时，MR1 处和 MR2 处的磁场先后增大，从而导致 MR1 和 MR2 的阻值先后增大。如在①、③两端加电压 $\pm U_{CC}$，则②端输出一正弦波。为了克服其温度特性不好的缺陷，采用两个磁敏元件串联的方法，以抵消其温度影响。

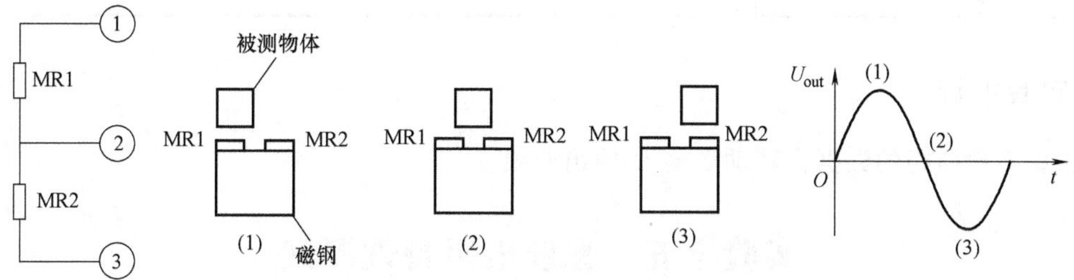

附图 15　磁敏元件工作流程图

四、实验内容与步骤

1）将磁敏传感器安装在传感器支架上，使传感器探头底部距离转盘 1～2mm（目测）。

2）将±15V 直流稳压电源接入应变传感器实验模块，将 R_{P4} 调节到最大，短接差动放大器的两个输入端 U_i，调节 R_{P3} 使 U_{o2} 输出为 0（U_{o2} 接直流电压表 2V 档），拆去 U_i 处短接线。

3）按附图 16 所示接线，磁敏传感器的红色引线接 1，蓝色引线接 2，将配套的多圈电位器 R_P 一根线接 3，一根线接 2。R_P、MR2 与 R_6、R_7 构成一个电桥，电桥输出端接差动放大器输入 U_i。

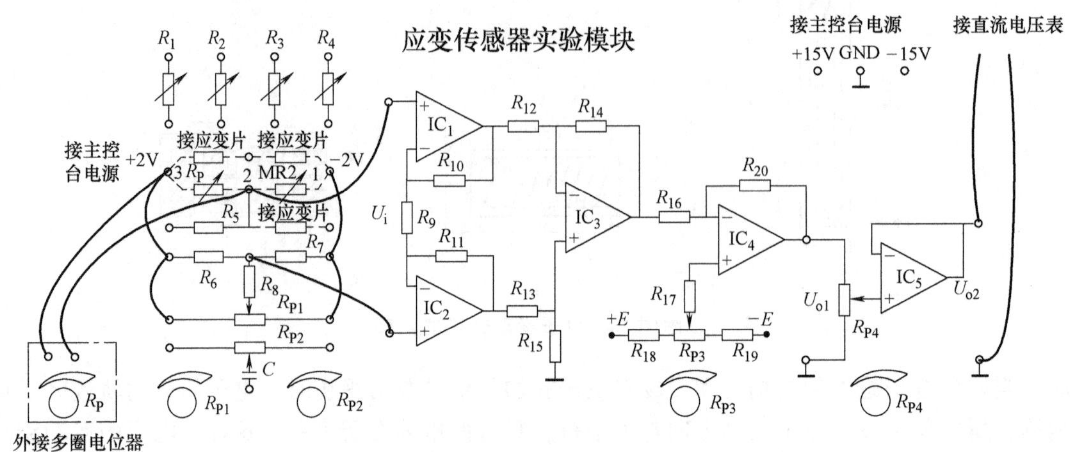

附图 16 用磁敏元件测量转速接线图

4）手动调节转动源的转动盘，使磁敏传感器正对转动盘上的通孔，调节多圈电位器 R_P，直流电压表显示输出为零，再次手动调节转动源的转动盘，使磁敏传感器正对转动盘上的磁钢，调节 R_{P4} 使直流电压表的输出为 5V。

5）将 U_{o2} 接到频率/转速表上，调节转动源的驱动电压，记录不同驱动电压对应的转速，并填入附表 15，同时可通过示波器观察磁敏传感器的输出波形。

附表 15

驱动电压/V	15V	24V
转速/(r/min)		

五、实验报告

根据实验所得的数据作转动源输入-输出曲线。

实验十五　光敏电阻特性测试

一、实验目的

了解光敏电阻的基本原理和特性。

二、实验设备

光电传感器实验模块、万用表。

三、实验原理

光敏电阻的工作原理是基于光电导效应。在无光照时，光敏电阻具有很高的阻值。在有光照，当光子的能量大于材料的禁带宽度时，禁带中的电子吸收光子能量后跃迁到导带，激发出电子—空穴对，使其电阻值降低。入射光越强，激发出的电子—空穴对越多，电阻值越小；光照停止后，自由电子与空穴复合，导电性能下降，电阻恢复原值。光敏电阻通常用半导体材料 CdS（硫化镉）或 CdSe（硒化镉）等制成。附图 17 所示为光敏电阻的结构示意图。它是由涂于玻璃底板上的一薄层半导体物质构成的，半导体上装有梳状电极。由于存在非线性，因此光敏电阻一般用在控制电路中，不适合用作测量元件。

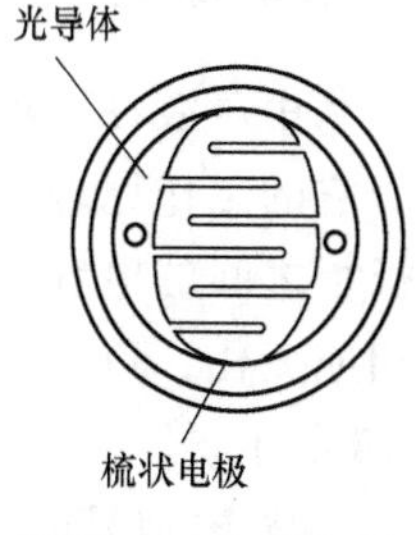

附图 17　光敏电阻结构示意图

发光二极管输出光功率 P 与驱动电流 I 的关系由下式确定

$$P=\eta E_{\mathrm{p}}I/e$$

式中　η——发光效率；

E_{p}——光子能量；

e——电子电荷常数。

输出光功率与驱动电流呈线性关系，因此本实验用一个驱动电流可调的红色超高亮度发光二极管作为实验用光源。

四、实验内容与步骤

1）将光敏电阻（R_G）置于光电传感器模块上的暗盒内，其两个引脚引出到面板上，暗盒的另一端装有发光二极管，通过驱动电流控制暗盒内的光照度。

2）连接主控台 0~20mA 恒流源输出到光电传感器模块驱动 LED，电流大小通过直流毫安表检测，用万用表的欧姆档测量光敏电阻阻值 R_G。

3）开启主控台电源，通过改变 LED 的驱动电流，按附表 16 调节驱动电流的大小，并将光敏电阻阻值 R_G 记录下来，填入附表 16。

附表 16　LED 的驱动电流与光敏电阻阻值的关系特性测定

I/mA														
R_G/Ω														

五、实验报告

根据实验数据，作 R_G-I 曲线。

实验十六　声波传感器

一、实验目的

了解声波传感器的原理。

二、实验仪器

光电传感器实验模块。

三、实验原理

利用声波在声场中的物理特性和效应而研制的声波传感器，能将声音信号转换成电信号。它的工作原理是当膜片受到声波的压力，并随着压力的大小和频率的不同而振动时，膜片极板之间的电容量就发生变化。与此同时，极板上的电荷随之变化，从而使电路中的电流也相应变化，负载电阻上也就有相应的电压输出，从而完成了声电转换。其结构原理如附图 18 所示。

声波-电信号的转换原理如附图 19 所示。

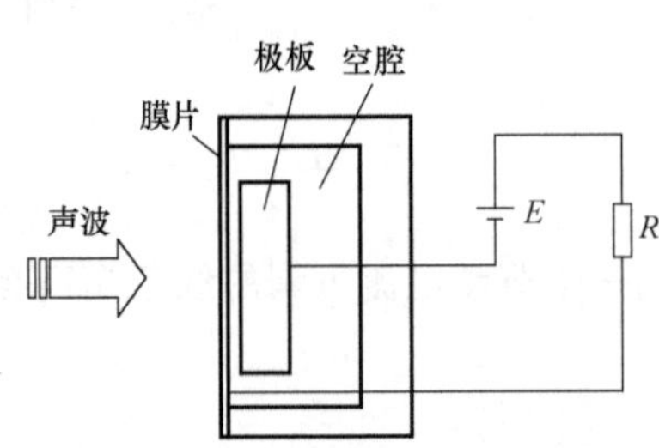

附图 18　声波传感器结构原理图

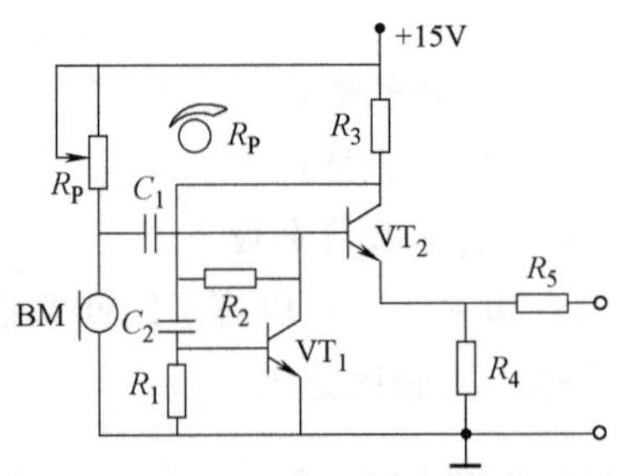

附图 19　声波-电信号转换原理图

声波信号经声波传感器 BM 拾取后，由于 R_2 的偏置使 VT_1 处于截止状态，VT_2 有很强的音频信号输出，可以用示波器观察。

四、实验内容与步骤

1）将声波传感器置于光电传感器模块上。

2）打开主控台电源，将+15V 电源接入传感器应用实验模块。

3）说话或者敲击桌面发出声音，用示波器观察 U_o 输出信号。

4）调节 R_P，改变系统的灵敏度，重复步骤 3)，观察实验现象有什么不同。

五、实验报告

记录观察到的信号波形，分析声波信号特征。

实验十七　光敏电阻的应用——声光双控 LED

一、实验目的

了解光敏电阻和声波传感器的原理与应用。

二、实验仪器

光电传感器实验模块。

三、实验原理

声波传感器的实验原理与实验十六相同。

光敏电阻的工作原理是基于光电导效应。在无光照时，光敏电阻具有很高的电阻值；在有光照时，其电阻率则降低，而且入射光越强，电阻值越低。光照停止后，自由电子与空穴会发生复合，光敏电阻的导电性能下降，电阻值恢复原值。

利用光敏电阻和声波传感器组成的声光检测系统在安防、楼宇等领域有着广泛的应用。本实验模拟楼道灯的声光双控系统，其实验原理图如下：

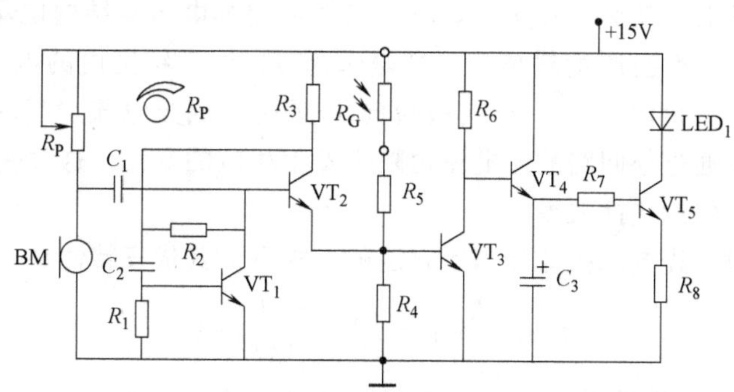

附图 20　声光双控 LED 电路原理图

光敏电阻 R_G 处于光照环境中时，R_G 为低电阻，Q_4 截止，使 Q_5 截止，LED$_1$ 不亮；光敏电阻 R_G 无光照时，R_G 为高阻抗，由于 R_2 的偏置使 Q_4 仍处于截止状态；此时若有声波信号被声波传感器 BM 拾取，Q_3 有很强的音频信号输入，使 Q_4 处于饱和状态，Q_5 也处于饱和状态，LED$_1$ 点亮，同时对 C_3 充电，声音停止后，LED$_1$ 延时 10s 左右熄灭。

四、实验内容与步骤

1）将光敏电阻置于光电传感器模块上的暗盒内，其两个引脚引出到面板上，通过实验导线将光敏电阻接到声光双控 LED 电路的 R_G 两端。

2）打开主控台电源，将+15V 电源接入传感器应用实验模块。

3）以 0~20mA 恒流源接 LED$_1$ 两端，调节 LED$_1$ 驱动电流，改变暗盒内的光照强度，说话或者敲击桌面发出声音，观察 LED$_1$ 的状态。

4）调节 R_P，改变系统的灵敏度，重复步骤 3)，观察实验现象有什么不同。

五、实验报告

根据观察到的实验现象，思考小区楼道灯的工作原理。

实验十八　硅光电池特性测试

一、实验目的

了解光电二极管的原理和特性。

二、实验仪器

光电传感器实验模块。

三、实验原理

光电二极管主要是利用物质的光电效应，即当物质在一定频率的光照射下，会释放出光电子的现象。当光照射半导体材料的表面时，会被这些材料内的电子所吸收，如果光子的能量足够大，吸收光子后的电子可挣脱原子的束缚而溢出材料表面，这种电子称为光电子，这种现象称为光电子发射，又称为外光电效应。当外加偏置电压与结内电场方向一致，PN 结及其附近被光照射时，就会产生载流子（即电子-空穴对）。结区内的电子-空穴对在势垒区电场的作用下，电子被拉向 N 区，空穴被拉向 P 区而形成光电流。当入射光强度变化时，光生载流子的浓度及通过外回路的光电流也随之发生相应的变化。这种变化在入射光强度很大的动态范围内仍能保持线性关系。

当没有光照射时，光电二极管相当于普通的二极管。其伏安特性是

$$I=I_s(e^{\frac{eU}{kT}}-1)=I_s\left[\exp\left(\frac{eU}{kT}\right)-1\right]$$

式中，I 为流过二极管的总电流，I_s 为反向饱和电流，e 为电子电荷，k 为玻耳兹曼常数，T 为工作绝对温度，U 为加在二极管两端的电压。对于外加正向电压，I 随 U 呈指数增长，称为正向电流；当外加电压反向时，在反向击穿电压之内，反向饱和电流基本上是个常数。

当有光照射时，流过 PN 结两端的电流可由下式确定

$$I=I_s(e^{\frac{eU}{kT}}-1)+I_p=I_s\left[\exp\left(\frac{eU}{kT}\right)-1\right]+I_p$$

式中，I 为流过光电二极管的总电流，I_s 为反向饱和电流，U 为 PN 结两端电压，T 为工作绝对温度，I_p 为产生的反向光电流。从式中可以看到，当光电二极管处于零偏时，$U=0$，流过 PN 结的电流 $I=I_p$；当光电二极管处于反偏时（在本实验中取 $U=-4V$），流过 PN 结的电流 $I=I_p-I_s$。因此，当光电二极管用作光电转换器时，必须处于零偏或负偏状态。

附图 21 所示为光电二极管光电信号接收端的工作原理框图，光电二极管把接收到的光信号转变为与之成正比的电流信号，再经 I/V 转换器把光电流信号转换成与之成正比的电压信号。

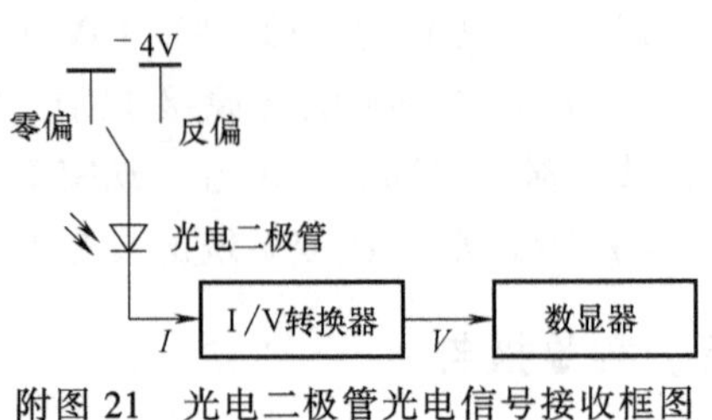

附图 21　光电二极管光电信号接收框图

四、实验内容与步骤

1）将光电二极管置于光电传感器模块上的暗盒内，其两个引脚引到面板上，通过实验导线将光电二极管接到光电流/电压转换电路的 VD 两端，光电流/电压转换输出端接直流电压表 20V 档。

2）打开主控台电源，将+15V 电源接入传感器应用实验模块，将光电二极管“+”极接地。

3）以 0~20mA 恒流源接 LED 两端，调节 LED 驱动电流，改变暗盒内的光照强度，记录光电流/电压转换输出 U_{o1}（档位选择 200mV），填入附表 17。

4）将光电二极管“+”极接-15V，重复步骤 3)，记录光电流电压转换输出 U_{o2}，填入

附表 17。

附表 17

驱动电流 I/mA												
零偏 U_{o1}/V												
反偏 U_{o2}/V												

五、实验报告

根据记录的数据，作 I-U_{o1}、I-U_{o2} 曲线。

实验十九　红外热释电传感器

一、实验目的

了解红外热释电传感器的基本原理和特性。

二、实验设备

红外热释电传感器实验模块。

三、实验原理

红外线是一种人眼看不见的光线。任何物体，只要它的温度高于绝对零度，就向周围空间辐射红外线。红外线的波长在 0.75~1000μm 的频谱范围内。

产生红外线的物理本质是热辐射。物体的温度越高，辐射出来的红外线越多，红外线的能量越强。波长为 0.75~1000μm 的红外辐射被物体吸收时，可以显著地转化成热能。

热释电效应发生于非中心对称结构的极性晶体。当温度发生变化时，热释电晶体中正负电荷相对位移，从而在晶体两端表面产生异号束缚电荷。红外热释电传感器就是一种具有极化现象的热晶体，晶体的极化强度（单位表面积上的电荷）与温度有关，其工作原理如附图 22 所示。当红外辐射照射到已经极化的热晶体薄片表面上时，引起薄片温度升高，使其极化强度降低，表面电荷减少，这相当于释放一部分电荷，所以称其为热释电型传感器。

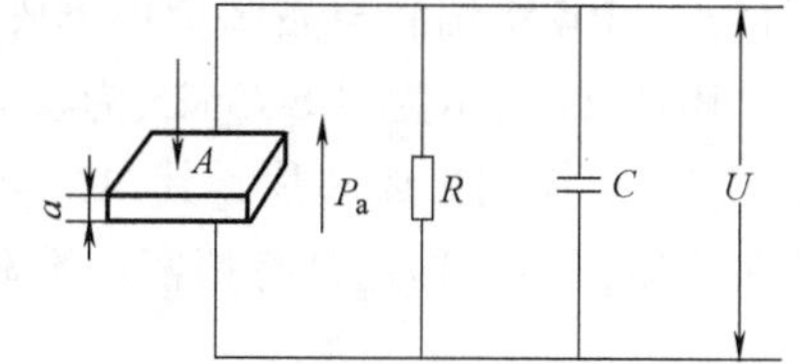

附图 22　红外热释电传感器工作原理示意图

红外热释电传感器探头表面的滤光片使传感器对 10μm 左右的红外光敏感。安装在传感器前的非涅耳透镜是一种特殊的透镜组，每个透镜单元都有一个不大的视场，相邻的两个透镜单元既不连续也不重叠，都相隔一个盲区。它的作用是将透镜前运动的发热体发出的红外光转变成一个又一个断续的红外信号，使传感器正常工作。

四、实验内容与步骤

1）连接主控台与实验模块电源线，传感器模块输出接示波器。

2）开启主控台电源，待传感器稳定后，让人从传感器探头前移过，观察输出信号电压的变化，再用手放在探头前不动，输出信号不会变化，这说明红外热释电传感器的特点是只有当外界的辐射引起传感器本身的温度变化时才会输出电信号，即红外热释电传感器只对变化的温度信号敏感，这一特性就决定了它的应用范围（注意：若夏天或环境温度接近人体正常体温，红外热释电传感器很难检测到人体的移动）。

3）实验传感器的探测视场和距离，以验证菲涅耳透镜的功能。

4）将电压比较器的输出 U_o 接报警电路的输入 U_i，重复步骤 2）。

五、实验报告

简述红外热释电传感器的工作原理及应用范围。

实验二十　直流电动机驱动

一、实验目的

了解 PWM 调制、直流电动机驱动电路的工作原理。

二、实验设备

转动源、信号转换模块。

三、实验原理

直流电动机在应用中有多种控制方式，在直流电动机的调速控制系统中，主要采用电枢电压控制电动机的转速与方向。功率放大器是电动机调速系统中的重要部件，它的性能及价格对系统都有重要的影响。过去功率放大器采用磁放大器、交磁放大机或晶闸管，现在基本上采用晶体管功率放大器。PWM 功率放大器与线性功率放大器相比，具有功耗低、效率高等优点。PWM 调制与晶体管功率放大器的工作原理如下：

附图 23 所示为以 SG3525 为核心的控制电路，SG3525 是美国 Silicon General 公司生产的专用 PWM 控制集成芯片，其内部电路结构及各引脚如附图 24 所示。它采用恒频脉宽调制控制方案，其内部包含有精密基准源、锯齿波振荡器、误差放大器、比较器、分频器和保护

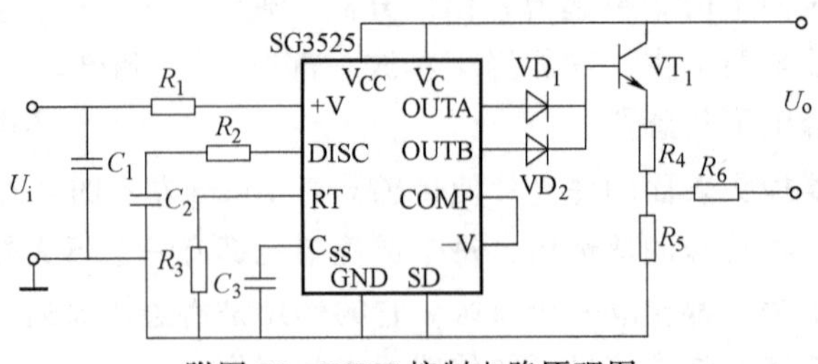

附图 23　PWM 控制电路原理图

电路等。调节 U_r 的大小，在 A、B 两端可输出两个幅度相等、频率相等、相位相差 180°、占空比可调的矩形波（即 PWM 信号）。它适用于各开关电源、斩波器的控制。

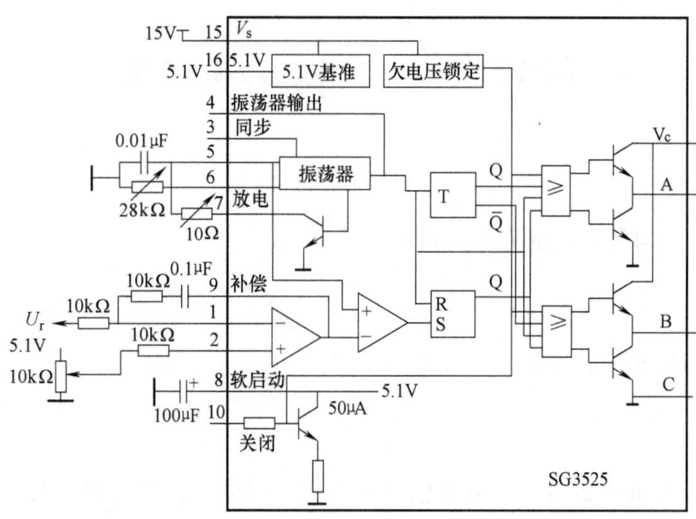

附图 24　SG3525 内部电路结构

四、实验步骤

1）将主控台直流电源连接到信号转换实验模块，参考接线如附图 25 所示。

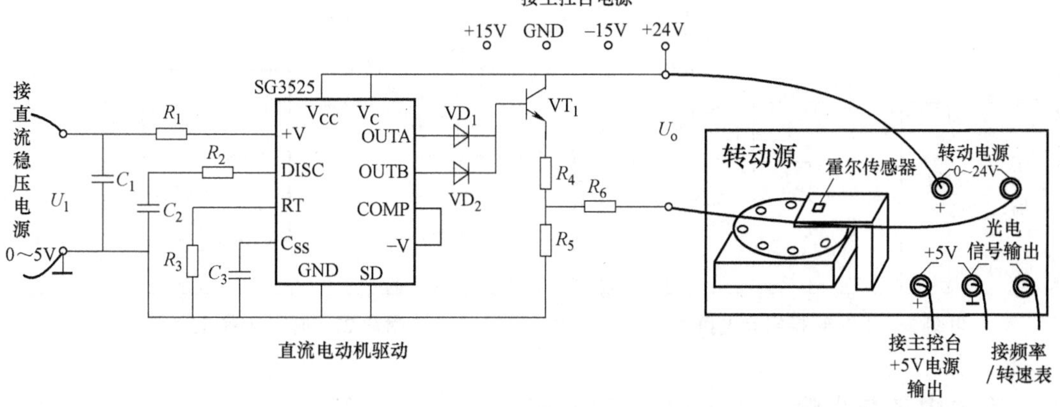

附图 25　直流电动机驱动实验接线图

2）打开主控台电源，将 0~5V 直流稳压电源接入直流电动机驱动电路的输入端和直流电压表，输出端接转动源 0~24V 输入，光电传感器接+5V 电源，输出接转速/频率表。

3）调节直流稳压电源，记录直流电动机的起动电压。待电动机转动平稳后记下电动机转速对应的驱动电压，填写附表 18（注意：电压以 0~3V 为宜）。

附表 18　实验记录

U_{in}/V											
n/(r/min)	起动										

五、实验报告

根据实验所得的数据，作 U_{in}-n 曲线。

实验二十一　I/V、F/V 转换

一、实验目的

了解 I/V、F/V 信号转换的原理与应用。

二、实验仪器

信号转换实验模块、转动源。

三、实验原理

在控制系统及测量设备中，对电流信号进行数字测量时，首先需将电流转换成电压，然后用数字电压表进行测量。有些传感器直接输出的是脉冲信号，为了将其转化成国际电工委员会（IEC）使用的统一标准信号，需要对传感器输出的脉冲信号进行频率-电压转换。

附图 26 所示为用运算放大器构成的 I/V 转换实验电路，将 0~20mA 转换为 0~2V。

F/V 常用集成转换器件如 LM331，其外部接线如附图 27 所示，最高的转换脉冲频率可达 10kHz。

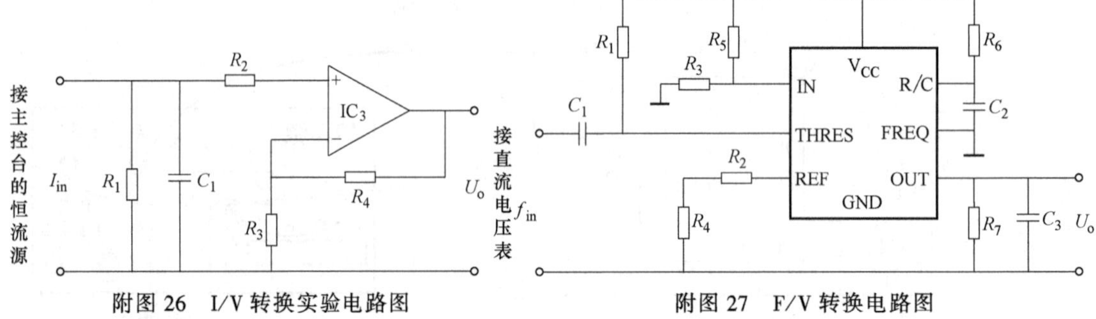

附图 26　I/V 转换实验电路图

附图 27　F/V 转换电路图

四、实验内容与步骤

1）打开主控台电源，将±15V 直流稳压电源接入信号转换模块。

2）根据附图 26 所示的接线方式接线，在 I/V 转换模块的输入端输入 0~20mA 的电流，用直流电压表测量输出的电压值，每隔 2mA 记录一次实验数据，并填写附表 19。

3）根据附图 28 所示的接线方式接线，将 I/V 转换模块与直流电动机模块相连，接上转动源，接好相应的电源及接线。调节恒流源的输出电流，改变转动源转速，将光电传感器输出的脉冲信号接到 F/V 转换模块的输入端，用频率/转速表的频率档测量脉冲信号频率，用直流电压表测量输出的电压值，每隔 20Hz 记录一次实验数据，并填写附表 20。

附表 19　实验记录

I/mA										
U/mV										

附表 20　实验记录

f/Hz										
U/mV										

五、实验报告

根据实验所得的数据作 I/V 转换、F/V 转换曲线，并计算其非线性误差。

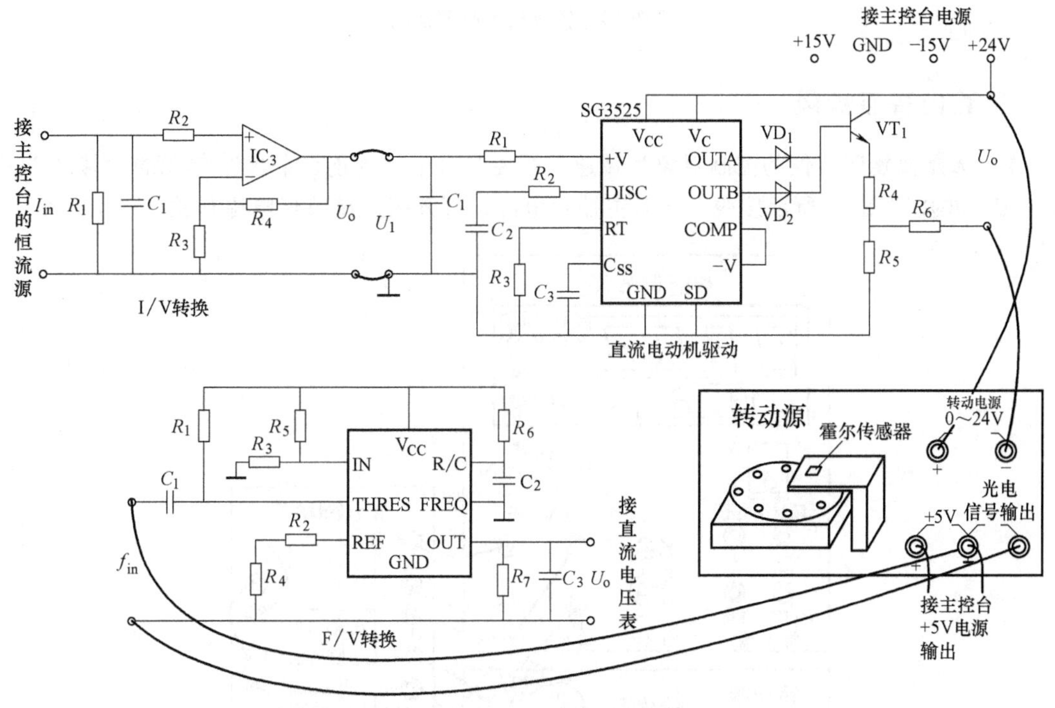

附图 28　F/V 转换实验电路接线图

实验二十二　用智能调节仪控制转速

一、实验目的

了解霍尔传感器的应用以及转速闭环控制系统的组成。

二、实验仪器

信号转换实验模块、转动源。

三、实验原理

利用霍尔传感器检测到的转速频率信号经 F/V 转换后作为转速的反馈信号，将该反馈信号与智能调节仪的转速设定值比较后进行数字 PID 运算，调节电压驱动器，改变直流电动机电枢电压，使电动机的转速逐渐趋近设定转速（设定值为1500~2500r/min）。其转速控制原理框图如附图29所示。

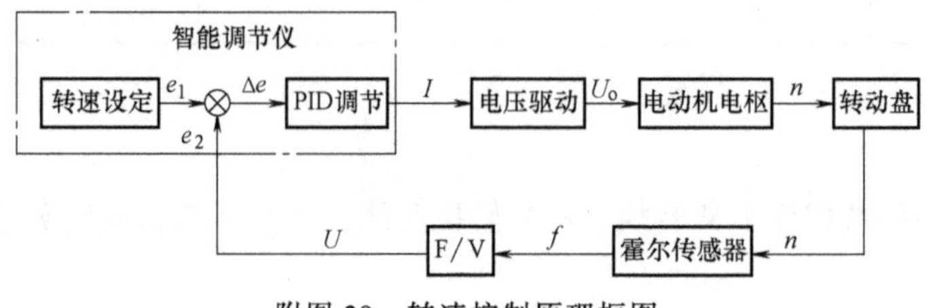

附图29　转速控制原理框图

四、实验内容与步骤

1）选择智能调节仪的控制对象为转速，在控制台上“智能调节仪”单元的“输入”中选择U，并按附图30所示接线。开启主控台电源，打开智能调节仪电源开关。

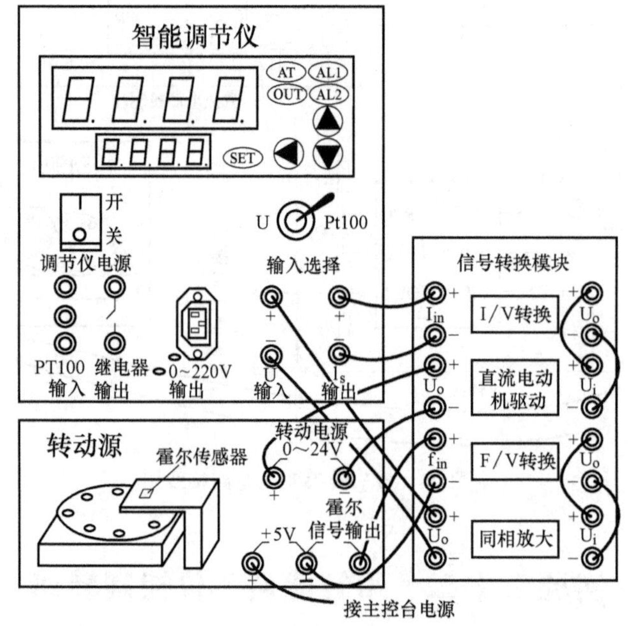

附图30　智能调节仪转速控制实验接线图

2）将智能调节仪的“主控设定值”设置成“2000”（代表2000r/min），将参数P设置成“5000”，参数I设置成“10”，经过一段时间（2min左右）后，转动源的转速可控制在设定值，控制精度为±2%。

3）学生可根据自己的理解设定P、I相关参数，并观察转速控制效果。

五、实验报告

简述转速控制原理并画出其原理框图。

参考文献

[1] 浙江天煌科技实业有限公司. 传感器综合实训台实训指导书 [Z]. 2016.

[2] 厦门宇电自动化科技有限公司. AI-716/716P 型精密人工智能工业调节器使用说明书 [Z]. 2017.